入門 Go プログラミング

シンプルな言語構造、サクサク学んでザクザク作ろう

Nathan Youngman／Roger Peppé＝著　吉川邦夫＝監訳

本書内容に関するお問い合わせについて

このたびは翔泳社の書籍をお買い上げいただき、誠にありがとうございます。弊社では、読者の皆様からのお問い合わせに適切に対応させていただくため、以下のガイドラインへのご協力をお願いいたしております。下記項目をお読みいただき、手順に従ってお問い合わせください。

●ご質問される前に

弊社 Web サイトの「正誤表」をご参照ください。これまでに判明した正誤や追加情報を掲載しています。

正誤表　https://www.shoeisha.co.jp/book/errata/

●ご質問方法

弊社 Web サイトの「刊行物 Q & A」をご利用ください。

刊行物 Q & A　https://www.shoeisha.co.jp/book/qa/

インターネットをご利用でない場合は、FAX または郵便にて、下記“翔泳社 愛読者サービスセンター”までお問い合わせください。

電話でのご質問は、お受けしておりません。

●回答について

回答は、ご質問いただいた手段によってご返事申し上げます。ご質問の内容によっては、回答に数日ないしはそれ以上の期間を要する場合があります。

●ご質問に際してのご注意

本書の対象を越えるもの、記述個所を特定されないもの、また読者固有の環境に起因するご質問等にはお答えできませんので、あらかじめご了承ください。

●郵便物送付先および FAX 番号

送付先住所 〒 160-0006 東京都新宿区舟町 5
FAX 番号 03-5362-3818
宛先 （株）翔泳社 愛読者サービスセンター

※本書に記載された URL 等は予告なく変更される場合があります。
※本書の出版にあたっては正確な記述につとめましたが、著者や出版社などのいずれも、本書の内容に対してなんらかの保証をするものではなく、内容やサンプルに基づくいかなる運用結果に関してもいっさいの責任を負いません。
※本書に掲載されているサンプルプログラムやスクリプト、および実行結果を記した画面イメージなどは、特定の設定に基づいた環境にて再現される一例です。
※本書に記載されている会社名、製品名はそれぞれ各社の商標および登録商標です。
※本書では TM、®、©は割愛させていただいております。

目次

まえがき

すべてのものが変化する。変わらぬものはない。

– ヘラクレイトス

2005 年にヨーロッパを旅しているとき、Nathan は「Ruby on Rails」という新しい web フレームワークの胎動を耳にしました。クリスマスを祝う頃アルバータ州に戻った彼は、地元のコンピュータ書店で『Agile Web Development with Rails』(Dave Thomas, David Heinemeier Hansson, Leon Breedt, Mike Clark, Thomas Fuchs, Andrea Schwarz, Pragmatic Bookshelf, 2005) という本を見つけました[1]。それから 2 年間で、彼の仕事は ColdFusion から Ruby へと移行しました。

一方、Roger は英国のヨーク大学で、Bell 研究所のメンバーによる Unix と Plan 9 OS の「徹底した単純さ」を経験したのですが、そのメンバーには Go の作者である Rob Pike と Ken Thompson がいました。Roger は、それが気に入って、後には Inferno システムでも仕事をしましたが、その OS で使われた独自の言語、Limbo も、実は Go の近い親戚でした。

2009 年に、Go がオープンソースプロジェクトとして発表されました。Roger は、たちまちその可能性に注目して使い始め、標準ライブラリとエコシステムに貢献しました。Go の成功を喜ぶ彼は、いまもフルタイムで Go によるプログラミングを行い、Go のローカルミートアップを運営しています。

Nathan は Rob Pike が Go を紹介するテックトークを見ましたが、Go について真面目に考え始めたのは 2011 年になってからでした。同僚が Go を高く評価するので、彼はクリスマスの休暇に『The Go Programming Language Phrasebook』(David Chisnall, Addison-Wesley Professional, 2012) [2]の草稿を読み通す覚悟を決めました。その後の数年で彼は、Go を趣味的なプロジェクトで使うことから、Go についてのブログを書き (`https://nathany.com`)、Go のローカルミートアップを組織し (`https://edmontongo.org`)、仕事で Go を書くところまで行きました。

ツールとテクニックが絶え間なく変化して改良されていくコンピュータサイエンスの世界では、学習に終わりがありません。たとえあなたがコンピュータサイエンスの学位を持っていても、あるいは本当に初心者であっても、新しいスキルを自主的に学ぶことは重要です。私たちは、あなたが Go プログラミング言語を学ぶうえで、この本が役に立つことを願っています。

[1] **訳注**:『Rails によるアジャイル Web アプリケーション開発』(前田修吾訳、オーム社、2006 年)

[2] **訳注**:『プログラミング言語 Go フレーズブック』(柴田芳樹訳、ピアソン桐原、2012 年)

謝辞

この本を書くことが、あなたがGoを学ぶ援助になるとしたら、なんという名誉でしょうか。読んでいただいてありがとうございます。

ここに提供する本は、表紙に名前のある著者だけでなく、多くの人々の労力によるものです。

最初に私たちは、価値あるフィードバックを提供し、締め切りに向けて私たちを少しずつ着実に押してくれた、編集者のJennifer StoutとMarina Michaelsに感謝します。また、Joel KotarskiとMatt Merkesによる適格なテクニカルエディティング、Christopher Hauptによるテクニカルプルーフィング、私たちの文法と文体を改善してくれたCorbin Collinsのコピーエディティングに感謝します。そして、この『Get Programmimg with Go』という本の形を整えるため意見を交換しガイドラインを示してくれた、Bert Batesと、シリーズエディタであるDan MaharryおよびElesha Hydeに感謝します。

素晴らしいイラストレーションを提供してくれたOlga ShalakhinaとErick Zelayaに、カバーデザインを担当されたMonica Kamsvaagに、私たちの図を綺麗に仕上げてくれたApril Milneに、そして私たち皆が愛する陽気なマスコットをGoに与えてくれたRenee Frenchに、感謝します。この本を書くために使ったツール、AsciiDoctorの作者であり、ずっとサポートしてくれたDan Allenに、特別な感謝を捧げます。

本書が実現したのは、Marjan Bace、Matko Hrvatin、Mehmed Pasic、Rebecca Rinehart、Nicole Butterfield、Candace Gillhoolley、Ana Romac、Janet Vail、David Novak、Dottie Marsico、Melody Dolab、Elizabeth Martin、そして『Get Programming with Go』を読者の手元に届けてくれたManning社のすべてのクルーのおかげです。

また、本書をレビュワーの皆様に渡してくれたAleksandar Dragosavljevićに、そして価値あるフィードバックをくださった、Brendan Ward、Charles Kevin、Doug Sparling、Esther Tsai、Gianluigi Spagnuolo、Jeff Smith、John Guthrie、Luca Campobasso、Luis Gutierrez、Mario Carrion、Mikaël Dautrey、Nat Luengnaruemitchai、Nathan Farr、Nicholas Boers、Nicholas Land、Nitin Gode、Orlando Sánchez、Philippe Charrière、Rob Weber、Robin Percy、Steven Parr、Stuart Woodward、Tom Goodheard、Ulises Flynn、William E. Wheelerほか、すべてのレビュワーの皆様に感謝します。そしてフォーラムを通じてフィードバックをいただいた、アーリーアクセスの読者の皆様方に感謝します。

最後に、私たちに本を書かせてみようという頓狂なアイデアを提案したMichael Stephensと、私たちを興奮させて本を書かせてしまった、この言語とエコシステムの作成者、Goコミュニティの皆様に感謝します。

著者から一言

もちろん両親に感謝しなければなりません。彼らがいなければ、いま私はここに存在しないのですから。私の両親は、幼い頃からコンピュータプログラミングに興味を示していた私を励まして、本や教科やコンピュータへのアクセスを与えてくれました。

公式なレビュワーの皆様に加えて、私は初期の草稿にフィードバックを提供してくれたMatthias Stoneと、アイデアのブレーンストーミングを助けてくれたTerry Youngmanに感謝したいと思います。また、私を声援してくれたEdmonton Goコミュニティの皆様と、この企画を実現するための柔軟さを与えてくれた雇用者のMark Madsen氏に感謝したいと思います。

ほかの誰よりも、共著者として付き合ってくれたRoger Peppéに深く感謝します。彼が本書のUNIT 7を書いてくれたおかげで、前途の長い道のりが短縮され、プロジェクトに必要だった推進力が与えられました。

– Nathan Youngman

誰よりもまず妻のCarmenに感謝したいと思います。私が、この本の仕事をしている間、一緒に丘を歩くのも我慢して私を援助してくれました。

また、私を共著者として採用してくれた、Nathan YoungmanとManningに、本書の最終段階における彼らの忍耐に、感謝します。

– Roger Peppé

この本について

誰が読むべきでしょうか？

Go は、さまざまな範囲のスキルを持つプログラマに適しています。このことは、とくに大規模なプロジェクトで必要なものです。比較的小さな言語であり、最小限の構文を持ち、概念的な障害が少ないので、Go は初心者のための、次の偉大な言語になるかもしれません。

ただし残念ながら、Go を学ぶための多くのリソースは、C プログラミング言語についての実際的な知識が読者にあることを前提としています。『Get Programming with Go』は、スクリプター、ホビイスト、初心者のために、そのギャップを埋め、Go への直接的な経路を提供するために存在します。容易に書き始められるように、本書にあるコードリストと練習問題は、どれも Go Playground（`https://play.golang.org`）の内部で実行できるようになっています。つまり何もインストールする必要がないのです。

もしあなたが、JavaScript、Lua、PHP、Perl、Python、Ruby といったスクリプト言語を使った経験があれば、Go を学ぶ準備はできています。また、Scratch や Excel のフォーミュラを使ったり、HTML を書いたり経験があれば、あなたは Go を最初の「本当の」プログラミング言語として選ぶ仲間になれます[3]。Go をマスターするには、それなりの忍耐と努力が必要になるかもしれませんが、この『Get Programming with Go』がリソースとして役立つことを願っています。

この本の構成：ロードマップ

本書は Go を効果的に使うのに必要な概念を、少しずつ説明し、あなたのスキルを磨くための豊富な練習問題を提供します。本書は Go 初心者のためのガイドであり、最初から順番に最後まで読むように書いてあります。どのレッスンも、それまでに学んだレッスンを下敷きにしています。この言語の機能を、すべて網羅するものではありません。ただし、この言語の大部分をカバーし、オブジェクト指向設計や並行性といった高度な話題にも触れています。

あなたが今後、大規模な並行性を持つ Web サービスを書くにしても、小さいスクリプトや単純なツールを書くにしても、本書は、そのための基盤を確立するのに役立つはずです。

- ユニット 1 は、「変数」、「ループ」、「分岐」を結び付けて、ごく小規模なアプリを作ります（挨拶からロット発射まで）。
- ユニット 2 では、テキストと数の「型」を調べます。ここでは ROT13 でメッセージを暗号化したり、Arianne 5 ロケットの破壊を調査したり、光がアンドロメダ星雲に到達する

[3] **訳注**：原著では、Audrey Lim によるトーク、『Programming in Go: A Beginner's Mind』（`https://www.youtube.com/watch?v=fZh8uCInEfw`）を紹介しています。やや早口な英語ですが、まったくの初心者が、5 週間で最初の CRUD Web アプリを作り、次の 1 週間で API クライアントを書いた経験を紹介しています。

のに、どれほどの時間がかかるかを、ビッグナンバーで計算したりします。

- ユニット3では「関数」と「メソッド」を使って、架空の気象台を火星に構築します。センサの読み出し、温度の単位変換を行います。
- ユニット4では、「配列」と「マップ」の使い方を示すため、太陽系惑星のテラフォーミング（地球化）を例に温度の集計を行い、コンウェイのライフゲームをシミュレートします。
- ユニット5では、「オブジェクト指向」言語のコンセプトを、明らかにオブジェクト指向ではない言語に導入します。「構造体」とメソッドを使って、火星の表面をナビゲートし、出力を改善するためのインターフェイスを満足させ、構造体を別の構造体に埋め込むことによって、さらに大きな構造を作ります。
- ユニット6では、実装の深みに入ります。ここでは「ポインタ」を使って突然変異を実現し、「ニルと言う騎士ども」を克服し、パニックを起こさずにエラーを処理する方法を学びます。
- ユニット7では、実行中の何千ものタスクの間で通信を実現できる、Goの「並行性」プリミティブを紹介します。ここでは、gopher工場で流れ作業を構築します。
- 付録では、練習問題の答案を提供しますが、自分でソリューションを求めることによって、プログラミングは楽しくなります。

コードについて

すべてのコードには、固定幅のフォント（`func main()`など）を使います。大半のリストに注釈を加えて、重要な概念を強調しています。

すべてのリストのソースコードは、Manning社の本書Webサイト（`https://www.manning.c`

om/books/get-programming-with-go）からダウンロードできます。

このダウンロードには、本書のすべての練習問題の解答も入っています[4]。ソースコードをオンラインで参照したいときは、本書のGitHubリポジトリ（https://github.com/nathany/get-programming-with-go）も使えます。

コードはGitHubからコピー&ペーストできますが、サンプルを自分でタイプすることを推奨します。サンプルを手で打ち込み、タイプミスを直し、書き換えて実験することで、より多くの経験を得られるでしょう。

原著フォーラムについて

原著『Get Programming with Go』を購入すると、Manning Publicationsが運営するプライベートなWebフォーラムに、無料でアクセスできます。ここでは、本書についてコメントを書いたり、技術的な質問を問い合わせたり、練習問題のソリューションをシェアしたり、著者や他のユーザーからの援助を受けたりすることが可能です。このフォーラムにアクセスして登録するには、Webブラウザでhttps://forums.manning.com/forums/get-programming-with-goを訪問します。Manningのフォーラムと使い方のルールについて、詳しくは、https://forums.manning.com/forums/aboutを、お読み下さい。

著者について

Nathan Youngmanは、独学のWeb開発者、生涯にわたる学習者です。彼は、Edmonton Goミートアップの主催者であり、Canada Learning Codeのメンター（指導者）であり、Goのマスコットであるgopherのぬいぐるみの写真を撮りまくっています。

Roger Peppéは、Goのコントリビュータとして、数多くのGoプロジェクトを保守し、Newcastle upon TyneのGoミートアップを運営し、現在はGoのクラウドインフラストラクチャソフトウェアの仕事をしています。

[4] **訳注**：これらは本書の付録と同じで、英語のままです。レッスン3の「練習問題（guess.go）」の解答は、solutions/lesson03/guessフォルダにあります。レッスン11の「チャレンジ」問題の解答は、solutions/capstone11フォルダに入っています。

0　手始めに

新しいプログラミング言語を学ぶ最初の一歩は、まずツールと環境を設定してから、シンプルな「Hello, world」アプリケーションを実行するのが伝統的です。けれども Go Playground を使えば、この昔ながらの手続きが、1 回のクリックに短縮されます。

面倒な手順を省略して、シンプルなプログラムを書いて変更するのに必要となる構文とコンセプトの勉強を開始することができるのです。

LESSON 1

位置について、用意、Go！

レッスン 1 では以下のことを学びます。

- Go の特徴。
- Go Playground のアクセス方法。
- 画面にテキストを表示する。
- どこの言葉のテキストでも実験に使えるようにする。

Go は、現代的なクラウドコンピューティングのプログラミング言語です。重要なプロジェクトのために Go を採用している会社には、Amazon、Apple、Canonical、Chevron、Disney、Facebook、General Electric、Google、Heroku、Microsoft、Twitch、Verizon、Walmart などがあります（詳細は、`https://thenewstack.io/who-is-the-go-developer/`や、`https://github.com/golang/go/wiki/GoUsers` を参照）。Web の根底にあるインフラストラクチャの大きな部分が Go へとシフトされていて、その動きを駆動しているのは、CloudFlare、Cockroach Labs、DigitalOcean、Docker、InfluxData、Iron.io、Let's Encrypt、Light Code Labs、Red Hat CoreOS、SendGrid などの企業や、Cloud Native Computing Foundation のような組織です。

Go はデータセンターで活躍しているだけでなく、その他の職場にも採用されています。Ron Evans と Adrian Zankich が作った Gobot（`https://gobot.io`）は、ロボットやハードウェアを制御するライブラリです。Alan Shreve の開発ツール、ngrok（`https://ngrok.com`）は、Go を学習するプロジェクトとして作られましたが、いまではフルタイムのビジネスツールになっています。

Go を採用する人々は、自分たちを gopher（ゴーファー）と呼んでいます。これは図 1–1 に示す Go の陽気なマスコットにちなんだ名前です。プログラミングは簡単な仕事ではありませんが、Go と本書を味方にして、あなたがコーディングの楽しさを発見できることを願っています。

このレッスンでは、あなたの Web ブラウザのなかで Go プログラミングの実験をします。

図1-1：Go のマスコット、gopher（ホリネズミ）。Renée French の作品

Column　こう考えてみましょう

ディジタルアシスタントに対して「クルマを呼んで」と声をかけたら、タクシー会社に電話をかけてくれるでしょうか。それとも「クルマ」という名前の人を呼び出すでしょうか。英語や日本語のような言語は、曖昧さ（多義性）に満ちています。

明晰性は、プログラミング言語で最も重要なものです。もし言語の文法や構文が曖昧さを許したら、コンピュータは、あなたが言うことを、聞いてくれないかもしれません。いったい何のためにプログラムを書くのか、わからなくなってしまいます。

Go は完璧な言語ではありませんが、これまで私たちが使ってきた言語よりも優れた明瞭性を追求しています。このレッスンを読み進める上で、見慣れない略語や、意味のわからない用語などにぶつかるかもしれません。すべてが最初から明瞭ではないでしょう。それでも時間をかけて、Go がどのようにして曖昧さを少なくするのかを理解してください。

1.1　Go とは何でしょう？

Go はコンパイルされるプログラミング言語です。プログラムを実行する前に、Go はあなたのコードを、コンパイラで、機械が理解できる 1 と 0 に翻訳します。あなたのコードは、実行あるいは配布が可能な 1 個の「実行ファイル」へとコンパイルされます。そのプロセスで、Go コンパイラは、タイプミスやその他の間違いを見つけ出します。

このアプローチを採用しないプログラミング言語もあります。Python、Ruby、その他、人気のある言語のいくつかは、インタープリタを使って、プログラムを実行時に、ステートメント（文）ごとに翻訳します。したがって、まだテストしていない実行経路にバグが潜んでいる可能性があります。

その一方で、インタープリタを使うとコードを書くプロセスが高速化され、対話的になります。

おかげで、動的で気軽な楽しい言語という評判になります。逆にコンパイルされる言語は静的で、型にはまった、融通の利かない、プログラマに妥協を強いるものだという悪評が立ち、コンパイラは遅いとひやかされます。けれども、本当にそうなのでしょうか。

> 私たちは、C++やJavaのように静的にコンパイルされる言語の安全性と性能を持ち、しかも、Pythonのような動的な型を持つインタープリタの軽さと楽しさがあるような言語を求めたのです。 – Rob Pike, Geek of the Week
>
> （https://www.red-gate.com/simple-talk/opinion/geek-of-the-week/rob-pike-geek-of-the-week/）

Goは、ソフトウェアを書く「経験」を深く考慮して作られています。大きなプログラムでも1個のコマンドで、数秒のうちにコンパイルされます。この言語は多義性を招きかねない機能を排除し、予測しやすく容易に理解できるコードを推進します。そしてGoはJavaなどの古典的な言語で要求されがちな固定的な構造に対して、もっと軽量な代替策を提供します。

> Javaは、C++にある多くの、めったに使われず、理解が不十分で混乱を招く機構を略しました。それらは、私たちの経験によれば、利益よりも嘆きを多くもたらすからです。
>
> – James Gosling, Java: an Overview

新しい言語は、どれも過去のアイデアを改良するものです。Goでは、それまでの言語よりも、メモリを効率良く使うことが容易で、しかもエラーを起こしにくくなっていますし、マルチコアのマシンで、すべてのコアを活用するように作られています。Goへの切り替えの成功例では、しばしば効率の良さが引き合いに出されます。Iron.ioは、Rubyを実行する30台のサーバーを、Goを使う2台のサーバーで置き換えることができました（https://blog.iron.io/how-we-went-from-30-servers-to-2-go/とhttps://www.infoq.com/presentations/go-iron-production）。

Bitlyでは、PythonのアプリケーションをGoで書き直して「着実な、計測可能な性能の向上」を得ることができ、その後、Cで書かれたアプリケーションをGoで引き継ぐことになりました（https://word.bitly.com/post/29550171827/go-go-gadget）。

Goは、インタープリタ言語が持つ楽しさと容易さを、効率と信頼性を向上させつつ提供します。Goは小さな言語で、ごくわずかなコンセプトしか持たないので、学習が比較的高速になります。Goのモットーは、次のように、3つの教義で構成されます。

> Goはオープンソースのプログラミング言語で、**単純**で**効果的**で**信頼できる**大規模ソフトウェアの生産を可能にします。 – Go Brand Book[1]

[1] **訳注**：https://blog.golang.org/go-brand

Goに関連するトピックをインターネットで検索するときは、「Go language」を略した「golang」というキーワードが有効です。この「-lang」という後置詞は、Ruby、Rust など、他のプログラミング言語にも使えます[2]。

▷ **クイックチェック 1-1**

Go コンパイラの利点は？（2 つ挙げて下さい）。

1.2 Go Playground

最も素早く Go を使い始める方法は、Go Playground（`https://play.golang.org/`）を訪れることです（図 1-2）。ここなら何もインストールすることなく Go プログラムを編集し、実行して、実験することができます。[Run] ボタンをクリックすると、Playground が Google サーバー上で、あなたのコードをコンパイルして実行し、その結果を表示します。

図1-2：Go Playground

[Share] ボタンをクリックすると、あなたが書いたコードを再訪するためのリンクを受け取ることができます。このリンクを、友達とシェアしたり、ブックマークして作業を保存したりできるのです。

本書のコードリストや練習問題は、どれも Go Playground が使えます。また、テキストエディタとコマンドラインに慣れている人は、Go を `https://golang.org/dl/`からダウンロードして、あなたのコンピュータにインストールすることもできます[3]。

[2] **訳注**：日本語では、「プログラミング言語 Go の情報サイト」（`http://golang.jp/`）があります。

▷ **クイックチェック 1-2**

Go Playgtound の［Run］ボタンは、何をするのでしょう？

1.3 パッケージと関数

Go Playground にアクセスすると、リスト 1-1 が表示されます。最初の一歩に適したプログラムと言えるでしょう[4]。

リスト1-1：Hello, playground（playground.go）

```
package main          // このコードが属するパッケージを宣言する
import (
    "fmt"             // fmt（format）パッケージを使えるようにする
)
func main() {         // main という名前の関数を宣言する
    fmt.Println("Hello, playground")    // Hello, playground と画面に表示する
}
```

この短いリストで、package、import、func という 3 つのキーワードを導入しました。これらのキーワードは、どれも特別な目的のために予約されています。

package キーワードは、このコードが属するパッケージを宣言します。この場合、それは main という名前のパッケージです。Go では、すべてのコードを「パッケージ」に入れて組織します。Go の標準ライブラリは、算術用の math、圧縮用の compress、暗号用の crypto、画像処理用の image などのパッケージで構成されています。それぞれのパッケージが、1 個のアイデアに対応するのです。

その次の行は、import キーワードを使って、このコードが使うパッケージを指定します。パッケージには、いくつでも関数を入れることができます。たとえば math パッケージは、Sin、Cos、Tan、Sqrt のような関数を提供します。ここで使っている fmt は、「フォーマット」（整形）される入出力の関数を提供します。テキストを画面に表示する処理は頻繁に行われるので、format を略した fmt をパッケージ名にしています。

func キーワードは、関数を宣言します。この場合は、main という名前の関数です。関数の本体は、どれも 1 対の波カッコ（{ と }）で囲みます。これによって Go は、それぞれの関数が、どこで始まり、どこで終わるのかを把握します。

---

[3] **訳注**：翻訳の時点の最新安定バージョンは Go 1.12.4。Microsoft Windows、Apple macOS、linux のためのバイナリ・リリースをダウンロードできるほか、ソースコードも置かれています。インストールの詳細は、https://golang.org/doc/install にあります。

[4] **訳注**：リストの中で、//で始まるコメントの部分には、原著の注釈を訳したものもあり、それらは元のソースコードに入っていません。コメントを入れたコードも、入れないコードも、同じようにコンパイルして実行できます。

mainというのは、特別な識別子です。Goで書かれたプログラムを実行するときは、mainパッケージのmain関数から実行が始まるのです。もしmainがなければ、どこからプログラムを実行すればいいのかわからないので、Goコンパイラはエラーを報告します。

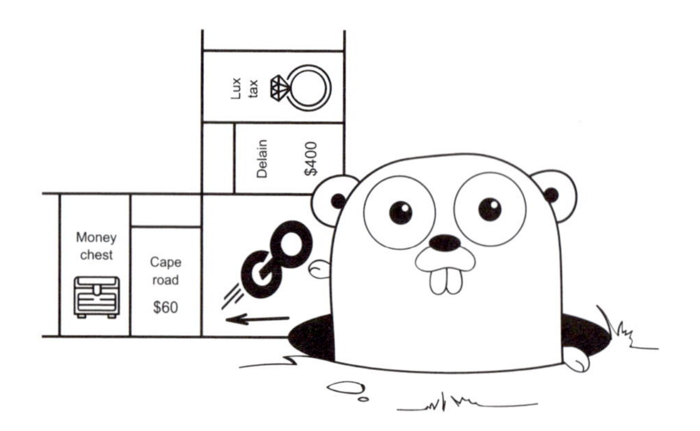

テキストの行を表示するのに、Println関数を使います（lnというのはlineの略です）。Printlnの前に、1個のドット（.）を挟んでfmtを置いてます。このように前置するのは、Println関数がfmtパッケージによって提供されているからです。インポートしたパッケージから関数を使うときは、いつも、その関数名の前に、パッケージ名とドットを置きます。Goで書かれたコードを読むときは、それぞれの関数がどのパッケージから来たのか、一目瞭然です。

このプログラムをGo Playgroundで実行すると、「Hello, playground」というテキストが表示されます。2重引用符で囲まれたテキストは、画面にそのまま反映されます。英語ではカンマを書き忘れると文章の意味が変わったりしますが、プログラミング言語でも、句読点が重要です。あなたが書いたコードをGoに理解させるには、引用符や丸カッコや波カッコが頼りなのです。

▷ クイックチェック 1-3

1　Goのプログラムは、どこから始まりますか？

2　fmtパッケージは、何を提供しますか？

1.4　波カッコの、たったひとつの正しい使い方

Goは、波カッコ（{と}）の置き方について厳密です。リスト1-1では、開き波カッコ（{）が、funcキーワードと同じ行に置かれ、閉じ波カッコ（}）は、独自の行に置かれています。これが「たったひとつの波カッコの置き方」で、他の方法は使えません。詳しくは、https://en.wikipe

dia.org/wiki/Indentation_style#Variant:_1TBS_(OTBS) を見て下さい[5]。

Go が、どうしてこれほど厳密になったかを理解するには、Go の誕生まで遡る必要があります。当時のコードはセミコロンに満ちていました。どこにもセミコロンがあって、逃れる方法がなかったのです。どの文にも必ずセミコロンを 1 個、最後に必ず付ける約束でした。たとえば、次のように。

```
fmt.Println("Hello, fire hydrant");
```

2009 年の 12 月に、一群の ninja gopher たちが、この言語からセミコロンを追放しました。いえ正確には、そうではなく、Go コンパイラが、あなたに代わってセミコロンを挿入するようにしたのです。それで完璧に動作しました。その完璧さの代償として、あなたは波カッコの「たったひとつの正しい使い方」に従う必要があります。

もし開き波カッコを、func キーワードとは別の行に置いたら、Go コンパイラは次のように構文エラーを報告するでしょう。

```
func main()    // missing function body (関数本体が欠けています)
{              // syntax error: unexpected semicolon or newline before {
               // 構文エラー: 予期しないセミコロンまたは改行が{の前にあります
}
```

コンパイラは、別に怒っているわけではありません。セミコロンが間違った場所に挿入されたので、ちょっと困惑しているだけです。

---

5 **訳注**：これは、日本語ウィキペディアでは「字下げスタイル」に相当する項目で「K&R スタイル」とされている、「the one true brace style」（略称 1TBS または OTBS）の説明です。

この本を読み進みながら、コードリストを自分で打ち込むと良いでしょう。タイプミスをしたら構文エラーが出るでしょうが、それでいいのです。エラーを読み、理解し、修正するのは重要なスキルです。粘り強さは、有益な資質です。

▷ **クイックチェック 1-4**

構文エラーを防ぐには、開き波カッコ（{）を、どこに置けば良いですか？

1.5　まとめ

- Go Playground なら、何もインストールせずに、Go を使える。
- Go プログラムは、どれもパッケージに含まれた関数で構成される。
- テキストを画面に表示するには、標準ライブラリで提供される `fmt` パッケージを使う。
- 句読点は、普通の言語でもプログラミング言語でも重要。
- Go のキーワードは 25 個。そのうち、`package`、`import`、`func` の 3 つを使った。

理解できたかどうか、確認しましょう。

これから先の練習問題では、Go Playground のコードを書き換えてから、［Run］ボタンをクリックして結果を見ます。もし行き詰まったら、Web ブラウサをリフレッシュすれば、元のコードに戻せます。

■ 練習問題（playground.go）

- 画面に表示するテキストを変更します。それには、引用符で囲んだ部分を書き換えます。コンピュータが、あなたの名前を出して挨拶するようにしましょう。（たとえば「Hello, 太郎さん」とか）
- 2 行のテキストを表示するように、`main` 関数の、{ と } で囲まれた本体のなかに、以下のような第 2 のコード行を追加しましょう。

```
fmt.Println("Hello, world")
fmt.Println("Hello, 世界")
```

- Go は、何語の文字でもサポートします。中国語、日本語、ロシア語、スペイン語などで、テキストを表示させましょう。知らない言語でも、Google Translate（`https://translate.google.com/`）を使って翻訳したテキストを、Go Playground にコピー&ペーストすれば OK です。

［Share］ボタンを使えば、あなたのプログラムへのリンクを取得できます。原著『Get Programming with Go』のフォーラム（`https://forums.manning.com/forums/get-programming-with-go`）にポストすることで、他の読者とシェアできます。

本書の付録にあるコードリストと、あなたのソリューションを比較してみましょう。

1.6　クイックチェックの解答

▶ クイックチェック 1-1

大きなプログラムを数秒でコンパイルできること。実行する前にタイプミスなどの間違いを検出できること。

▶ クイックチェック 1-2

［Run］ボタンは、Google サーバー上で、あなたのコードをコンパイルしてから実行します。

▶ クイックチェック 1-3

1　プログラムは、`main` パッケージの `main` 関数から始まります。

2　`fmt` パッケージは、整形される入出力の関数を提供します。

▶ クイックチェック 1-4

開き波カッコは、`func` と同じ行に置く必要があります。別の行に置いてはいけません。これが波カッコの、たったひとつの正しいスタイルです。

1　命令型プログラミング

大概のコンピュータプログラムは、料理のレシピにも似た一連のステップです。仕事を達成する方法を、順番に詳しくコンピュータに伝えることによって、なんでもできるようになります。そういう一連の指示を書くことを、命令型プログラミングと言います。コンピュータが料理までやってくれれば良いのですが！

ユニット 1 では、Go の基本を学習し、Go でコンピュータに指示する命令の構文を学びはじめました。今後のレッスンの積み重ねによって、最初の課題に挑戦するのに必要な知識が身につきます。それは火星への休暇旅行のためにチケット料金をリストにするアプリケーションです。

LESSON 2

偉そうな電子計算機

レッスン 2 では以下のことを学びます。

- コンピュータに、どんな計算をしたいのか知らせる。
- 変数と定数を宣言する。
- 宣言と代入の違いについて。
- 標準ライブラリを使って疑似乱数を生成する。

コンピュータプログラムにできることは、無数に存在しますが、このレッスンでは算術的な問題を解くためのプログラムを書きます。

Column　こう考えてみましょう

電卓を使えば良さそうなのに、なぜプログラムを書くのでしょうか。
確かに。けれども、光の速さや、火星が太陽の周りを公転する周期を暗記していますか？コードは保存しておいて、あとでまた使うことができます。計算するのにも、参照するのにも、使えます。プログラムは、共有や修正ができる、実行可能なドキュメントなのです。

2.1　計算を実行する

もっと若くて体重も少なかったらいいのに、と思うときがあります。その点、火星は良いですね。火星が太陽の周りを一周するには、地球の日付で 687 日ほどかかります（公転周期）。そして重力が弱いので、なんでも地球の 38%くらいの軽さになるのです。

Nathan が火星ではどれほど若く、軽くなるのかを計算するため、リスト 2–1 のような短いプログラムを書いてみました。他のプログラミング言語と同じような算術の「演算子」を、Go でも使えます。つまり、和、差、積、商、剰余の計算に、+、-、*、/、%を、それぞれ使えるのです。

剰余演算子（%）は、2つの整数を割り算した余りを求めます。たとえば 42 % 10 は、2 です。

リスト2–1：Hello Mars（mars.go）

```
// これは人間が読むためのコメント
package main

import "fmt"

// main は最初に呼び出される関数
func main() {
    fmt.Print("火星の表面で、私の体重は、")
    fmt.Print(149.0 * 0.3783)    // 56.3667
    fmt.Print("ポンド、年齢は、")
    fmt.Print(41 * 365 / 687)    // 21
    fmt.Print("歳になるでしょう。")
}
```

リスト 2–1 は体重をポンドで表示しますが、ここで選んだ計測単位は、体重の計算方法とは関係ありません。キログラムなど、どんな単位を選んでも、火星での体重は、地球での体重の 37.83%です。

リストの最初にコメントがあります。Go は、ダブルスラッシュ（//）を見たら、その行の最後までをすべて無視します。コンピュータプログラミングは、コミュニケーションの一種です。コードは、あなたの命令をコンピュータに伝達するものですが、うまく書かれたコードなら、他の人々にも、あなたの意図を伝えられます。コメントは、われわれ人間のためのもので、プログラムの実行には影響を与えません。

リスト 2-1 では、Print 関数を何度も続けて呼び出すことによって、1 行の文章を表示しました。その代わりに、カンマで区切った「引数」のリストを渡すという方法もあります。Println に渡す引数には、テキストや、数や、「式」を使えます。

```
fmt.Println("火星の表面で、私の体重は、", 149.0*0.3783,
            "ポンド、年齢は、", 41*365.2425/687, "歳になるでしょう。")
// 火星の表面で、私の体重は、 56.3667 ポンド、年齢は、 21.79758733624454 歳になるでしょう。
```

▷ クイックチェック 2-1

Go Playground で、リスト 2-1 を入力して実行してみましょう。あなたの体重は、火星では何ポンドになりますか？　年齢は、いくつになりますか？ Nathan の年齢（41）と体重（149.0）を、あなた自身の値で置き換えてみましょう。

コードを書き換えたら、Go Playground の［Format］ボタンをクリックしてみましょう。すると、あなたのコードの字下げ（インデント）と空白の使い方（スペーシング）が、挙動を変えることなく、自動的に整形されます。

2.2 整形付き出力

関数の Print と Println には、出力をもっと調整できる兄弟がいます。その Printf を使うと、リスト 2-2 のように、テキストのどこにでも値を挿入できます。

リスト2-2：Printf: fmt.go

```
fmt.Printf("火星の表面で、私の体重は、%v ポンド、", 149.0*0.3783)
fmt.Printf("年齢は、%v 歳になるでしょう。\n", 41*365/687)

// 火星の表面で、私の体重は、56.3667 ポンド、年齢は、21 歳になるでしょう。
```

Print や Println と違って、Printf では、第 1 の引数がテキストで、そのテキストに%v のような「フォーマット指定」が入ります[1]。この部分は、第 2 の引数によって提供された式の値で置換されます。

%v 以外のフォーマットは、今後のレッスンで必要に応じて紹介します。完全なリファレンスは、オンラインのドキュメント（公式：https://golang.org/pkg/fmt/、日本語版：https://golang.jp/pkg/fmt）を見て下さい。

Println 関数は、自動的に改行しますが、Printf と Print では、そうなりません。もし改行したければ、テキストで改行したい場所に\n を置きます。

複数のフォーマットを指定すると、Printf 関数は、複数の値を順番に置換します。

```
fmt.Printf("私の体重は、%v の表面で %v ポンドです。\n", "Earth", 149.0)
// 私の体重は、地球の表面で 149 ポンドです。
```

Printf は、文章の任意の場所で値を置換できるだけでなく、テキストのアラインメント（文字寄せ）も調整できます。フォーマット指定で、文字幅を設定できます。たとえば%4v と書けば、値が 4 文字幅にパディングされます。それが正の数なら、空白を左に置く形でパディングされ、負の数なら、空白を右に置く形でパディングされます。

```
fmt.Printf("%-15v $%4v\n", "SpaceX", 94)
fmt.Printf("%-15v $%4v\n", "Virgin Galactic", 100)
```

上記のコードなら、次のように出力されます。

```
SpaceX          $   94
Virgin Galactic $  100
```

▷ **クイックチェック 2-2**

1 表示を改行するには、どうしますか？

2 Printf は、%v のフォーマットを指定されたら、何をしますか？

[1] **訳注**：Go の英文ドキュメントでは%v などを「format verb」と呼んでいますが、本書では「フォーマット指定」という言葉を使っています。verb は「動詞」で、何をするかを指定するものです。

2.3 定数と変数

リスト 2-1 で行っている計算は、数値リテラルに対するものです。この場合、それぞれの数（つまり、0.3783 などという数）が何を意味するのか、明らかではなりません。このような意味不明の数値リテラルは、プログラマの間で「マジックナンバー」と呼ばれることがあります。意味のわかる名前を提供するには、定数や変数を使えます。

火星での生活の利点を見たのですから、次の質問は「行くのに、どれだけかかるか」ですね。光の速度で行ければ理想的です。真空の宇宙空間における光速は「定数」なので、計算が楽です。一方、地球と火星との間の距離は、この２つの惑星が太陽を回る軌道のどこにあるかによって大きく変化する、「変数」です。

次のリストでは、定数の宣言に `const`、変数の宣言に `var` という、新たに紹介する２つのキーワードを使います。

リスト2-3：光速で旅をする（lightspeed.go）

```
// 火星まで、光速で何秒かかるか？
package main

import "fmt"

func main() {
    const lightSpeed = 299792 // km/秒
    var distance = 56000000 // km
    fmt.Println(distance/lightSpeed, "秒")    // 186 秒

    distance = 401000000
    fmt.Println(distance/lightSpeed, "秒")    // 1337 秒
}
```

リスト 2-3 を Go Playground に入力して、［Run］をクリックしましょう。光速は、まったく便利です。「まだ着かないの？」なんて誰も言わないでしょう。

最初の計算は、火星と地球が接近している場合です。そのために宣言した `distance`（距離）という変数には、56,000,000（km）という初期値が代入されます。次に、その `distance` 変数に、新しい値として 401,000,000（km）を代入します。これは２つの惑星が太陽を挟んで反対側にある場合です。ただし、太陽を突き抜けるような航路を選んだら、問題がありすぎるでしょうね。

`lightSpeed` は定数で、変更できません。もしこれに新しい値を代入しようとしたら、Go コンパイラは、「cannot assign to lightSpeed.」（lightSpeed に代入できません）というエラーを報告するでしょう。

変数は、使う前に宣言する必要があります。もし、まだ var を使って宣言していない変数に、speed = 16 などと値を代入しようとしたら、Go はエラーを報告するでしょう。この制限によって、ある種の間違いを防ぎやすくなっています。たとえば distance とタイプするつもりで、間違って distence に値を代入しようとしたら、エラーになるのです。

▷ **クイックチェック 2-3**

1　SpaceX という惑星間輸送システム（https://www.spacex.com/）は、ワープ航法こそ持ちませんが、100,800km/時という尊敬すべき速度で火星に到達するといいます。ある大胆なプロジェクトの打ち上げが、2025 年の 1 月に予定されていて、地球と火星との距離は 96,300,000km になります。火星に到着するまで、どれくらいかかるでしょうか？リスト 2-3 を書き換えて、計算してみてください。

2　地球での 1 日は 24 時間です。この 24 という数字に、あなたのプログラムで意味のある名前を付けるには、var と const のうち、どちらのキーワードを使いますか？

2.4　ショートカットを使う

火星への経路にショートカット（近道）はないかもしれませんが、Go は、タイプするキーの数を減らすショートカットを、いくつかサポートしています。

● 複数の変数を同時に宣言する

変数または定数を複数宣言するときは、1 行で 1 個ずつ宣言することも、

```
var distance = 56000000
var speed = 100800
```

グループにまとめて宣言することも可能です。

```
var (
    distance = 56000000
    speed = 100800
)
```

もうひとつのオプションとして、1 行で複数の変数を宣言することも可能です。

```
var distance, speed = 56000000, 100800
```

複数の変数を、ひとつのグループとして、あるいは1行で宣言するときは、その前に、それらの変数の関連性を考えましょう。コードの読みやすさを、いつも考慮に入れるべきです。

▷ **クイックチェック 2-4**

1行のコードで、1日あたりの時間と、1時間あたりの分と、両方の数を宣言するには、どう書きますか？

インクリメントと代入の演算子

ショートカットで、演算を使った代入ができます。リスト2-4で、最後の2行は等価です。

リスト2-4：代入演算子（shortcut.go）

```
var weight = 149.0
weight = weight * 0.3783
weight *= 0.3783
```

1だけインクリメントする（増やす）にも、ショートカットがあります（リスト2-5）。

リスト2-5：インクリメント演算子

```
var age = 41
age = age + 1     // 誕生日おめでとう！
age += 1          // 同上
age++             // 同上
```

逆にデクリメントする（減らす）には`count--`と書けます。また、他の二項演算も、`price /= 2`のように、短く書くことができます。

Go は、C や Java でサポートされている`++count`のような前置のインクリメントをサポートしません。

▷ **クイックチェック 2-5**

`weight`という名前の変数から2を差し引く最短のコードを書いてください。

2.5 適当な数を考える

1から10までの範囲で、適当な数をひとつ、考えてみてください。

わかりますね？

あなたのコンピュータに、1から10までの適当な数をひとつ、考えてもらいましょう。コンピュータは、`rand`パッケージを使って、「疑似乱数」を生成できます。疑似乱数と呼ぶだけのことはあって、生成される数は実際には乱数ではなく、ちょっと乱数のように見えるだけです。

リスト 2-6 のコードは、1 から 10 までの数を 2 つ表示します。Intn に 10 を渡すと、0 から 9 までの数が返されます。その数に 1 を足した結果を、num に代入します。この num 変数は、関数呼び出しの結果ですから、Go の定数にはできません。

もし 1 を足すのを忘れたら、0 から 9 までの数が 1 つ、得られます。欲しいのは 1 から 10 までの数でした。こういうのは「1 つ違いのエラー」といって、プログラミングでは古典的な間違いです。

リスト2-6：乱数（rand.go）

```
package main

import (
    "fmt"
    "math/rand"
)

func main() {
    var num = rand.Intn(10) + 1
    fmt.Println(num)
    num = rand.Intn(10) + 1
    fmt.Println(num)
}
```

math/rand は、rand パッケージの「インポートパス」です。Intn 関数にはパッケージ名の rand を前置しますが、そのインポートパスは、もっと長いのです。

新しいパッケージを使うには、それを import のリストに入れておく必要があります。Go Playground は、あなたに代わってインポートパスを追加できます。[Imports] にチェックが入っていることを確認してから、[Format] ボタンをクリックしてみましょう。Go Playground は、どのパッケージが使われているかを調べて、あなたのインポートパスを更新します。

リスト 2-6 を何度実行しても、同じ 2 つの疑似乱数が表示されます。サイコロに仕掛けがあるのかよ！　いや、Go Playground では時間が経過しても変わらずに、元の結果がキャッシュされたまま現れるのです。この場合は、この 2 つの数で問題ないでしょう。

▷ **クイックチェック 2-6**

地球と火星との間の距離は、接近するときから、太陽を挟んで遠ざかるときまで、変化します。56,000,000km から 401,000,000km までの間でランダムな距離を生成するプログラムを書いて下さい。

2.6 まとめ

- 関数の `Print`、`Println`、`Printf` は、テキストや数を画面に表示する。
- `Printf` のフォーマット指定`%v` を使うと、表示するテキストのどこにでも数を置ける。
- 定数は `const` キーワードで定義され、書き換えることができない。
- 変数は `var` キーワードで定義され、プログラムの実行中に、新しい値を代入できる。
- `math/rand` は、`rand` パッケージを参照するインポートパス。
- `rand` パッケージにある `Intn` 関数は、疑似乱数を生成する。
- 25 個ある Go のキーワードのうち、`package`、`import`、`func`、`const`、`var` の 5 つを使った。

理解できたかどうか、確認しましょう。

■ 練習問題（malacandra.go）

> マラカンドラは、それよりずっと近距離にある。約二十八日間で到着するだろう。
>
> – C.S. Lewis,"Out of the Silent Planet" [2]

「マラカンドラ」というのは、イギリスの作家 C.S.Lewis による三部作「別世界物語」（1938-1945 年）での、火星の別名です。

マラカンドラに 28 日で到着するには、どれだけの速度（km/時）で宇宙船を飛ばせば良いのかを調べるプログラムを書きましょう。距離は、56,000,000km と仮定します。

あなたが書いたソリューションを、付録のコードリストと比較しましょう。

2.7 クイックチェックの解答

▶ **クイックチェック 2-1**

あなたの体重と年齢によって、異なる値になります。

[2] **訳注**：C.S. ルイス『別世界物語 1 マラカンドラ　沈黙の惑星を離れて』（ちくま文庫、中村妙子訳）

▶ クイックチェック 2-2

1　出力するテキストの改行したい場所で`\n`を使うか、`fmt.Println()`を使います。

2　`%v`は、それに続く引数から取った値で置換されます。

▶ クイックチェック 2-3

1　宇宙船は一直線に飛ぶわけではありませんが、近似値として、39日かかりそうです。

```
const hoursPerDay = 24
var speed = 100800 // km/時
var distance = 96300000 // km
fmt.Println(distance/speed/hoursPerDay, "日")
```

2　この値はプログラムの実行中に変化しないので、`const`キーワードを使います。

▶ クイックチェック 2-4

```
const hoursPerDay, minutesPerHour = 24, 60
```

▶ クイックチェック 2-5

```
weight -= 2
```

▶ クイックチェック 2-6

```
// 火星までのランダムな距離（km）
var distance = rand.Intn(345000001) + 56000000
fmt.Println(distance)

//345,000,001という数は、401,000,000から56,000,000を引いて1を足した値
```

LESSON 3

ループと分岐

レッスン 3 では以下のことを学びます。

- `if` と `switch` で、コンピュータに分岐を選ばせる。
- `for` ループでコードを繰り返す。
- ループと分岐の条件を指定する。

コンピュータプログラムは、伝統的な読みものと違って、最初から最後まで順番に読まれることは、滅多にありません。プログラムは、それよりも「きみならどうする？」アドベンチャーや、ストーリー選択型の「ゲームブック」のようなフィクションに似ています。つまり、条件によって異なる複数の実行経路を辿ったり、ある条件が満たされるまで同じステップを繰り返したりするのです。

多くのプログラミング言語で使える `if` や `else` や `for` などのキーワードに親しんでいる読者にとって、このレッスンは、Go の構文への素早い導入編となるでしょう。

Column　こう考えてみましょう

Nathan が子供だった頃、長い旅行のひまつぶしに、家族で「20 の質問」をして遊びました[1]。誰かが、何か 1 つ答えを考え、他の皆が、20 個まで質問を出して答えを当てるのです。どの質問にも、「はい」か「いいえ」で答えるのがルールです。「大きさは？」などと質問しても、答えは返ってきません。たとえば「犬小屋より大きいですか？」のように質問するのです。

コンピュータプログラムは、yes か no かの質問で動作します。「犬小屋よりも大きい」とかいう、何らかの条件を与えられたとき、CPU は、それに対する答えによって、次の命令に進むか、あるいはプログラムの別の部分に（JMP 命令で）ジャンプするかの選択をします。複雑な判断は、より小さく単純な条件に分解して行う必要があります。

あなたが今日着ている服は、それぞれ、どうやって選択しましたか？　たとえば天気予報とか、予定の行動とか、用途とか、流行などの変数があるでしょう。ランダムに選ぶというプランも、あるかもしれません。コンピュータに、朝の着付けを、どうすれば教えられるでしょうか。yes か no で答えられる質問を書き並べてみましょう。

---

[1] **訳注**：「Twenty Questions」という米国のゲーム。第二次大戦後、ラジオやテレビのクイズ番組になりました。日本では「二十の扉」（NHK ラジオ第 1 放送）として 1947 年から放送されました。

3.1　真か偽か

「きみならどうする」式のゲームブックを読んでいると、次のような選択肢が出てきます[2]。

```
If you walk outside the cave, turn to page 21.
（きみが洞窟の外を歩くのなら、21 ページに進もう）
                  ― Edward Packard, The Cave of Time
```

あなたなら、洞窟の外を歩くでしょうか？　Go の場合、答えは `true`（真）か `false`（偽）の、どちらかで、この 2 つの定数は、あらかじめ宣言されています。これらは、次のように使えます。

```
var walkOutside = true          // 変数「洞窟の外を歩く」は true（真）
var takeTheBluePill = false     // 変数「青色の薬を飲む」は false（偽）
```

一部のプログラミング言語では、真偽の定義が、もっと緩やかです。Python や JavaScript では、テキストが存在しない（`""`）データも偽とみなされます（値のゼロも同様です）。Ruby や Elixir では、それと同じ値が真とみなされます。Go では、真の値は `true` だけ、偽の値は `false` だけです。

`true` または `false` の値は、19 世紀の数学者ジョージ・ブールの名を取って「ブール値」と呼ばれます。標準ライブラリの関数のうち、いくつかはブール値を返します。たとえば次のリストでは、`strings` パッケージの `Contains` 関数を使って、`command` 変数が「outside」というテキストを含むかどうかを質問します[3]。そのテキストが含まれていれば、結果は `true` です。

---

[2] **訳注**：エドワード・パッカード作の『タイムトンネルの冒険―きみならどうする？』として、1980 年に「学研プラス」から翻訳本（ジュニアチャンピオンコース 51）が出ているようです。

[3] **訳注**：ここでは元のコードにあった「You find yourself in a dimly lit cavern.」と「You leave the cave」という 2 つのテキストを日本語に翻訳し、コマンドの内容である「walk outside」と「outside」の 2 つのテキストは、英語のまま残し、コメントで訳を示しました。このように他の場所で使われそうなテキストを別の言語に訳すときは、副作用や一貫性に注意すべきです。前書きにあるように、ソースコードは、Manning 社の本書 Web サイト（`https://www.manning.com/books/get-programming-with-go`）からダウンロードできます。

リスト3-1：ブール値を返す関数（contains.go）

```
package main

import (
    "fmt"
    "strings"
)

func main() {
    fmt.Println("きみは薄暗い洞窟の中にいる。")
    var command = "walk outside"                    // コマンドは「外を歩く」
    var exit = strings.Contains(command, "outside") // コマンドが「外」を含む？
    fmt.Println("洞窟を出る:", exit)                 // 洞窟を出る: true
}
```

▷ **クイックチェック 3-1**

1　洞窟から外に出たら、真昼の太陽がまぶしいので、サングラスをかけたくなりました。`wearShades` という名前のブール変数を宣言するには、どう書けばいいでしょうか？

2　洞窟の入り口の近くに立て札があります。`command` に「read」というテキストが含まれているか判断するには、どうすればいいでしょうか？

3.2　比較

2つの値を比較しても、`true` または `false` の値が得られます。Go は、表 3-1 に示す比較演算子を提供しています。

表3-1：比較演算子（左辺を右辺と比較する）

==	等しい	!=	等しくない
<	より小さい（未満）	>	より大きい（超過）
<=	以下（小さいか等しい）	>=	以上（大きいか等しい）

表 3-1 の演算子を使って、リスト 3-2 のように、テキストまたは数を比較できます。

リスト3-2：数の比較（compare.go）

```
fmt.Println("入り口の近くに「未成年立ち入り禁止」という立て札がある。")

var age = 41
var minor = age < 18    // 18 歳未満を未成年（minor）とする
fmt.Printf("%v 歳のぼくは、未成年か？ %v\n", age, minor)
```

上記のリストからは、次の出力が得られます。

```
入り口の近くに「未成年立ち入り禁止」という立て札がある。
41 歳のぼくは、未成年か？  false
```

JavaScript や PHP には、等号を 3 つ使う「厳密な比較演算子」があります。これらの言語では、`"1" == 1` は `true` でも（ゆるい比較）、`"1" === 1` は `false` になります（厳密な比較）。等号を 2 つ使う Go の比較演算子では、テキストと数の値を直接比較することができません。数値をテキストに、あるいはその逆に変換する方法は、レッスン 10 で示します。

▷ **クイックチェック 3-2**

「apple」と「banana」では、どちらが大きいですか？

3.3 if による分岐

コンピュータは、リスト 3-3 に示すような `if` 文に、ブール値や比較を使うことによって、実行経路を分岐することができます。

リスト3-3：分岐（if.go）

```go
package main

import "fmt"

func main() {
    var command = "go east"

    // もしコマンドが"go east"と等しければ
    if command == "go east" {
        fmt.Println("きみは、さらに山を登る。")
    // あるいは、もしコマンドが"go inside"と等しければ
    } else if command == "go inside" {
        fmt.Println("きみは洞窟に入り、そこで一生を過ごす。")
    // あるいは、他のコマンドならば
    } else {
        fmt.Println("なんだか、よくわからない。")
    }
}
```

上記のリストからは、次の出力が得られます。

きみは、さらに山を登る。

`else if`も、`else`も、オプションです（必須ではありません）。考慮すべき分岐（経路）が、いくつも存在するときは、`else if`を必要なだけ繰り返すことができます。

等しいかどうかのチェックで、比較演算子`==`を使う代わりに間違って代入演算子`=`を使ったら、Go はエラーを報告します。

▷ クイックチェック 3-3

アドベンチャーゲームの舞台は、room（ルーム）に分かれます。cave（洞窟）、entrance（入り口）、mountain（山）という3つのルームについて、それぞれ説明を表示するように、`if`と`else if`を使ってプログラムを書きましょう。プログラムを書くときは、波カッコのペアを、リスト3-3で示したように、必ず「たったひとつの正しい方法」で使うように注意しましょう。

3.4 論理演算子

Goでは、論理演算子の`||`は「OR」（aまたはbであること）を意味し、論理演算子の`&&`は「AND」（aかつbであること）を意味します。論理演算子は、複数の条件を一度にチェックするのに使えます。これらの演算子が、どのように評価されるかは、図3-1と図3-2を、よく見てください。

	false	true
false	false	true
true	true	true

図3-1：aかbがtrueのときに、a || bはtrueになる

	false	true
false	false	false
true	false	true

図3-2：aもbもtrueのときに、a && bはtrueになる

リスト 3-4 は、西暦（グレゴリオ暦）2100 年が閏年（うるうどし）になるかどうかを判断します。閏年かどうかを判断する規則は、次のようなものです。

- 400 で割り切れる年は、閏年
- 4 で割り切れて、しかも 100 では割り切れない年も、閏年

剰余（%）が、2 つの整数で除算をした余りだということを思い出しましょう。剰余がゼロならば、割り切れる除算です。

リスト3-4：閏年の判定（leap.go）

```
fmt.Println("2100 年は、閏年ですか？ ")
var year = 2100
var leap = year%400 == 0 || (year%4 == 0 && year%100 != 0)
if leap {
    fmt.Println("はい。閏年（leap year）です！")
} else {
    fmt.Println("いいえ。平年（common year）です。")
}
```

上記のリストからは、次の出力が得られます。

```
2100 年は、閏年ですか？
いいえ。平年（common year）です。
```

ほとんどのプログラミング言語と同じく、Go でも論理演算の切り詰めが使われます。もし第 1 の条件が `true` ならば（`year` を 400 で割った余りが 0 ならば）、`||`に続く評価は、行う必要がないので無視されます。

`&&`演算子の場合は、逆です。両方の条件が `true` でなければ、結果は `false` です。もし `year` を 4 で割り切れなければ、それに続く条件を評価する必要はありません。

`!`（NOT）論理演算子は、ブール値が `false` なら `true` に、`true` なら `false` に、逆転した結果を出します。リスト 3-4 は、もしプレイヤーがトーチを持っていないか、さもなければ トーチが点灯されていないとき、ちょっと意地悪なメッセージを出します。

リスト3-5：not 演算子（torch.go）

```
var haveTorch = true // トーチを持っている？
var litTorch = false // トーチが点灯している？
if !haveTorch || !litTorch {
    fmt.Println("ここには何も見えない。")
}
```

▷ クイックチェック 3-4

1. 2000 年が閏年かどうかを、リスト 3-4 に従って、紙の上で計算してみましょう。まず、すべての剰余演算で、余りを出します（必要なら電卓を使って下さい）。それから、`==`と`!=`によって、条件が `true` か `false` かを評価します。最後に、論理演算子の評価を、`&&`を先に、`||`を後に、行います。2000 年は閏年でしたか？
2. もし最初に `2000%400 == 0` が `true` かを評価したら、論理演算の切り詰めで、時間を節約できたでしょうか？

3.5　switch による分岐

ある 1 つの値を、ほかの複数の値と比較するときのために、Go は `switch` 文を提供します（リスト 3-6）。

リスト3-6：簡潔な形式の switch 文（concise-switch.go）

```
fmt.Println("洞窟の入り口だ。東へ進む道もある。")
var command = "go inside"

switch command {  // 各 case の値と command を比較
case "go east":
    fmt.Println("きみは、さらに山を登る。")
case "enter cave", "go inside":  // カンマで区切った複数の値（リスト）のどれか
    fmt.Println("きみは薄暗い洞窟の中にいる。")
case "read sign":
    fmt.Println("「未成年立ち入り禁止」と書いてある。")
default:
    fmt.Println("なんだか、よくわからない。")
}
```

上記のリストからは、次の出力が得られます。

```
洞窟の入り口だ。東へ進む道もある。
きみは薄暗い洞窟の中にいる。
```

switch 文は、数値にも使えます。

また、swich 文は、それぞれの case を条件として if...else のように使えます。swich 独自の機能として、fallthrough というキーワードもあります。これは「下の行に落ちる」という意味で、その次の case の本体を実行したいときに使います。リスト 3-7 で、用例を示しましょう。

リスト3-7：switch 文（switch.go）

```
var room = "lake" // 湖

switch { // それぞれの case が式になっている
case room == "cave":
    fmt.Println("きみは薄暗い洞窟の中にいる。")
case room == "lake":
    fmt.Println("堅そうに氷が張っている。")
    fallthrough     // 次の case に落ちる
case room == "underwater": // 水面下
    fmt.Println("水は凍るくらいに冷たい。")
}
```

上記のリストからは、次の出力が得られます。

```
堅そうに氷が張っている。
水は凍るくらいに冷たい。
```

「下に落ちる」のは、C や Java や JavaScript の case ではデフォルトで発生しますが、Go は、より安全なアプローチを採用し、明示的な fallthrough キーワードを要求しています。

▷ クイックチェック 3-5

部屋との比較で使った、簡潔な形式の switch に、リスト 3-7 を書き換えてください。

3.6 ループによる繰り返し

同じコードを何度も繰り返してタイプする代わりに、for キーワードを使ったループでコードを反復させることができます。リスト 3–8 は、count が 0 と等しくなるまでループします。

繰り返しを行う前に毎回、count > 0 という式を評価します。その結果は 1 個のブール値です。その値が false ならば、(count = 0) のはずなので、ループは終了します。そうでなければ、ループの本体（波カッコで囲まれた部分）を実行します。

リスト3–8：カウントダウンのループ（countdown.go）

```
package main
import (
    "fmt"
    "time"
)

func main() {
    var count = 10  // 宣言と初期化
    for count > 0 { // 条件
        fmt.Println(count)
        time.Sleep(time.Second)
        count--     // カウントをデクリメントする
                    // さもないと永久にループする
    }
    fmt.Println("Liftoff!") // 離昇（打ち上げ）
}
```

永久ループでは for の条件を指定しませんが、ループから脱出することは、いつでも可能です。リスト 3–9 は 360 度の円軌道を示すのですが、いつかランダムに停止します。

リスト3–9：永久ループと脱出（infinity.go）

```
var degrees = 0
for {
    fmt.Println(degrees)
    degrees++
    if degrees >= 360 {
        degrees = 0
        if rand.Intn(2) == 0 {
            break
        }
    }
}
```

for ループの他の形式は、レッスン 4 と 9 で紹介します。

▷ **クイックチェック 3-6**

ロケットの発射は、いつも順調と限りません。さきほどのカウントダウンを、秒ごとに 100 分の 1 の確率で、打ち上げ失敗でカウントダウンを停止させるように書き換えましょう。

3.7　まとめ

- 条件として使える値は、ブール値だけ。
- Go では分岐とループのために `if`、`switch`、`for` を使える。
- Go の 25 個のキーワードのうち、12 個を使った。`package`、`import`、`func`、`var`、`if`、`else`、`switch`、`case`、`default`、`fallthrough`、`for`、`break`。

理解できたかどうか、確認しましょう。

■ 練習問題（guess.go）

「数当てゲーム」のプログラムを書きましょう。数を当てるまで、コンピュータが、1 から 100 までのランダムな数を選びます。正解は、プログラムの先頭で宣言しておきます。コンピュータが選んだ数を、毎回表示し、大きすぎるか小さすぎるかも表示しましょう。

3.8　クイックチェックの解答

▶ **クイックチェック 3-1**

1　`var wearShades = true`

2　`var read = strings.Contains(command, "read")`

▶ **クイックチェック 3-2**

「banana」が大きいと評価されます。

```
fmt.Println("apple" > "banana") // false
fmt.Println("apple" < "banana") // true
```

Column Go ではテキストの比較が辞書的に行われます。辞書の項目をアルファベット順に並べるのと同じです。あとで詳しい解説が出てきますが、気になる人のために説明すると、Go ではテキストの比較が 1 バイトずつ行われます。1 文字が 1 バイトと決まっている英語のテキストを比較するのですから、「a」で始まる「apple」よりも「b」で始まる「banana」のほうが、「大きい」わけです。

（参考＝ https://blog.golang.org/strings など）

▶ クイックチェック 3-3

```
package main

import "fmt"

func main() {
    var room = "cave"
    if room == "cave" {
        fmt.Println("きみは薄暗い洞窟の中にいる。")
    } else if room == "entrance" {
        fmt.Println("洞窟の入り口だ。東へ進む道もある。")
    } else if room == "mountain" {
        fmt.Println("崖があるぞ。西への道は山を下りる。")
    } else {
        fmt.Println("なにもかも真っ白だ。")
    }
}
```

▶ クイックチェック 3-4

1　その通り。2000 年は、閏年でした[4]。

```
2000%400 == 0 || (2000%4 == 0 && 2000%100 != 0)
       0 == 0 ||      (0 == 0 && 0 != 0)
        true  ||      ( true  && false)
        true  ||           (false)
        true
```

2　その通り。後半を評価し、その結果を書くのに、余計な時間がかかっていました。コンピュータの計算は、ずっと高速ですが、それでも論理演算の切り詰めで時間が節約されます。

[4] **訳注**：演算子が評価される順序が気になったら、言語仕様で演算子の優先順位を確認しましょう（http://golang.jp/go_spec#Operator_precedence）。

▶ クイックチェック 3-5

```
var room = "lake"

switch room {
case "cave":
    fmt.Println("きみは薄暗い洞窟の中にいる。")
case "lake":
    fmt.Println("堅そうに氷が張っている。")
    fallthrough
case "underwater":
    fmt.Println("水は凍るくらいに冷たい。")
}
```

▶ クイックチェック 3-6

```
var count = 10
for count > 0 {
    fmt.Println(count)
    time.Sleep(time.Second)
    if rand.Intn(100) == 0 {
        break
    }
    count--
}
if count == 0 {
    fmt.Println("Liftoff!")
} else {
    fmt.Println("Launch failed.") //  打ち上げ失敗
}
```

LESSON 4

変数のスコープ

レッスン 4 では以下のことを学びます。

- 変数スコープの利点。
- 変数の宣言を短くする（省略形式）。
- 変数スコープと for、if、switch との関係について。
- 広いスコープと、狭いスコープを、適切に使い分ける。

プログラムの実行中は、数多くの変数を、ちょっと使っては捨てるのが普通です。それを援助する目的で、この言語にはスコープ（有効範囲）の規則があります。

Column　こう考えてみましょう

頭のなかに、いくつの事項を、同時に入れておけますか？
私たちの短期記憶は、だいたい 7 個の事項に限られるそうです。7 桁の電話番号が、それを示す例だと言われています。
コンピュータの短期記憶では、RAM（Random Access Memory）に大量の値を保存できますが、コードを読むのはコンピュータだけではなく、人間も読むのです。それだからコードは、できるだけ単純にしておくべきなのです。
もしプログラムにある変数が、どれも一度に変化する可能性があり、どこからもアクセスできるとしたら、どうでしょうか。大きなプログラムで、そのすべてを追跡管理するのは大変な作業で、ほとんど不可能です。変数にスコープがあれば、現在の関数またはコードの一部に関係する変数に注意を集中することができ、その他の変数で気が散ることがなくなります。

4.1 スコープを覗く

変数を宣言すると、スコープに入ります。スコープに入った変数は、見えるようになります。あなたのプログラムで、変数をアクセスできるのは、その変数がスコープに入っている間だけです。いったん変数がスコープから出てしまったら、その変数をアクセスしようとしてもエラーになります。

変数スコープの利点の1つは、同じ名前をさまざまな別の変数に流用できることです。もしプログラムの全部の変数に、それぞれ違うユニークな名前を付ける必要があるとしたら、どうでしょう。小さいプログラムなら大丈夫でしょう。でも、少し大きくなったら、どうでしょうか。

スコープは、コードを読むのにも便利です。すべての変数を頭に入れておく必要がないからです。いったん変数がスコープから出たら、その変数のことは忘れていいのです。

Goのスコープは、開き波カッコ（{）で始まり、閉じ波カッコ（}）で終わる場合が多いです。次のリストでは、`main`関数でスコープが1つ始まります。そして`for`ループでは、入れ子になった（ネストした）、もう1つのスコープが始まります。

リスト4-1：スコープのルール（scope.go）

```
package main
import (
    "fmt"
    "math/rand"
)

func main() {
    var count = 0
    for count < 10 { // 新しいスコープの開始
        var num = rand.Intn(10) + 1
        fmt.Println(num)
        count++
    }                   // そのスコープの終了
}
```

`count`変数は、「関数スコープ」のなかで宣言され、`main`関数の終わりに到達するまで、見えています。一方、`num`変数は、`for`ループのスコープのなかで宣言されます。そのループが終了したら、`num`変数はスコープから出ます。

ループの後で num をアクセスしようとしたら、Go コンパイラがエラーを報告します。ただし for ループの終了後も、count 変数はアクセスできます。その理由は、ループの外で宣言されているからですが、そうする必要があるわけではありません。count をループのスコープに限定するには、Go で変数を宣言する、別の形式が必要です。

▷ **クイックチェック 4-1**

1　変数スコープには、どんな利点がありますか？

2　変数がスコープから出たら、どうなりますか？　リスト 4-1 を書き換えて、ループの後で num をアクセスするようにしたら、どうなるか調べてみましょう。

4.2 省略形式による変数の宣言

変数宣言を、var キーワードを使わずに短く書く、もう 1 つの形式が「省略宣言」です。次の 2 つの行は、等価です。

```
var count = 10
count := 10
```

たいして変わらないように思われるかもしれません（3 文字省略できるだけ？）。しかし、この省略宣言は、var を使う形式より、ずっと一般的です。これによって、var ではできないことも、可能になるのです。

まず、リスト 4-2 を見てください。前に挙げた for ループの変形です。ここでは、count 変数の初期化と、ループする条件と、count のデクリメントという後処理を、1 箇所で行っています。この形式の for ループを使うときは、初期化と条件と後処理を、この順番で提供することが重要です。

リスト4-2：凝縮されたカウントダウン（loop.go）

```
var count = 0
for count = 10; count > 0; count-- {
    fmt.Println(count)
}
fmt.Println(count) // count は、まだスコープに入っている
```

まだ省略宣言を使っていません。だから count 変数は、ループの外側で宣言する必要があります。このため、その変数はループが終わったあとも、スコープに入っています。

省略宣言を使うと、リスト 4-3 になります。ここでは count 変数が、for ループの一部として宣言され、初期化されます。いったんループが終わったら、この変数はスコープから出てしまいます。もし count をループの外からアクセスしようとしたら、Go コンパイラは、「count が未定義

だ」というエラーを報告するでしょう。

リスト4-3：for ループのなかで省略宣言を使う（short-loop.go）

```
for count := 10; count > 0; count-- {
    fmt.Println(count)
}
```

コードをできるだけ読みやすくするため、変数は使う場所の近くで宣言すべきです。

省略宣言を使うと、if 文の中で新しい変数を宣言することもできます。リスト 4-4 の num 変数は、if 文の 3 つの分岐の、どこでも使えます。

リスト4-4：if 文の中で省略宣言する（short-if.go）

```
if num := rand.Intn(3); num == 0 {
    fmt.Println("Space Adventures")
} else if num == 1 {
    fmt.Println("SpaceX")
} else {
    fmt.Println("Virgin Galactic")
} // num がスコープから出る
```

省略宣言は、switch 文の一部としても使えます。リスト 4-5 を見てください。

リスト4-5：switch 文のなかで省略宣言する（short-switch.go）

```
switch num := rand.Intn(10); num {
case 0:
    fmt.Println("Space Adventures")
case 1:
    fmt.Println("SpaceX")
case 2:
    fmt.Println("Virgin Galactic")
default:
    fmt.Println("Random spaceline #", num)
}
```

▷ クイックチェック 4-2

リスト 4-4 やリスト 4-5 で、もし省略形式の宣言を使わなければ、num のスコープに、どういう影響がありますか？

4.3 狭いスコープと広いスコープ

リスト 4-6 は、ランダムな日付を生成して表示します（火星への出発日かも）。また、ここでは Go のさまざまなスコープを例示し、変数を宣言するときにスコープを考慮することが、なぜ重要なのかを示しています。

リスト4-6：変数のスコープを決めるルール（scope-rules.go）

```
package main

import (
    "fmt"
    "math/rand"
)

var era = "AD" // era（紀元）は、このパッケージ全体で使える

func main() {
    year := 2018 // era と year がスコープに入っている

    switch month := rand.Intn(12) + 1; month { // era, year, month がスコープ内

    case 2:
        day := rand.Intn(28) + 1 // era, year, month, day がスコープ内
        fmt.Println(era, year, month, day)

    case 4, 6, 9, 11:
        day     := rand.Intn(30) + 1 // これは新たな day
        fmt.Println(era, year, month, day)

    default:
        day := rand.Intn(31) + 1 // これも新たな day
        fmt.Println(era, year, month, day)
    }    // month と day はスコープ外
} // year はスコープ外
```

era 変数は、「パッケージスコープ」で、main 関数の外側で宣言されています。もし main パッケージに複数の関数があるとしたら、それらの関数のどれからも、era が見えます。

省略形式は、パッケージスコープでの変数宣言には使えません。era を、いまの場所で era := "AD"と宣言することは不可能です。

year 変数は、main 関数の中からだけ見ることができます。他に関数があったら、その中から era は見えても year は見えないでしょう。「関数スコープ」は、パッケージスコープよりも狭いの

です。関数スコープは、func キーワードから始まり、それを閉じる波カッコで終わります。

month 変数は、switch 文の中なら、どこからでも見えます。switch 文が終わったら、month はスコープから外れます。そのスコープは switch キーワードから始まり、その switch を閉じる波カッコで終わります。

case は、それぞれ独自のスコープを持ちます。だから、3 つの day 変数は、どれも独立した存在です。それぞれの case が終わると、その case のなかで宣言した day 変数は、スコープから外れます。この場合に限り、スコープを示す波カッコが存在しません。

リスト 4–7 に示したコードは、ずいぶん改良の余地があります。month と day のスコープが狭いので、Println、Println、Println と、コードが重複しています。コードが重複していると、あとでまとめようと思う人が出てきても、うまくいくとは限りません。たとえば誰かが era は表示しないことに決めたけれど、case の 1 つで消すのを忘れちゃった、なんてことも、あるかもしれません。コードの重複は、ときには正当であっても、一応「くさいコード」として検討の対象にすべきものです。

重複をなくして、コードをシンプルにするためには、リスト 4–6 の変数を、もっと広いスコープで宣言すべきです。つまり、switch 文の後でも使えるようにするわけです。こういうのをリファクタリングと言いますね。「リファクタリング」とは、全体の挙動を変えずにコードを書き換えるという意味です。リスト 4–7 のようにコードを変更しても、やはりランダムな日付が表示されます。

リスト4–7：ランダムな日付の生成・リファクタリング後（random-date.go）

```
package main

import (
    "fmt"
    "math/rand"
)

var era = "AD"

func main() {
    year := 2018
    month := rand.Intn(12) + 1
    daysInMonth := 31
    switch month {
    case 2:
        daysInMonth = 28
    case 4, 6, 9, 11:
        daysInMonth = 30
    }
    day := rand.Intn(daysInMonth) + 1
    fmt.Println(era, year, month, day)
}
```

スコープは狭い方が、心理的な負担が減る場合が多いのですが、リスト 4–6 が示すように、変数のスコープを狭く限定しすぎると、結果として読みにくいコードになってしまう場合があります。ケースバイケースで考えましょう。読みやすさを、これ以上は改善できない、というところまで、リファクタリングすれば良いのです。

4.4 まとめ

- 開き波カッコで導入される新しいスコープは、それに対応する閉じ波カッコで終わる。
- `case` と `default` のキーワードでは、波カッコなしで、新しいスコープに入る。
- 変数を宣言する場所によって、そのスコープに入るかが決まる。
- 省略宣言は、短いだけでなく、`var` 形式では不可能な領域でも使える。
- `for`、`if`、`switch` と同じ行で宣言した変数は、その文が終わるまでスコープに入る。
- 状況によっては、広いスコープが狭いスコープより優れている（逆の場合もある）。

▷ **クイックチェック 4-3**

変数のスコープが狭すぎると思えるような徴候の例を、1 つ挙げてください。

理解できたかどうか、確認しましょう。

■ 練習問題（random-dates.go）

リスト 4-7 を書き換えて、閏年に対応しましょう。

- 常に 2018 年を使うのではなく、ランダムに年を生成する。
- 2 月の `daysInMonth` には、閏年なら 29 を、平年なら 28 を代入する。
  ヒント　`if` 文は、`case` ブロックの中にも置くことができます。
- `for` ループを使って、10 個のランダムな日付を生成し、表示する。

4.5 クイックチェックの解答

▶ **クイックチェック 4-1**

1. 同じ変数名を、複数の場所で、干渉なしに使えます。また、現在スコープに入っている変数だけが考慮の対象になります。
2. その変数は、見ることができません（アクセスできません）。Go コンパイラは、`undefined: num`（num は未定義）というエラーを報告します。

▶ **クイックチェック 4-2**

`var` を使う形式の変数宣言は、キーワードの `if` や `switch` や `var` の直後に書くことができません。省略宣言を使わないとすれば、`if` 文や `switch` 文よりも前で `num` を宣言する必要があるので、その `num` は、`if` や `switch` が終わった後も、スコープに入ったままになるでしょう。

▶ **クイックチェック 4-3**

変数を宣言する場所のせいで、コードに重複が生じている。

LESSON 5

チャレンジ：火星行きのチケット

最初のチャレンジに、ようこそ。ユニット1で学んだすべての事項を駆使して、自分の力でプログラムを書きましょう。あなたへのチャレンジは、Go Playground で、チケットジェネレータ（切符を生成するプログラム）を作ることです。これには、変数、定数、`switch`、`if`、`for` を利用します。また、`fmt` パッケージを使ってテキストをアラインメント付きで表示し、`math/rand` パッケージを使って疑似乱数を生成します。

火星への旅を企画するときは、複数の航宙会社のチケット料金を一覧できたら便利でしょう。航空会社のチケット料金なら、まとめ Web サイトが存在しますが、いまのところ航宙会社には、ないみたいですね。でも、大丈夫です。Go を使えば、あなたのコンピュータに、こういう問題を解かせることができるのですから。

まずはプロトタイプとして、10 個のチケットをランダムに生成し、きちんと見出しを付けた表形式で、次のように表示させます。

```
Spaceline          Days  Trip type    Price
==========================================
Virgin Galactic    23    Round-trip   $ 96
Virgin Galactic    39    One-way      $ 37
SpaceX             31    One-way      $ 41
Space Adventures   22    Round-trip   $ 100
Space Adventures   22    One-way      $ 50
Virgin Galactic    30    Round-trip   $ 84
Virgin Galactic    24    Round-trip   $ 94
Space Adventures   27    One-way      $ 44
Space Adventures   28    Round-trip   $ 86
SpaceX             41    Round-trip   $ 72
```

この表には4つの列があります。

- サービスを提供する航宙会社（Spaceline）
- 火星への旅（片道）にかかる日数（Days）
- 旅の種類（trip type）として、価格が往路を含む往復（Round-trip）か、片道（One-way）か
- 価格（Price）を百万ドル単位で！

それぞれのチケットの航宙会社は、Space Adventures、SpaceX、Virgin Galactic から、ひとつをランダムに選ぶことにします。

すべてのチケットで、出発日には、2020年の10月13日を使います。その頃、火星は地球から62,100,000km離れた位置にあるはずです。

宇宙船の飛行速度は、16km/秒から30km/秒の範囲で、ランダムに選びます。これで、旅行の日数が決まり、チケットの料金も速度で決まります。高速な宇宙船ほど高額で、その範囲は百万ドル単位で36から50までとします。往復ならば倍額です。

できたら、あなたのソリューションを、原著『Get Programming with Go』のフォーラム（`https://forums.manning.com/forums/get-programming-with-go`）に、ポストしてみましょう。もし行き詰まったら、フォーラムで質問を出すか、本書の付録で私たちのソリューションを見ても結構です。

UNIT

2　型

ある x86 コンピュータでは、"Go"というテキストと、28487 という数が、どちらも同じ 0 と 1 のビットパターンによって表現されます（0110111101000111）。こういうビットやバイトの値が、何を意味するのかは、「型」によって決まります。片方は 2 文字の文字列型、もう片方は 16 ビットの（つまり 2 バイトの）整数型です。文字列型は、マルチリンガル（多言語）なテキストに使われます。16 ビットの整数型は、たくさんある数値型のひとつです。

このユニット 2 では、テキスト、文字、数、その他の単純な値のために Go が提供する「プリミティブ型」を扱います。状況に応じて最適な型を選ぶのに役立つ、それぞれの型の長所や短所が、これから学ぶレッスンによって明らかになります。

LESSON 6

実数

レッスン 6 では以下のことを学びます。

- 実数の 2 つの型を使う。
- メモリと精度のトレードオフを理解する。
- 貯金箱プログラムで「丸めエラー」を回避する。

コンピュータでは、3.14159 のような「実数」を保存・操作するのに、IEEE-754 という浮動小数点の標準規格が使われます。「浮動小数点」数は、宇宙のように莫大な数も、原子のように極小な数も、扱うことができます。このように柔軟性があるので、JavaScript や Lua のようなプログラミング言語では、浮動小数点数が、よく使われています。コンピュータは、整数の計算もサポートしますが、それは次のレッスンのテーマです。

Column

こう考えてみましょう

射的のような「カーニバルゲーム」の一種で、3 つのコップを使うものがあります。あなたはコップを選んで、それに向けて 10 枚までのコインを投げます。一番近いコップは、10 セントから 1 ドルの値打ちになり、その次のコップは 1 ドルから 10 ドルの値打ち、一番遠いコップは 10 ドルから 100 ドルの値打ちになります。4 枚のコインを中央のコップに入れたら 4 ドルの値打ちになります。100 ドル儲けるには、どうしますか。

限りなく存在する実数を固定された空間で表現するために浮動小数点が使われるシステムも、これに似ています。2048 個あるコップの 1 つを選んでコインを投じると、1 から何兆かまでの数になるのです。実際には、いくつかのビットによってコップを表現し（バケットといいます）、その他のビットによって、そのバケットのなかのコインを表現します（オフセットといいます）。

あるコップは、とても小さい数を表現します。別のコップは、巨大な数を表現します。どのコップにも、同数のコインを入れられますが、あるコップは他のコップより狭い範囲の値を高い精度で表現します。他のコップは、より大きな数を、より低い精度で表現するのです。

6.1 浮動小数点型の変数を宣言する

どの変数にも、固有の型があります。変数を1つ宣言し、それを実数値で初期化すると、浮動小数点型を使うことになります。次に示す3行のコードは、どれも等価です。その理由はGoコンパイラが、daysの型がfloat64型だと、たとえ指定しなくても推論するからです。

```
days := 365.2425 // 省略宣言（レッスン 4）
var days = 365.2425
var days float64 = 365.2425
```

このようにdaysがfloat64になるという知識には価値がありますが、float64の指定そのものは不要です。あなたも、私も、Goコンパイラも、daysの型を、その右辺の値を見て推論できます。値が小数点付きの十進数ならば、その型は必ずfloat64になります。

golintは、コーディングスタイルについてのヒントをくれるツールです。これを使うと、次のようなメッセージが出て、余分な型指定を省くように言われます。

```
"should omit type float64 from declaration of var days;
 it will be inferred from the right-hand side"
```

（days変数の宣言からfloat型を省くべきです。型は、右辺から推論されます）

もし変数を整数で初期化したら、Goは、あなたが浮動小数点が欲しいのだろうとは思いません。ただし次のように明示的に浮動小数点型を指定すれば、話は別です。

```
var answer float64 = 42
```

▷ クイックチェック 6-1

answer := 42.0からは、どの型が推論されますか？

● 単精度浮動小数点数

Goには浮動小数点型が2種類あります。デフォルトの浮動小数点型はfloat64で、これは8バイトのメモリを使う64ビットの浮動小数点型です。いくつかの言語では、こういう64ビットの浮動小数点型を記述するのに、「倍精度」という用語が使われます。

float32型は、float64型の半分しかメモリを使いませんが、代わりに精度が低くなります。この型は、ときに「単精度」と呼ばれます。このfloat32を使うときは、変数の宣言時に必ず型を指定する必要があります。リスト6-1で、float32の用例を示します。

リスト6-1：64 ビットと 32 ビットの浮動小数点型（pi.go）

```
var pi64 = math.Pi
var pi32 float32 = math.Pi

fmt.Println(pi64) // 3.141592653589793
fmt.Println(pi32) // 3.1415927
```

大量のデータ（たとえば 3D ゲームなら何千個もの頂点）を扱うときは、精度を犠牲にしてメモリを節約するため、`float32` を使うのが正解かもしれません。

`math` パッケージの関数は、`float64` 型に対する演算を行います。だから、特別な理由がない限り、`float64` を使うべきです。

▷ **クイックチェック 6-2**

単精度浮動小数点型の `float32` は 1 個で何バイトのメモリを使いますか？

● ゼロの値

Go では、それぞれの型に、「ゼロ値」と呼ばれるデフォルトの値があります。デフォルトが適用されるのは、変数を宣言しても、値で初期化しないときです（リスト 6-2）。

リスト6-2：値なしで変数を宣言（default.go）

```
var price float64
fmt.Println(price) // 0
```

上記のリストでは、`price` の宣言に値がないので、Go が、その変数をゼロで初期化します。コンピュータにとって、それは次の行と同じことです。

```
price := 0.0
```

ただしプログラマにとっては、微妙な違いがあります。`price := 0.0` と宣言すると、価格がゼロで無料だ、という感じになります。リスト 6-2 のように `price` の値を指定しない場合は、その実数が、あとで決まるというニュアンスがあります。

▷ **クイックチェック 6-3**

`float32` のゼロ値は何ですか？

6.2 浮動小数点型の値を表示する

Print または Println で浮動小数点型を使うときは、可能な限り多くの桁数を表示するのがデフォルトの挙動です。それが望ましくなければ、Printf のフォーマット指定%f によって桁数を設定できます（リスト 6–3）。

リスト6–3：浮動小数点数を、桁数を指定して表示（third.go）

```
third := 1.0 / 3
fmt.Println(third) // 0.3333333333333333
fmt.Printf("%v\n", third)

fmt.Printf("%f\n", third) // 0.333333

fmt.Printf("%.3f\n", third) // 0.333

fmt.Printf("%4.2f\n", third) // 0.33
```

図 6–1 に示すように、ここでは third の値の表示について、%f というフォーマット指定で幅と精度を設定しています。

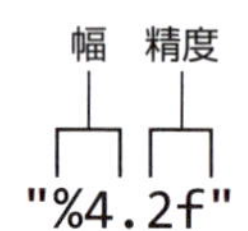

図6–1：フォーマット指定（%f）

「精度」は、小数を何桁にするかを指定します。たとえば%4.2f という指定では、図 6–2 のように 2 桁になります。

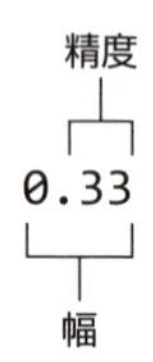

図6–2：幅 4、精度 2 で整形した結果

「幅」では、表示したい最小文字数を指定します。幅には、小数点と、その前後の桁が含まれます（たとえば 0.33 ならば幅は 4 です）。必要な文字数よりも幅のほうが大きければ、Printf は左側をスペースでパディングします。幅が指定されなければ、Printf は、その値を表示するのに必要な文字数を使います。

左側のパディングに、スペースではなくゼロを使うには、次のように、幅の前にゼロを 1 つ置きます。

リスト6–4：ゼロでパディング（third.go）

```
fmt.Printf("%05.2f\n", third) // 00.33
```

▷ **クイックチェック 6-4**

1　リスト 6–3 の内容を、Go playground の `main` 関数の本体に入力します。`Printf` 文の幅と精度に、別の値を指定して結果を見ましょう。

2　`0015.1021` と表示するための幅と精度は？

6.3 浮動小数点数の正確さ

数学で習う「有理数」（2 つの整数による分数で表現できる数）には、普通の十進法で正確に表現できない数も含まれます。0.33 は、$\frac{1}{3}$ の近似値にすぎません。近似値による計算の結果は、やはり近似値です。

$\frac{1}{3} + \frac{1}{3} + \frac{1}{3} = 1$
0.33 + 0.33 + 0.33 = 0.99

浮動小数点数も、「丸め誤差」の影響を受けます。ただし浮動小数点演算のハードウェアは、1 桁に 0 から 9 までを使う十進（デシマル）ではなく、0 と 1 しか使わない 2 進（バイナリ）表現を使います。その結果、そういうコンピュータは、たとえ $\frac{1}{3}$ を正確に表現できても、他の計算で丸め誤差が出ることになります（リスト 6–5）。

リスト6-5：浮動小数点の誤差（float.go）

```
third := 1.0 / 3.0
fmt.Println(third + third + third) // 1

piggyBank := 0.1 // 貯金箱の残高は 0.1 ドル（10 セント）
piggyBank += 0.2 // 20 セント追加
fmt.Println(piggyBank) // 0.30000000000000004
```

このように、金額を表現するのに、浮動小数点数は最適な手段ではないのです。対策としては、セントの数を整数型で表現するという方法があります（整数型は次のレッスンで学びます）。

一方、貯金箱で 1 セントの誤差が出たとしても、まさか「ミッションクリティカル」な事態ではないでしょう。火星への旅に十分な貯金があれば、それで満足できるはずです。先ほどのリストで、丸め誤差を気にせずに隠してしまうには、Printf の精度を 2 桁にすればいいでしょう。

丸め誤差を最小限にとどめるため、割り算の前に掛け算を行いましょう。そのほうが、正確な結果が出やすいのです。リスト 6-6 とリスト 6-7 の 2 つのリストで、摂氏と華氏の変換の例を示します。

リスト6-6：割り算が先（rounding-error.go）

```
celsius := 21.0 // 摂氏
fmt.Print((celsius/5.0*9.0)+32, "°F\n") // 69.80000000000001°F
fmt.Print((9.0/5.0*celsius)+32, "°F\n") // 同上
```

リスト6-7：掛け算が先（temperature.go）

```
celsius := 21.0 // 摂氏
fahrenheit := (celsius * 9.0 / 5.0) + 32.0 // 華氏
fmt.Print(fahrenheit, "°F") // 69.8°F
```

▷ **クイックチェック 6-5**

丸め誤差を防ぐ最良の方法は？

6.4 浮動小数点数の比較

リスト 6-5 で、貯金箱 piggyBank の値は、0.30 ではなく、0.30000000000000004 となりました。浮動小数点数の比較を行う必要があるときは、このことを思い出してください。

```
piggyBank := 0.1
piggyBank += 0.2
fmt.Println(piggyBank == 0.3) // false
```

2つの浮動小数点数を直接比較する代わりに、2つの数の差の絶対値を求め、十分に小さいことを確認するのが賢明です。`float64` の絶対値を求めるには、`math` パッケージの `Abs` 関数を使います。

```
fmt.Println(math.Abs(piggyBank-0.3) < 0.0001) // true
```

個の浮動小数点演算における丸め誤差の上限は、「計算機イプシロン」(machine epsilon：機械イプシロン)と呼ばれます。これは `float64` では 2^{-52}、`float32` では 2^{-23} です。残念ながら、浮動小数点演算の誤差は、かなり急速に溜まっていきます。新規に作成した `piggyBank` に、10 セント玉 ($0.10) を 11 個加え、$1.10 と比較すると、丸め誤差は 2^{-52} を超過します。だから、あなたのアプリケーションに適した許容誤差を選ぶべきでしょう(この場合は、0.0001)。

▷ **クイックチェック 6-6**

`float64` 型の、空の `piggyBank` に、10 セント玉 ($0.10) を 11 個入れると、最終的な残高は、いくらになりますか?

6.5 まとめ

- Go は、型を推理してくれる。変数を実数で初期化したら、その型は `float64` と推論される。
- 浮動小数点型は用途が広いが、必ずしも正確ではない。
- 15 種類ある Go の数値型のうち、2 種類を使った (`float64` と `float32`)。

理解できたかどうか、確認しましょう。

■ 練習問題 (piggy.go)

友達に贈り物をするため、貯金をします。空の貯金箱が、少なくとも 20 ドル ($20.00) に達するまで、5 セント ($0.05) か、10 セント ($0.10) か、25 セント ($0.25) をランダムに選んで貯金するプログラムを書きましょう。貯金するたびに、貯金箱の残高を表示します。そのとき、適切な幅と精度で整形するようにしてください。

6.6 クイックチェックの解答

▶ クイックチェック 6-1

実数からは `float64` 型が推論されます。

▶ クイックチェック 6-2

1 個の `float32` は、4 バイト（32 ビット）のメモリを使います。

▶ クイックチェック 6-3

デフォルトの値はゼロ（0.0）です。

▶ クイックチェック 6-4

1　例

```
third := 1.0 / 3
fmt.Printf("%f\n", third)      // 0.333333
fmt.Printf("%7.4f\n", third)  //  0.3333
fmt.Printf("%06.2f\n", third) // 000.33
```

2　幅は 9、精度は 4 桁で、ゼロパディングします（"%09.4f"）。

▶ クイックチェック 6-5

浮動小数点を使わないことです。

▶ クイックチェック 6-6

```
piggyBank := 0.0
for i := 0; i < 11; i++ {
piggyBank += 0.1
}
fmt.Println(piggyBank) // 1.0999999999999999
```

LESSON 7

整数

レッスン 7 では以下のことを学びます。

- 10 種類の整数型を使う。
- 適切な型を選ぶ。
- 16 進と 2 進の表現を使う。

Go では、10 種類の整数型を使えます。整数の演算では、浮動小数点演算のような誤差と精度の問題は起こりませんが、整数型には小数を保存することができず、範囲も限定されます。どの整数型を選ぶかは、状況によって異なり、必要な値の範囲に依存するでしょう。

Column　こう考えてみましょう

そろばんの玉 2 つで、いくつの数を表現できるでしょうか？

そろばんの玉は、左右 2 つの位置にあって、それぞれ上か下かのどちらかです。すると組み合わせは、両方とも上か、両方とも下か、左が上で右が下か、右が上で左が下かの 4 種類。これによって、全部で 4 つの数を表現できます。

コンピュータは、ビットを基礎として計算します。1 個のビットは、オフ（0）かオン（1）かの、どちらかです。8 ビットで、256 種類の値を表現できます。40 億（4 ギガ）の数を表現するには、何ビットが必要でしょう。

7.1　整数型の変数を宣言する

5 種類の整数型は符号付きです。その意味は、正の整数も負の整数も表現できるということです。最も一般的な整数型は、「integer」を略した `int` という名前の符号付き整数型です。

```
var year int = 2018
```

ほかの 5 つの整数型は、符号なしです。つまり、正の数だけに使えるのです。「unsigned integer」を略した型名が、`uint` です。

```
var month uint = 2
```

型推論を行うとき、Go は整数リテラルに対して、必ず `int` 型を選びます。次の 3 つの行は、等価です。

```
year := 2018
var year = 2018
var year int = 2018
```

レッスン 6 で学んだ浮動小数点型と同様に、型推論が可能なときは、`int` 型と指定しないのが好まれます。

▷ **クイックチェック 7-1**

コップに入っている水の量を整数のミリリットルで表すとしたら、どの型を使いますか？

状況に適した整数型

整数型には、符号付きも、符号なしも、さまざまなサイズがあります。サイズは、表現できる最大の数にも、どれだけメモリを消費するかにも、影響を与えます。表 7-1 にまとめたように、Go には、数の表現に必要なビット数を後置で示す型が、8 種類あります（これらはアーキテクチャに依存しません）。

表7-1：アーキテクチャに依存しない整数型

型	範囲	ストレージ
int8	-128 から 127 まで	8 ビット（1 バイト）
uint8	-0 から 255 まで	
int16	-32,768 から 32,767 まで	16 ビット（2 バイト）
uint16	0 から 65535 まで	
int32	-2,147,483,648 から 2,147,483,647 まで	32 ビット（4 バイト）
uint32	0 から 4,294,967,295 まで	
int64	-9,223,372,036,854,775,808 から 9,223,372,036,854,775,807 まで	64 ビット（8 バイト）
uint64	0 から 18,446,744,073,709,551,615 まで	

ずいぶん選択肢が多いでしょう。このレッスンでは、それぞれの整数型が適切な例を、いくつか挙げるとともに、プログラムで範囲を超えてしまうと何が起きるかも示します。

表 7-1 で示していない整数型が 2 つあります。`int` 型と `uint` 型は、ターゲットのアーキテクチャに依存して、最適なものが選ばれます。Go Playground や、Raspberry Pi 2 や、古いモバイルフォンは、32 ビットの環境を提供するので、これらの `int` と `uint` は、32 ビットの値になります。もっと新しいコンピュータでは 64 ビット環境が提供され、その場合の `int` と `uint` は、64 ビットの値になります。

もしあなたが、20 億より大きな数を扱うことになって、そのコードが、古い 32 ビットのハードウェアでも実行されるとしたら、`int` や `uint` ではなく、必ず `int64` か `uint64` を使う必要があります。

あるデバイスでは `int` が `int32` で、他のデバイスでは `int` が `int64` なのだと思っていませんか？　そうではなくて、この 3 つは別々の型です。`int` という型は、他の型の別名ではありません。

▷ **クイックチェック 7-2**

-20,151,021 という値をサポートするのは、どの整数型ですか？

● 型を知る方法

Go コンパイラが推論した型を知りたくなったら、`Printf` 関数の`%T` というフォーマット指定を使えます。リスト 7-1 のように、変数の型を表示できるのです。

リスト7-1：変数の型を調べる（inspect.go）

```
year := 2018
fmt.Printf("%T 型： %v\n", year, year) // int 型： 2018
```

Printf の 2 番目のフォーマット指定では、1 番目と同じ変数名を繰り返して書く代わりに、「第 1 引数」を意味する [1] を使えます。

```
days := 365.2425
fmt.Printf("%T 型: %[1]v\n", days) // float64 型: 365.2425
```

▷ クイックチェック 7-3

Go は、2 重引用符で囲まれたテキストと、整数と、実数と、2 重引用符で囲まない true というワードのそれぞれを、どの型だと推論するでしょうか？　リスト 7-1 を拡張して、さまざまな値で変数を宣言し、プログラムを実行して Go が推論した型を調べましょう。

7.2 8 ビット色に uint8 型を使う

CSS では、画面上の色を RGB の三原色で指定できます。それぞれの範囲は 0 から 255 までです。uint8 型を使うのに、ぴったりな状況ですね。8 ビットの符号なし整数は、0 から 255 までの値を表現できるのですから。

```
var red, green, blue uint8 = 0, 141, 213
```

この場合に、通常の int でなく uint8 を使うことには、次のメリットがあります。

- uint8 型の変数ならば、有効な範囲の値だけに制限されます。32 ビット整数と比べて、40 億以上の不正な値の可能性を排除できます。
- 連続的に大量の色データを格納したいとき（たとえば無圧縮の画像）、8 ビットの整数を使えば、かなりメモリを節約できます。

Column Go での 16 進法

CSS では、色の指定を 10 進数ではなく 16 進数で行います。16 進は、10 進と比べると、1 桁で表現できる数が 6 つ多くなります。0 から 9 までは同じですが、その後に A から F があります。16 進の A は、10 進の 10 と等価です。B は 11、C は 12、そして F は 15 です。10 進法は、10 本の指で数えるには優れた体系ですが、コンピュータには 16 進法が適しています。16 進の 1 桁は、4 個のビットを消費します（これをニブルと呼びます）。16 進の 2 桁には、きっかり 8 ビット（1 バイト）が必要なので、uint8 の値を指定するなら 16 進表記が便利なのです。

次の表で、いくつかの数を、16 進表記と 10 進表記で示します。

16 進	10 進
A	10
F	15
10	16
FF	255

10 進数と 16 進数を区別するために、Go では 16 進数の前に 0x が要求されます。次の 2 行のコードは、等価です。

```
var red, green, blue uint8 = 0, 141, 213
var red, green, blue uint8 = 0x00, 0x8d, 0xd5
```

数値を 16 進で表示するには、Printf のフォーマットで%x または%X を指定します。

```
fmt.Printf("%x %x %x", red, green, blue) // 0 8d d5
```

色の値を、.css ファイルに最適な形で出力するためには、16 進数に、ちょっとしたパディングが必要です。フォーマット指定の%v や%f と同じように、最小の桁数（2）とゼロパディングを、%02x で指定できます。

```
fmt.Printf("color: #%02x%02x%02x;", red, green, blue) // color: #008dd5;
```

▷ **クイックチェック 7-4**

uint8 型の値をひとつ格納するには、何バイト必要ですか？

7.3 整数のラップアラウンド

整数演算には、浮動小数点演算のような、正確さを損なう丸め誤差がありませんが、どの整数型にも範囲が狭いという別の問題があります。その範囲を超えると、Go の整数型では「ラップアラウンド」が発生します。

8ビットの符号なし整数（uint8）の場合、値の範囲は0から255までしかありません。255をインクリメントすると、桁あふれして、0に戻ってしまうのです。これがラップアラウンドです。リスト7-2では、符号付きと符号なしの8ビット整数をインクリメントしますが、どちらもラップアラウンドが起こります。

リスト7-2：整数のラップアラウンド（integers-wrap.go）

```
var red uint8 = 255
red++
fmt.Println(red) // 0

var number int8 = 127
number++
fmt.Println(number) // -128
```

ビットを見る

なぜ整数がラップアラウンドするのかを理解するために、そのビット群を見ましょう。整数値のビットは、フォーマット指定の%bを使って表示できます。ほかのフォーマット指定と同じく、%bでも、ゼロパディングや最小桁数の指定が可能です。

リスト7-3：ビットを表示する（bits.go）

```
var green uint8 = 3
fmt.Printf("%08b\n", green) // 00000011

green++
fmt.Printf("%08b\n", green) // 00000100
```

リスト7-3では、greenをインクリメントすることで、1が繰り上がり、その右側のビットは全部0になります。その結果は、2進法の00000100で、10進法では4です。この繰り上がりを、図7-1に示します。

2進法(バイト演算)	10進法のカウンタ(8桁)
0 0 0 0 0 0 1 1	0 0 0 0 0 0 9 9
+ 0 0 0 0 0 0 0 1	+ 0 0 0 0 0 0 0 1
0 0 0 0 0 1 0 0	0 0 0 0 0 1 0 0

図7-1：2進法の加算で1が繰り上がる（右に示す10進法のカウンタと同様）

これと同じことが、255をインクリメントするときにも起きるのですが、ひとつ重大な違いがあります。利用できるビットは8個しかないので、繰り上がった1は、行き所がありません。このため、次のリスト7-4と図7-2で、blueの値が0になってしまうのです。

リスト7-4：整数がラップするときのビット（bits-wrap.go）

```
var blue uint8 = 255
fmt.Printf("%08b\n", blue) // 11111111

blue++
fmt.Printf("%08b\n", blue) // 00000000
```

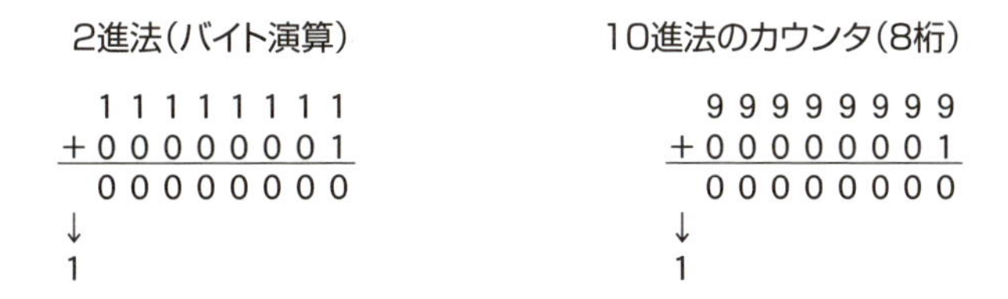

図7-2：ラップアラウンド（10 進法のカウンタと同じく、ゼロに戻る）

ラップアラウンドが望ましい状況もありますが、いつもそうとは限りません。それを防ぐ最も単純な方法は、保存したい値を入れるのに十分なだけ大きな整数型を使うことです。

▷ クイックチェック 7-5

Go Playground を使って、整数がどのようにラップアラウンドするか、実験しましょう。

1. リスト 7-2 のコードでは、`red` と `number` を 1 ずつインクリメントしました。元の値に、もっと大きな値を加算したら、どうなるでしょうか？
2. 逆を、やってみましょう。`red` が 0 のとき、`number` が-128 のとき、それぞれデクリメントしたら、どうなりますか？
3. ラップアラウンドは、16 ビット、32 ビット、64 ビットの整数でも発生します。`uint16` を宣言し、最大値の 65535 を代入して、1 だけインクリメントしたら、どうなるでしょうか？

`math` パッケージは、`math.MaxUint16` を、65535 として定義しています。アーキテクチャに依存しない整数型のそれぞれに、同様な Max（最大値）と Min（最小値）の定数があります。なお、`int` と `unit` は、ターゲットのハードウェアに依存して 32 ビットまたは 64 ビットになることを、お忘れなく。

▷ クイックチェック 7-6

ビットを見るには、どのフォーマット指定を使いますか？

● 日付時刻のラップアラウンドを予防する

Unixをベースとするオペレーティングシステムでは、time（日付・時刻の基本となる秒数）を、UTC（協定世界時）1970年の1月1日からの経過秒数で表します。2038に、その「1970年1月1日からの秒数」は、int32で表現できる約20億の最大値を超えてしまいます。

さいわい、int64なら、2038年を遥かに超えた遠い未来の日付までサポートできます。これは、int32やintでは、どうしても扱うことのできない状況です。すべてのプラットフォームで、20億を遥かに超えた数を扱える整数型は、int64とuint64に限られます。

リスト7-5のコードは、timeパッケージのUnix関数を使います。これは、1970年1月1日からの秒数と、ナノ秒数に対応する2つのint64型パラメータを受け取ります。このように、十分に大きい（120億を超える）数を使うことで、2038年を超えてもGoが正しく動くことがわかります。

リスト7-5：64ビット整数（time.go）

```
package main

import (
    "fmt"
    "time"
)

func main() {
    future := time.Unix(12622780800, 0)
    fmt.Println(future)  // Go Playground での表示：
                         // 2370-01-01 00:00:00 +0000 UTC
}
```

▷ **クイックチェック 7-7**

ラップアラウンドを防ぐには、どの整数型を選ぶべきでしょうか？

7.4 まとめ

- 最も一般的な整数型はintとuint。状況によっては、より小さな、あるいはより大きな型が必要。
- 整数型は、ラップアラウンドが発生しないように注意して選ぶ（ただしラップアラウンドが望ましい場合もある）。
- 15種類あるGoの数値型のうち、さらに10種類を見た（int、int8、int16、int32、int64、uint、uint8、uint16、uint32、uint64）

理解できたかどうか、確認しましょう。

練習問題（piggy.go）

新しい貯金箱プログラムを書きましょう。こんどは整数型を使い、ドルではなくセントで金額を管理します。空の貯金箱に、5 セント、10 セント、25 セントのコインを、ランダムに入れることを、貯金が 20 ドルに達するまで繰り返します。

コインを投入するたびに、貯金箱の残高を、ドル単位で（たとえば$1.05 のように）表示してください。

割り算の余りを求めるには、剰余（%）演算子を使います。

7.5　クイックチェックの解答

▶ クイックチェック 7-1

必ず正の整数になる値なので、uint 型が適しています。

▶ クイックチェック 7-2

int32 と int64 と int です。

▶ クイックチェック 7-3

```
a := "text"
fmt.Printf("%T 型： %[1]v\n", a) // string 型： text

b := 42
fmt.Printf("%T 型： %[1]v\n", b) // int 型： 42

c := 3.14
fmt.Printf("%T 型： %[1]v\n", c) // float64 型： 3.14

d := true
fmt.Printf("%T 型： %[1]v\n", d) // bool 型： true
```

▶ クイックチェック 7-4

1 個の 8 ビット符号なし整数には、1 バイトだけ必要です。

▶ クイックチェック 7-5

1　1よりも大きな数を加える

```
var red uint8 = 255
red += 2
fmt.Println(red) // 1

var number int8 = 127
number += 3
fmt.Println(number) // -126
```

2　逆方向（上記のコードの後に書くとき）[1]

```
red  = 0
red--
fmt.Println(red) // 255

number = -128
number--
fmt.Println(number) // 127
```

3　16ビット符号なし整数のラッピング

```
var green uint16 = 65535
green++
fmt.Println(green) // 0
```

▶ クイックチェック 7-6

%b のフォーマット指定で、整数の値を「基数2」（2進法）で見ることができます。

▶ クイックチェック 7-7

保存すべき値を十分に格納できるだけ大きな整数型を使いましょう。

---

[1] **訳注**：この場合は、繰り下がり（ボロー）が発生します。なお、符号付き整数の一番上のビットは「符号ビット」と呼ばれ、「2の補数」表現に使われる特殊用途のビットです。

LESSON 8

ビッグナンバー

レッスン 8 では以下のことを学びます。

- 大量の 0 を並べる代わりに、累乗の指数を使う。
- 本当に大きな数には、Go の `big` パッケージを使う。
- 非常に大きな定数やリテラルを使う。

コンピュータプログラミングには、トレードオフがつきものです。浮動小数点型は、どんなサイズの数でも格納できますが、ときには精度と正確さが失われます。整数なら正確ですが、範囲が制限されます。本当に大きくて、しかも正確な数が欲しいときは、どうすればいいのでしょうか。このレッスンでは、ふだんの `float64` 型や `int` 型に代わる、2 つの選択肢を見ていきます。

Column　こう考えてみましょう

CPU は、整数と浮動小数点数の演算用に最適化されていますが、他の表現による数値も使えます。ビッグナンバー（巨大な数や極小の数）を扱いたい場合も、Go でカバーできます。

整数型ではサイズが不足し、浮動小数点型では正確さが不足するような状況は、ないでしょうか。他の数値型のほうが適しているような状況を、考えてみましょう。

8.1　限界に達するとき

まだ十分に認識できていないかもしれませんが、64 ビット整数型には、とてつもなく大きな値も入ります。32 ビット整数よりも、ずっとずっと大きな数ですよ。

どのくらい違うのかを実例で考えましょう。太陽に最も近い恒星、アルファ・ケンタウリ（ケンタウルス座の α 星）は、41.3 兆キロメートルの彼方にあります。1 兆というのは、1 のあとにゼロが 12 個ある数で、指数表現を使って 10^{12} とも書けます。Go で、こういう数を書くときは、大量のゼロを数えながらタイプする代わりに、次のように指数を使えます。

```
var distance int64 = 41.3e12
```

int32 や uint32 には、こんな大きな数を入れられません。しかし、int64 なら、まだ余裕があります。たとえばアルファ・ケンタウリまで行くのに何日かかるかを整数で計算しようと思ったら、リスト 8-1 のように書けます。

リスト8-1：アルファ・ケンタウリまでの日数（alpha.go）

```
const lightSpeed = 299792 // 光速（km/秒）
const secondsPerDay = 86400 // 1 日の秒数

var distance int64 = 41.3e12 // 距離（km）
fmt.Println("アルファ・ケンタウリまでの距離は、", distance, "km。")
// アルファ・ケンタウリまでの距離は、41300000000000km。

days := distance / lightSpeed / secondsPerDay
fmt.Println("光の速度で、", days, "日かかる。")
// 光の速度で、1594 日かかる。
```

64 ビット整数より、もっと大きなものがあります。宇宙です。アンドロメダ銀河は、24 クインティリオン（2400 京）キロメートルの彼方、1 クインティリオン（百京）は、10^{18} です。最大の符号なし整数型（uint64）でも、格納できる数は 18 クインティリオンまでです。18 クインティリオンを超える数で変数を宣言したら、オーバーフロー（桁あふれ）のエラーが報告されます。

```
var distance uint64 = 24e18 // constant 24000000000000000000 overflows uint64
```

でも、慌てることはありません。まだ選択肢があります。浮動小数点演算も使えるでしょう。悪い考えではありません。浮動小数点の仕組みは、もうわかっています。けれども、もうひとつの選択肢があります。次のセクションで扱う、Go の big パッケージです。

もし変数に明示的な型指定がなければ、Go は指数を含む数値から float64 型を推論します。

▷ クイックチェック 8-1

火星と地球との距離は、56,000,000km から 401,000,000km の範囲です。この 2 つの値を整数として、指数（e）を使って表現してください。

8.2 big パッケージ

big パッケージは、3 つの型を提供します。

- big.Int は、18 クインティリオンでは足りないときのための、巨大な整数です。
- big.Float は、任意精度の浮動小数点数です。
- big.Rat は、($\frac{1}{3}$ のような) 分数に使います。

あなたのコードで新しい型を宣言することも可能ですが、その話は、レッスン 13 まで待って下さい。

big.Int 型なら、アンドロメダ銀河までの距離 (km) である 24 クインティリオンという数を、問題なく格納し、演算することができます。

ただし big.Int を使うと決めたら、その式に使う値は、どれも (以前からあった定数も) この型を使う必要があります。NewInt 関数は、int64 を受け取って、big.Int 型にして返してくれます。

```
lightSpeed := big.NewInt(299792)
secondsPerDay := big.NewInt(86400)
```

ただし NewInt は、24 クインティリオンのような数には役立ちません。int64 に収まらないのですから。代わりに big.Int を文字列 (string) 型から作成できます。

```
distance := new(big.Int)
distance.SetString("24000000000000000000", 10)
```

新たに big.Int を作ってから、その値として 24 クインティリオンを代入するために、SetString メソッドを呼び出すのです。24 クインティリオンという数は 10 進数なので、第 2 の引数で基数を 10 と指定します。

メソッドは、関数と同じようなものです。メソッドについては、レッスン 13 で学びます。また、new という組み込み関数は、ポインタのためのものです。ポインタについては、レッスン 26 で学びます。

これらの値を準備すれば、結果を表示するのに必要な除算を Div メソッドで行うことができます (リスト 8-2)。

リスト8-2：アンドロメダ銀河への日数（andromeda.go）

```
package main

import (
    "fmt"
    "math/big"
)

func main() {
    lightSpeed := big.NewInt(299792)
    secondsPerDay := big.NewInt(86400)
    distance := new(big.Int)
    distance.SetString("24000000000000000000", 10)
    fmt.Println("アンドロメダ銀河までの距離は、", distance, "km。")
    // アンドロメダ銀河までの距離は、 24000000000000000000 km。

    seconds := new(big.Int)
    seconds.Div(distance, lightSpeed)

    days := new(big.Int)
    days.Div(seconds, secondsPerDay)
    fmt.Println("光の速度で、", days, "日かかる。")
    // 光の速度で、 926568346 日かかる。
}
```

ご覧のように、これらの「ビッグ」型を使おうとすると、ふだんの int や float64 と比べて、ずいぶん手間がかかります。それに、処理も遅くなります。これらは、どんなサイズの数でも正確に表現できることの、トレードオフです。

▷ **クイックチェック 8-2**

86,400 という数の big.Int を作る方法を、2 つ挙げてください。

8.3 桁外れな大きさの定数

定数も、変数と同じように型を指定して宣言できます。そして、uint64 型の定数には、変数の場合と同じく、24 クインティリンのような数を入れることができません。

```
const distance uint64 = 24000000000000000000
// constant 24000000000000000000 overflows uint64
```

けれども、型なしで定数を宣言すると、話が違ってきます。Go は型推論によって変数の型を決め、24 クインティリオンの場合、int 型がオーバーフローするのですが、定数ならば事情が異なります。定数は、型推論にまかせるのではなく、「型付けなし」にできるのです。次の行は、オーバー

フローエラーを起こしません。

```
const distance = 24000000000000000000
```

ここでは定数をconstキーワードを使って宣言しましたが、あなたのプログラムにあるリテラル値は、どれも定数です。だから、次のように、桁外れに大きな数でも直接使うことができるのです。

```
fmt.Println("アンドロメダ銀河まで光速で", 24000000000000000000/299792/86400, +
                 "日の距離。")
// アンドロメダ銀河まで光速で 926568346 日の距離。
```

定数とリテラルの計算は、プログラムの実行時ではなくコンパイル時に行われます。Goコンパイラ自身も、Go言語で書かれていて、型付けのない定数は、舞台裏の実装ではbigパッケージによって支えられています。このため、すべての通常の演算で、18クインティリオンを超えるような数を扱えるわけです（リスト8-3）。

リスト8-3：桁外れな大きさの定数（constant.go）

```
const distance = 24000000000000000000
const lightSpeed = 299792
const secondsPerDay = 86400
const days = distance / lightSpeed / secondsPerDay
fmt.Println("アンドロメダ銀河まで光速で", days, "日の距離。")
// アンドロメダ銀河まで光速で 926568346 日の距離。
```

定数値は、型の範囲に収まれば、変数に代入することができます。intに24クインティリオンは入りませんが、926,568,346ならば、問題なく入ります。

```
km := distance
// constant 24000000000000000000 overflows int.

days := distance / lightSpeed / secondsPerDay
// 926568346 は、int 型に入る大きさの数値
```

ただし桁外れなサイズの定数には、注意事項があります。Go コンパイラは、型付けなしの数値定数に big パッケージを利用しますが、定数と gig.Int の値には、互換性がないのです。リスト 8-2 の andromeda.go では、24 クインティリオンを含む big.Int を表示しましたが、distance 定数を表示することはできません（オーバーフローのエラーが発生するからです）。

```
fmt.Println("アンドロメダ銀河までの距離は、", distance, "km。")
// constant 24000000000000000000 overflows int.
```

桁外れに大きい定数は、確かに便利ですが、big パッケージの代用にはなりません。

▷ **クイックチェック 8-3**

定数とリテラルの計算は、いつ実行されますか？

8.4　まとめ

- 通常の型に入らない大きさの数も、big パッケージでカバーできる。
- 型付けなしの定数でも、ビッグな数を使える。すべての数値リテラルは、型付けなしの定数である。
- 型付けなしの定数は、関数に渡す前に、型のある変数に変換する必要がある。

理解できたかどうか、確認しましょう。

練習問題（canis.go）

おおいぬ座矮小銀河は、知られている限り銀河系に最も近い銀河で、太陽からの距離は236,000,000,000,000,000km です（ただし、これが本当に「銀河」かどうかは異論があります）。この距離を、定数を使って光年（light years）に変換してください。

8.5 クイックチェックの解答

▶ クイックチェック 8-1

```
var distance1 int = 56e6
var distance2 int = 401e6
fmt.Println(distance1, distance2) // 56000000 401000000
```

▶ クイックチェック 8-2

NewInt 関数を使って、big.Int を構築するか、

```
secondsPerDay := big.NewInt(86400)
```

SetString メソッドを使います。

```
secondsPerDay := new(big.Int)
secondsPerDay.SetString("86400", 10)
```

▶ クイックチェック 8-3

Go コンパイラは、コンパイル時に、定数やリテラルを含む式の簡約化を行います。

LESSON 9

多言語テキスト

レッスン 9 では以下のことを学びます。

- 個々の文字をアクセスして操作する。
- メッセージの暗号化と復号を行う。
- 多言語（マルチリンガル）な世界のためのプログラムの作成。

最初に書いた「Hello, playground」から、いままでずっとプログラムのなかでテキストを使ってきました。ひとつひとつのアルファベットや、数字や、シンボルは、「文字」と呼ばれます。それらの文字を 1 列に並べて 2 重引用符で囲んだものを、「文字列リテラル」と呼びます。

Column　こう考えてみましょう

コンピュータが数を 1 と 0 で表現することは、御存じですね。もしあなたがコンピュータだとしたら、アルファベットや人間が使う言葉を、どうやって表現しますか？

「数で」という答えは、正解です。アルファベットの文字には、それぞれ数値があります。ということは、数と同じように文字も操作できるはずです。

ただし、それほど単純な話ではありません。世界中の言語には何千種類もの文字があり、絵文字まで数えると、数え切れないほどです。けれども、テキストを効率良く、しかも柔軟に表現するためのトリックがあります。

9.1 文字列変数を宣言する

2 重引用符に囲まれたリテラルの値は string 型なので、次の 3 行は等価です。

```
peace := "peace"
var peace = "peace"
var peace string = "peace"
```

値を提供せずに宣言した変数は、その型の「ゼロ値」によって初期化されます。string 型のゼロ値は、空文字列（""）です。

```
var blank string
```

生の文字列リテラル

文字列リテラルの中に、「エスケープシーケンス」を入れることができます。たとえばレッスン 2 で見た\n は、その例です。\n を改行で置き換えたくないときは、そのテキストを 2 重引用符（"）の代わりにバッククォート（`）で囲みます（リスト 9–1）。こうしてバッククォートで囲んだものは、「生の」文字列リテラルです。

リスト9–1：生の文字列リテラル（raw.go）

```
fmt.Println("peace be upon you\nupon you be peace")
fmt.Println(`strings can span multiple lines with the \n escape sequence`)
```

上記のリストから、次の出力が表示されます[1]。

```
peace be upon you
upon you be peace
strings can span multiple lines with the \n escape sequence
```

従来の文字列リテラルと違って、生の文字列リテラルは、リスト 9–2 のように、ソースコードで複数列にわたることが可能です。

[1] **訳注**：「peace be upon you（あなたたちに平安あれ）」は、復活したイエスによる祈りの言葉として有名です。ラテン語では「PAX VOBIS」、ヘブライ語では「Shalom aleichem」、アラビア語では「As-Salamu alaykum」と言うそうです（shalom 等は 9.3 項にも出てきます）。なお、「strings can span multiple lines with the \n escape sequence」は、「エスケープシーケンスの \n を使うと、複数行に及ぶ文字列を書ける」という意味です。

リスト9-2：複数行の、生の文字列リテラル（raw-lines.go）

```
fmt.Println(`
    peace be upon you
    upon you be peace`)
```

リスト 9-2 の実行結果を次に示します。この出力には、タブによるインデントも含まれています。

```
    peace be upon you
    upon you be peace
```

文字列リテラルと、生の文字列リテラルは、リスト 9-3 のように、結果として、どちらも `string` 型になります。

リスト9-3：文字列の型（raw-type.go）

```
fmt.Printf("%v は%[1]T 型です\n", "文字列リテラル")
// 文字列リテラルは string 型です

fmt.Printf("%v は%[1]T 型です\n", `生の文字列リテラル`)
// 生の文字列リテラルは string 型です
```

▷ **クイックチェック 9-1**

Windows のファイルパス、`C:¥go` には、文字列リテラルと生の文字列リテラルの、どちらを使いますか？　その理由は？

9.2　文字と符号位置とルーンとバイト

Unicode コンソーシアム（`http://www.unicode.org/`）は、百万を超えるユニークな文字に、「符号位置」と呼ばれる数値を割り当てています。たとえば 65 は、大文字の `A` の符号位置です。128515（16 進コードで 0x1f603）は、「口を開けた笑顔」（`https://www.emojibase.com/emoji/1f603/smilingfacewithopenmouth`）という絵文字の符号位置です。

1 個の Unicode 符号文字を表現するため、Go は「ルーン」（`rune`）という型を提供しています。これは `int32` 型の別名です。

Column　**型の別名**

別名（エイリアス）は、同じ型を別の名前で呼ぶだけのものです。だから `rune` と `int32` には互換性があります。`byte` と `rune` は、Go に最初からある別名ですが、Go 1.9 で、独自に別名を宣言できるようになりました。その構文は、次のようなものです。

```
type byte = uint8
type rune = int32
```

さらに、uint8 型の別名として、「バイト」（byte）があります。これはバイナリデータに使うための型ですが、バイトは ASCII（アスキー）で定義された英語の文字にも使えます。ASCII というのは、Unicode の最初の 128 文字にあたる、古い規格による文字集合です。

リスト 9–4 が示すように、byte と rune は、それぞれが別名としている整数型と同様に使えます。

リスト9–4：rune と byte（rune.go）

```
var pi rune = 960
var alpha rune = 940
var omega rune = 969
var bang byte = 33

fmt.Printf("%v %v %v %v\n", pi, alpha, omega, bang) // 960 940 969 33
```

文字の数値（符号位置）ではなく、文字そのものを表示するには、Printf で%c というフォーマット指定を使います。

```
fmt.Printf("%c%c%c%c\n", pi, alpha, omega, bang) // πάω!
```

%c は、どんな整数型にも使えますが、別名の rune を使うと、960 などの数値で文字を表現するという意図が明らかになります。

Unicode の符号位置を記憶する代わりに、Go では「文字リテラル」を使えます。それには'A' のように、文字を単一引用符で囲めば良いのです。型の指定がなければ、Go は rune と推論するので、次の 3 行は等価です。

```
grade := 'A'
var grade = 'A'
var grade rune = 'A'
```

この grade 変数も、やはり数値を含んでいます（この場合は 65 で、大文字「A」の符号位置）。文字リテラルは、別名の byte にも使えます。

```
var star byte = '*'
```

▷ **クイックチェック 9-2**

1. ASCII でエンコード（符号化）できる文字は、いくつありますか？
2. byte は何型の別名ですか？ そして rune は？
3. アスタリスク（*）、角度や温度を表す記号（°）、アクサンテギュ付きのé、それぞれの符号位置は？

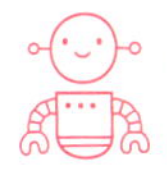

9.3 文字列の操作

文字列は文字を並べたものですが、Go の string 型は、書き換えることができません。変数に別の文字列を代入することはできます。

```
peace := "shalom"
peace = "salām"
```

けれども、文字列そのものを変更することは不可能です。

プログラムは、文字列に含まれている個々の文字をアクセスできますが、文字の変更は、できません。次のリストでは、角カッコのペア（[と]）を使って文字列内のインデックスを指定して、1個のバイト（ASCII 文字）をアクセスします。インデックスは、ゼロから始まります。

リスト9-5：文字列のインデックス（index.go）

```
message := "shalom"
c := message[5]
fmt.Printf("%c\n", c) // m
```

Go の文字列は、Python、Java、JavaScript と同様に、イミュータブル（書き換え不能）です。ミュータブルな Ruby の String クラスや、C 言語の文字配列と違って、Go の string 型は書き換えることができません。

```
message[5] = 'd' // cannot assign to message[5]
```

▷ **クイックチェック 9-3**

「shalom」の各文字（ASCII キャラクタ）を、1 行に 1 文字ずつ表示するプログラムを書きましょう。

9.4 シーザー暗号で文字列を操作する

秘密のメッセージを送る手段として、古代ローマ時代から、各文字をシフトする方法が使われていました。3文字ずつシフトすれば、「a」が「d」になり、「b」が「e」になる、という具合です。そうすると、他の国の言葉のように見えるでしょう。

> L fdph, L vdz, L frqtxhuhg.
>
> – Julius Caesar

文字を数値として「暗号化」するのは、コンピュータを使えば、次に示すように、とても簡単です。

リスト9-6：1文字を操作する（caesar.go）

```
c := 'a'
c = c + 3
fmt.Printf("%c", c)    // d
```

ただし、リスト9-6のコードには問題があります。「x」、「y」、「z」の文字に対応していません。この問題に対処するため、古来の「シーザー暗号」は、アルファベットの循環を行います（これもラップアラウンドです）。つまり、「x」は「a」に、「y」は「b」に、「z」は「c」になるのです。26文字の英語のアルファベットでは、次のように簡単に行うことができます。

```
if c > 'z' {
    c = c - 26
}
```

このシーザー暗号を「復号」するには、3を加えるのとは逆に、3を差し引きます。けれども、`c < 'a'` になる場合は、26を加える必要があります。面倒ですね。

▷ **クイックチェック 9-4**

もし c が小文字の g ならば、`c = c - 'a' + 'A'` の結果は、どうなりますか？

● シーザー暗号を改良した ROT13

ROT13（13 文字の回転）は、シーザー暗号を改良した 20 世紀の単純な暗号です。違いは、3 ではなく 13 を足すことです。この ROT13 ならば、暗号化も復号も、同じ簡便な操作になります。

たとえば、SETI 研究所（`https://www.seti.org/`）が、地球外生命からの通信を求めて宇宙からの信号を探査していたら、次のようなメッセージを受信した、とします。

```
message := "uv vagreangvbany fcnpr fgngvba"
```

私たちは、このメッセージが、実は英語のテキストを ROT13 で暗号化したものではないかと疑っています。そんな感じがしませんか？　ただし、この暗号を解読する前に、もう 1 つ知っておきたいことがあります。このメッセージの長さは 30 文字ですが、それは組み込みの `len` 関数で判定できます。

```
fmt.Println(len(message))
```

Go には、`import` 文を必要としない「組み込み」関数が、いくつかあります。`len` 関数は、さまざまな型について、長さを判定するのに使えます。この場合なら、`len` は、文字列の長さをバイト数で返します。

さて、「宇宙からのメッセージ」が ROT13 なら、次のリストで復号できるはずです。Go playground で実行して、エイリアンが何を言っているのかを調べましょう。

リスト9-7：ROT13 暗号（rot13.go）

```
message := "uv vagreangvbany fcnpr fgngvba"

for i := 0; i < len(message); i++ {    // ASCII 文字を 1 つずつ反復処理

    c := message[i]
    if c >= 'a' && c <= 'z' { // スペースや記号は、そのまま残す

        c = c + 13
        if c > 'z' {
            c = c - 26
        }
    }
    fmt.Printf("%c", c)
}
```

ただし、上記のリストで実装しているROT13は、ASCII文字（バイト）だけを対象にしています。スペイン語やロシア語で書かれたメッセージには、混乱してしまうでしょう。この問題に対する解決策を、次のセクションで紹介します。

▷ **クイックチェック 9-5**

1 組み込みの `len` 関数は、文字列を1つ渡されたら、何をしますか？

2 リスト9–7のリストをGo Playgroundで入力したら、どんなメッセージだとわかりましたか？

9.5 文字列をルーンにデコードする

Goの文字列は、UTF-8でエンコード（符号化）されます。これはUnicode符号位置をエンコードする方法のひとつです。UTF-8は効率の良い可変長エンコーディングで、1個の符号位置に、8ビットか16ビットか32ビットのどれかが使われます。この可変長エンコーディングにより、UTF-8はASCIIからの移行が単純になっています。それはASCII文字が、UTF-8でエンコードされても、元と同じ1バイトの値になるからです。

UTF-8は、World Wide Webで主流となったキャラクタエンコーディング（文字符号化方式）です。これを1992年に発明したKen Thompsonは、Goの設計者のひとりです。

リスト9–7のROT13プログラムは、`message`文字列の個々のバイト（8ビット）データをアクセスするもので、多バイト長（16ビットまたは32ビット）の文字に対応していません。だから、英語の文字（ASCII）には使えても、ロシア語やスペイン語では、おかしな結果になってしまうのです。改善しなければ！

他の言語をサポートする最初のステップは、文字を操作する前に、`rune`型にデコードすることです。さいわいGoには、UTF-8でエンコードされた文字列のための関数と言語機能が備わっています。

`utf8`パッケージは、文字列の長さをバイトではなくルーンで数え、文字列の最初の文字をデコードする関数があります。次のリストで示すように、`DecodeRuneInString`関数は、最初の文字を返すとともに、それによって消費した文字のバイト数も返すのです。

多くのプログラミング言語と違って、Go の関数は複数の値を返すことができます。複数の戻り値については、レッスン 12 で述べます。

リスト9-8：utf8 パッケージ（spanish.go）

```
package main

import (
    "fmt"
    "unicode/utf8"
)

func main() {
    question := "¿Cómo estás¿"
    fmt.Println(len(question), "bytes") // 15 bytes
    fmt.Println(utf8.RuneCountInString(question), "runes") // 12 runes
    c, size := utf8.DecodeRuneInString(question)
    fmt.Printf("First rune: %c %v bytes", c, size) // First rune: ¿ 2 bytes
}
```

Go 言語が提供する `range` キーワードは、ユニット 4 で学んだように、ある種のコレクションを繰り返し処理するのに使えます。この反復処理は、次のリストのように、UTF-8 でエンコードされた文字列をデコードするのに利用できます。

リスト9-9：ルーンをデコードする（spanish-range.go）

```
question := "¿Cómo estás¿"

for i, c := range question {
    fmt.Printf("%v %c\n", i, c)
}
```

繰り返しのたびに、変数の `i` と `c` には、文字列内のインデックスと、その場所に存在するコードポイント（符号位置を示す `rune` の値）が代入されます。

インデックスを使う必要がなければ、インデックス変数 `i` の代わりにブランク識別子（1 個のアンダースコアのみ）を置くことで、第 1 の戻り値を無視できます。

```
for _, c := range question
    fmt.Printf("%c ", c) // ¿Cómo estás¿
```

▷ **クイックチェック 9-6**

1 英語のアルファベット、「abcdefghijklmnopqrstuvwxyz」には、何個のルーンがありますか？ また、バイト数は、いくつですか？

2 「¿」というルーンは、何バイトですか？

Column 同様に、度（°）記号のルーンも UTF-8 では 2 バイトです。詳しく言えば、この 2 つの文字は Latin-1 文字集合に属します。古い規格では、128 未満の値で表現できる ASCII コードに、値が 128 を超えるコードの Latin-1 を加えて 1 バイトで表現していました（それが Unicode の符号位置に反映されています）。ただし事情は国によって違い、たとえば日本の JIS コードでは Latin-1 の場所に半角カナ等が使われていました。これらを統一した UTF-8 では、ASCII 文字は 1 バイトで、Latin-1 文字は 2 バイトで表現されます。

9.6 まとめ

- エスケープシーケンス（`\n` など）は、生の文字列リテラルに入れれば無視される（文字列を"ではなく‘で囲む)。
- 文字列は書き換えることができない。個々の文字をアクセスすることは可能だが、変更は不能である。
- 文字列には、UTF-8 という可変長エンコーディングが使われる。1 文字が消費するバイト数は、1 か 2 か 4。
- `byte` は、`uint8` 型の別名。`rune` は `int32` 型の別名。
- UTF-8 でエンコードされた文字列をルーンにデコードするには、`range` キーワードを使える。

理解できたかどうか、確認しましょう。

■ 練習問題-1（caesar.go）

ユリウス・カエサルの言葉とされる、次の暗号を解きましょう[2]。

> L fdph, L vdz, L frqtxhuhg.
>
> – Julius Caesar

プログラムでは、大文字と小文字を、それぞれ 3 文字分ずつ、シフトして戻す必要があります。

[2] **訳注**：ユリウス・カエサル（英語ではジュリアス・シーザー）が紀元前 47 年に戦場からローマに送った言葉とされる「来た、見た、勝った」（本来はラテン語）を、英語にして、さらに暗号化したものです。

ただし、単純に 3 を引くのではなく、「a」が「x」に、「b」が「y」に、「c」が「z」になるよう工夫する必要があります（大文字も同様です）。

■ 練習問題-2（international.go）

スペイン語のメッセージ、「Hola Estación Espacial Internacional」を、ROT13 で暗号化してください[3]。リスト 9–7 の要領ですが、`range` キーワードを使います。そうすれば、スペイン語のテキストに ROT13 を使っても、アクセント付きの文字が保存されるでしょう。

9.7 クイックチェックの解答

▶ クイックチェック 9-1

生の文字列リテラル、`` `C:¥go` ``を使います。その理由は、`"C:¥go"`では「unknown escape sequence」（未知のエスケープシーケンス）というエラーが出て、失敗するからです。

▶ クイックチェック 9-2

1. 128 文字。
2. `byte` は `uint8` 型の別名、`rune` は `int32` 型の別名です。
3.

```
var star byte = '*'
fmt.Printf("%c %[1]v\n", star) // * 42

degree := '°'
fmt.Printf("%c %[1]v\n", degree) // ° 176

acute := 'é'
fmt.Printf("%c %[1]v\n", acute) // é 233
```

▶ クイックチェック 9-3

```
message := "shalom"
for i := 0; i < 6; i++ {
    c := message[i]
    fmt.Printf("%c\n", c)
}
```

▶ クイックチェック 9-4

小文字が大文字に変換されます。

---

[3] **訳注**：これは「ハロー、国際宇宙ステーション」という意味のスペイン語です。

```
c := 'g'
c = c - 'a' + 'A'
fmt.Printf("%c", c) // G
```

▶ クイックチェック 9-5

1 `len` 関数は、文字列の長さを、バイト数で返します。

2 `hi international space station`

▶ クイックチェック 9-6

1 英語のアルファベットには、26 個のルーン、26 個のバイトがあります。

2 「¿」のルーンは、2 バイトです。

LESSON 10

型変換

レッスン 10 では、数値型、文字列型、ブール型の間で変換について学びます。

これまでのレッスンで、ブール型、文字列型、15 種類の数値型を学びました。型の違う変数を組み合わせて使うには、それらの値を同じ型に変換しなければなりません。

Column

こう考えてみましょう

あなたはパートナーから買い物のリストを渡されて、食料品店に来ています。最初の項目は「ミルク」ですが、普通の牛乳でいいのでしょうか。ひょっとしたらアーモンドミルク？　豆乳という可能性も捨てきれません。牛乳にしても、無添加とか、脱脂とか、低脂肪、無脂肪、全乳、エバミルク、コンデンスミルク、いっぱいあります。どれが欲しいんでしょう。それに、サイズは？　電話して聞いてみる？　それとも適当に選ぶ？　細かいところがわからないたびに、いちいち電話して聞いたら、怒られるかも。レタスといっても、アイスバーグレタス？　それともロメインレタス？　ポテトっていっても、ラセットポテト？　それともレッドポテト？　小さいの？　大きいの？　だけど、もし「適当に選んだ」結果がチョコレートミルクとフレンチフライだったら、やっぱり問題ありそうです。

パートナーがプログラマで、あなたがコンパイラだったら、どちらの方針を採りますか？　Go は、どちらのアプローチを採用しているのでしょうか。

10.1 型を混ぜてはいけません

変数の「型」によって、その変数に適した動作が確定されます。数は加算でき、文字列は連結できます。2 つの文字列を連結するには、プラス演算子（+）を使います。

```
countdown := "発射まで" + "10 秒。"
```

もし文字列に数を連結しようとしたら、Go コンパイラはエラーを報告します。

```
countdown := "発射まで" + 10 + "秒。"

// cannot convert ... (type untyped string) to type int
// 型付けのない string 型を、int 型に変換できません

// invalid operation: ... (mismatched types string and int)
// 無効な演算です（string と int で型が一致しません）
```

Column **型を混ぜられる他の言語**

2つ以上の異なる型が与えられたとき、ある種のプログラミング言語は、できる限りの努力をしてプログラマの意図を推測します。JavaScript と PHP では、文字列「10」から1を引くことが可能です。

```
"10" - 1 // JavaScript と PHP では、9
```

Go コンパイラは、`"10" - 1` を許しません。「mismatched types」（型の不一致）というエラーを報告します。Go では、まず「10」を整数型に変換する必要があります。`strconv` パッケージにある `Atoi` 関数が、その変換を行ってくれますが、もし文字列に有効な数が含まれていなければ、エラーを返します。そのエラーを処理すると、Go バージョンは4行の長さになってしまい、あまり便利とは言えません。
もし「10」がユーザー入力だったり、外部のソースから来ていたら、JavaScript や PHP で書く場合、本当に有効な数が含まれているか、チェックすべきでしょう。
型の「強制」を行う言語では、コードの振る舞いが誰にも予測できるものではなくなります（暗黙的な無数の振る舞いを、誰でも覚えていられるものではありません）。Java と JavaScript は、プラス演算子（+）が数値を文字列へと強制的に連結しますが、PHP では、文字列の値を数値へと強制して足し算を行います。

```
"10" + 2 // JavaScript か Java では"102"、PHP では 12
```

この場合も、Go ならば型のミスマッチというエラーを報告します。

もう1つ、型のミスマッチの例を挙げましょう。整数型と浮動小数点型を混ぜた計算をしようとすると、このエラーが起こります。365.2425 のような実数は、浮動小数点型で表現されますし、「0を含む自然数」ならば、Go は整数型だと推論します。

```
age := 41          // age は整数型
marsDays := 687    // marsDays も整数型

earthDays := 365.2425 // earthDays は浮動小数点型
```

```
fmt.Println("私は火星では", age*earthDays/marsDays, "歳です。")
// Invalid operation: ... (mismatched types int and float64)
```

もし3つの変数がすべて整数型なら、この計算は成功したはずですが、その場合、earthDaysを、より正確な365.2425ではなく、365にする必要が生じるでしょう。あるいは逆に、ageとmarsDaysを浮動小数点型にしても（つまり、41.0および687.0と書いておけば）、この計算は成功したでしょう。Goは、どちらが好ましいか、と推測してくれませんが、あなた自身で明示的に型変換することが可能です。次のセクションで、その方法を学びましょう。

▷ **クイックチェック 10-1**

”10” - 1は、Goでは何ですか？

10.2 数値型の変換

「型変換」は単純明快です。整数型のageを、計算のため浮動小数点型にする必要があれば、その変数を、新しい型で包むのです。

```
age := 41
marsAge := float64(age)
```

異なる形の変数を混ぜて計算することはできませんが、次のリストの型変換を使う計算は、正しく実行されます。

リスト10-1：火星での年齢（mars-age.go）

```
age := 41
marsAge := float64(age)
marsDays := 687.0
earthDays := 365.2425
marsAge = marsAge * earthDays / marsDays
fmt.Println("私は火星では", marsAge, "歳です。")
// 私は火星では 21.797587336244543 歳です。
```

浮動小数点型から整数型に変換することもできますが、小数点以下の桁は切り捨てられます。

```
fmt.Println(int(earthDays)) // 365
```

符号なし整数型と符号付き整数型の間でも、サイズの異なる数値型の間でも、型変換が必要です。より大きな範囲を持つ型への変換（たとえばint8からint32への変換）は、常に安全ですが、その他の整数型変換にはリスクがあります。uint32 型には 40 億という値を入れることができますが、int32 では 20 億くらいまでの数値しか格納できません。また、int なら負の数を格納できますが、uint には、それができません。

Go のコードで、明示的な型変換が要求されるのには理由があります。型変換を使うたびに、その結果がどうなる可能性があるのかを考えましょう。

▷ クイックチェック 10-2

1 変数 red を符号なし 8 ビット整数に変換するのは、どんなコードですか？

2 age > marsAge という比較の結果は、どうなりますか？

10.3 注意して型を変換する

1996 年に、無人ロケット「アリアン 5」が最初の打ち上げで軌道を逸れ、40 秒も飛ばずに爆発してしまいました。原因は、64 ビット浮動小数点型から 16 ビット符号付き整数型への変換処理において、後者に入りきらない、32,767 を超える値があったからだと報告されています[1]。この「処理されない失敗」により、飛行制御システムで方向データが失われ、そのせいで軌道が逸れ、破損し、最終的には爆発したということです。

私たちはアリアン 5 のコードを見ていませんし、ロケット科学者でもありませんが、Go で、同様に float64 から int16 への変換を行うコードが、どう扱われるかを調べましょう。もし値が、次のリストのように、後者の範囲内に収まれば、問題ありません。

リスト10-2：アリアン 5 の型変換（ariane.go）

```
var bh float64 = 32767
var h = int16(bh) // To-do: ロケットサイエンスを追加
fmt.Println(h)
```

もし bh の値が 32,768 ならば、int16 には大きすぎる数値ですから、Go の整数型なら当然の結果になります。つまり、ラップアラウンドが生じて、int16 で可能な最も小さい数、-32768 になるのです。

アリアン 5 で使われた Ada 言語は、それとは違う挙動を示します。float64 から int16 への変

[1] **訳注**：Wired の記事（https://www.wired.com/2005/11/historys-worst-software-bugs/）によれば、この制御ソフトにはアリアン 4 ロケットで使われたコードが流用されたけれど、アリアン 5 ロケットのほうが強力だったので、以前よりも大きな値が入り、オーバーフローが生じたとのことです。この記事の日本語版は『史上最悪のソフトウェアバグ」ワースト 10 を紹介（下）』というタイトルで検索できます。

換で（型の呼び名は違いますが）範囲を超えた値になると、ソフトウェア例外が発生するのです。報告は、そんな計算を発射後に行っても意味がないと述べています。それなら Go のアプローチのほうが良かったのかもしれませんが、通常は不正なデータを防ぐのがベストです。

`int16` への型変換で無効な値が生じるかどうかは、`math` パッケージの最小値/最大値（min/max）定数を使って検知できます。

```
if bh < math.MinInt16 || bh > math.MaxInt16 {
    // 範囲外の値を処理する
}
```

これらの min/max 定数には型付けがないので、浮動小数点型（`bh`）とも整数型（`MaxInt16`）とも比較できます。型付けのない定数については、レッスン 8 で学びました。

▷ **クイックチェック 10-3**

変数 `v` の値が、8 ビット符号なし整数型の範囲内かを判定するには、どんなコードを使えますか？

10.4　文字列の型変換

`rune` または `byte` を `string` に変換する場合も、次のリストで示すように、数値型の変換と同じ構文を使えます。フォーマット指定`%c` を使って、ルーンとバイトを文字として表示する方法を、レッスン 9 で学びましたが、それと同じ結果が得られます。

リスト10-3：rune と byte を string に型変換（rune-convert.go）

```
var pi rune = 960
var alpha rune = 940
var omega rune = 969
var bang byte = 33
fmt.Print(string(pi), string(alpha), string(omega), string(bang)) // πάω!
```

こうして符号位置の数値を `string` に変換する場合も、整数型と同じ変換が行われます。なにしろ `rune` と `byte` は、`int32` と `uint8` の別名にすぎないのですから。

10 進数を `string` に変換するには、それぞれの桁の数字を符号位置に変換する必要があります。つまり、0 を表す 48 から、9 を表す 57 までの符号位置です。幸い、`strconv`（文字列変換）パッケージにある `Itoa` 関数を使えば、次のように変換してくれます。

リスト10-4：Integer から ASCII へ（itoa.go）

```
countdown := 10
str := "発射まで" + strconv.Itoa(countdown) + "秒。"
fmt.Println(str) // 発射まで 10 秒。
```

Itoa という名前は、「Integer to ASCII」を略したものです。Unicode は古い ASCII 規格の上位集合で、最初の 128 個のコードは ASCII と同じです。これには、数字、英語のアルファベット、句読点などが含まれます。

もう 1 つ、数値を文字列に変換するには、Sprintf を使うという方法もあります。これは Printf の親戚で、string を表示するのではなく、返してくれる関数です。

```
countdown := 9
str := fmt.Sprintf("発射まで%v 秒。", countdown)
fmt.Println(str) // 発射まで 9 秒。
```

逆方向の変換を行う場合、strconv パッケージの Atoi 関数（ASCII to integer）を使えます。ただし文字列には、数以外の文字が入っていたり、変換できないほど大きな数が入っている場合があるので、Atoi 関数はエラーを返す場合があります。

```
countdown, err := strconv.Atoi("10")
if err != nil {
    // 何かがうまくいってないよ
}
fmt.Println(countdown) // 10
```

err の値が nul であれば、エラーが発生せず、すべて順調ということです。危険に満ちたエラーの話は、レッスン 28 で紹介します。

▷ クイックチェック 10-4

整数から文字列へと型変換できる関数を、2 つ挙げてください。

Column　静的な型付け

Go では、いったん宣言された変数は、1 つの型を持ち、その型は変更できません。これは「静的な型付け」と呼ばれる手法で、そうするほうがコンパイラがコードを最適化しやすく、プログラムの実行が高速化されます。ただし、変数に別の型の値を使おうとしたら、Go コンパイラは黙っていません。`countdown` に格納できるのは整数だけです。

```
var countdown = 10

countdown = 0.5 // constant 0.5 truncated to integer
                // 定数 0.5 が整数型に切り捨てられました（警告）

countdown = fmt.Sprintf("%v seconds", countdown)
        // cannot use ... (type string) as type int in assignment
        // int 型の countdown への代入に string 型の... は使えません（エラー）
```

JavaScript、Python、Ruby などの言語は、静的な型付けの代わりに動的な型付けを使います。これらの言語では、それぞれの値に型が割り当てられ、変数は、どんな型の値でも格納できます。だから、プログラムの実行中に `countdown` の型を変更しても、許されます。

ただし、Go にも型が不確定な状況のための「逃げ道」があります。たとえば `Println` 関数は、文字列型と数値型の、どちらも受け取ります。`Println` 関数については、レッスン 12 で詳しく調べましょう。

10.5　ブール値の変換

`Print` ファミリーの関数は、ブール値の `true` と `false` をテキストとして表示します（`bool` 型は、この 2 つのどちらかの値を持ちます）。ブール値をテキストに変換するには、次のように `Sprint` 関数を使えます。ただしブール値を、数値型や、その他のテキストに変換したいときは、素直に `if` 文を使うのがベストでしょう。

リスト10-5：ブールから文字列への変換（launch.go）

```
launch := false // 打ち上げ準備完了？
launchText := fmt.Sprintf("%v", launch)
fmt.Println("Ready for launch:", launchText) // Ready for launch: false

var yesNo string
if launch {
    yesNo = "yes"
} else {
    yesNo = "no"
}
fmt.Println("Ready for launch:", yesNo) // Ready for launch: no
```

逆向きの変換には、必要なコードが少なくなります。リスト 10–6 のように、条件を判定した結果を、そのまま変数に代入できるからです。

リスト10–6：文字列から bool 型への変換（tobool.go）

```
yesNo := "no"
launch := (yesNo == "yes")
fmt.Println("Ready for launch:", launch) // Ready for launch: false
```

もしブール値を、`string(false)` や `int(false)` で変換しようとしたら、あるいは逆に、`bool(1)`、`bool("yes")` などと書いたら、Go コンパイラはエラーを報告します。

専用の `bool` 型を持たないプログラミング言語では、`true` の代わりに 1、`false` の代わりに 0 の値を使うことが多いのですが、Go のブール値には、そういう等価な数値がありません。

▷ **クイックチェック 10-5**

ブール値を整数に（`true` を 1 に、`false` を 0 に）変換するには、どうしますか？

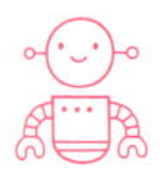

10.6 まとめ

- 型変換は、曖昧さを防ぐため、明示的に行われる。
- 文字列と他の型の、双方向の変換をサポートする関数が、`strconv` パッケージで提供されている。

理解できたかどうか、確認しましょう。

■ 練習問題（input.go）

文字列を `bool` 型に変換するプログラムを書きましょう。

- 文字列の「true」、「yes」、「0」は、どれも `true` にします。
- 文字列の「false」、「no」、「0」は、どれも `false` にします。
- 他の値なら、エラーメッセージを表示してください。

レッスン 3 で学んだように、switch 文の case は、それぞれ複数の値を受けることができます。

10.7 クイックチェックの解答

▶ クイックチェック 10-1

コンパイルエラーです。

```
cannot convert "10" (type untyped string) to type int
invalid operation: "10" - 1 (mismatched types string and int)
```

▶ クイックチェック 10-2

1. その型変換は、uint8(red) と書けるでしょう。
2. int と float64 の間で、型の不一致が発生します。

▶ クイックチェック 10-3

```
v := 42
if v >= 0 && v <= math.MaxUint8 {
    v8 := uint8(v)
    fmt.Println("converted:", v8) // converted: 42
}
```

▶ クイックチェック 10-4

Itoa と Sprintf は、どちらも整数を文字列に変換してくれます。

▶ クイックチェック 10-5

素直に if 文を使いましょう。

```
launch := true
var oneZero int
if launch {
    oneZero = 1
} else {
    oneZero = 0
}
fmt.Println("Ready for launch:", oneZero) // Ready for launch: 1
```

LESSON 11

チャレンジ：ヴィジュネル暗号

ヴィジュネル暗号は、いわばシーザー暗号の 16 世紀版です（詳しくはウィキペディアの項目「ヴィジュネル暗号」を見てください）。このチャレンジでは、キーワードを使って暗号テキストを復号するプログラムを書きます。

ヴィジュネル暗号の解説に入る前に、さきほどのシーザー暗号を、再構成します。シーザー暗号では、平文のメッセージを暗号化するため、それぞれの文字を前方に 3 文字分ずらしました。そうして作った暗号は、逆方向に同じだけシフトすると、復号されるのでした。

さて、英語のアルファベットに、それぞれ 1 個の数値を割り当ててみます。A = 0、B = 1、以下同様で、Z = 25 です。こう考えると、3 文字というシフト量は、D によって表現できます（D = 3）。

表 11–1 にあるテキストを復号するには、まず上段の最初の文字 L を、D だけシフトして戻します。L = 11、D = 3 なので、その結果は 11–3 で 8、つまり文字 I です。文字 A を復号するときは、循環して X にする必要があります（これはレッスン 9 で学びました）。

表11-1：シーザー暗号

L	F	D	P	H	L	V	D	Z	L	F	R	Q	T	X	H	U	H	G
D	D	D	D	D	D	D	D	D	D	D	D	D	D	D	D	D	D	D

このシーザー暗号とROT13は、「頻度分析」という技法で解読されやすい作りです。英語で頻繁に現れるEの文字は、暗号化されたテキストでも、やはり頻繁に出現します。そういうパターンを暗号テキストで探すことによって、暗号化のコードを破られてしまいます。

コード破りを挫折させるために、ヴィジュネル暗号は、各文字のシフト数として、3や13のような定数ではなく、キーワードの繰り返しを使います。表11-2では、「GOLANG」というキーワードを使っていますが、このようなキーワードをメッセージが終わるまで繰り返して使うわけです。

表11-2：ヴィジュネル暗号

C	S	O	I	T	E	U	I	W	U	I	Z	N	S	R	O	C	N	K	F
G	O	L	A	N	G	G	O	L	A	N	G	G	O	L	A	N	G	G	O

これで、ヴィジュネル暗号の仕組みがわかりました。そして、キーワードが「D」のヴィジュネル暗号は、シーザー暗号と同じなのです。同様に、ROT13はキーワードが「N」です（N = 13）。もっと長いキーワードを使わなければメリットがありませんが。

練習問題-1（decipher.go）

表11-2に示した暗号テキストを復号するプログラムを書きましょう。単純にするため、テキストもキーワードも、すべて大文字の英語アルファベットにします。

```
cipherText := "CSOITEUIWUIZNSROCNKFD"
keyword := "GOLANG"
```

- `strings.Repeat`関数を使うと、便利かもしれません。試してみましょう。ただし、この課題は、復号したメッセージを表示するのに使う`fmt`以外のパッケージをインポートしなくても達成できます。それも、やってみてください。
- この課題を、ループで`range`を使って、そして使わずに、書いてみましょう。`range`キーワードが文字列をルーンに分割するのに対して、`keyword[0]`のようなインデックスは結果が1バイトになることを、お忘れなく。

値の型が違うと二項演算を実行できませんが、1つの型の値を他の型に変換することは可能です（`string`、`byte`、`rune`など）。

- アルファベットの先頭と末尾で循環を行うために、シーザー暗号の練習では比較を使いました。この課題では、if 文を使わず、剰余（%）演算子を使って行いましょう。

剰余演算では、2 つの整数による除算の余りが得られます。たとえば 27 % 26 は 1 です。26 で割るとき、剰余は 0 から 25 までの範囲になります。ただし、負の数に注意しましょう。-3 % 26 は、-3 のままです。

この課題が解決したら、本書の付録にある私たちのソリューションと比較して、どこがどう違うのか見てください。あなたのソリューションを原著『Get Programming with Go』のフォーラムにポストするときは、Go Playground の［Share］ボタンで取得したリンクを貼り付けてください。

ヴィジュネル式でテキストを暗号化するのは、復号より難しいことではありません。平文テキストのメッセージに対して、キーワードの文字を、引く代わりに足すだけです。

練習問題-2（cipher.go）

メッセージを暗号化して送れるように、平文テキストをキーワードで暗号化するプログラムを書きましょう。ただし、

```
plainText :="YOURMESSAGEGOESHERE"
```

このように平文メッセージをスペースなしの大文字で書くのはやめて、次のように書き、暗号化する前にスペースを取り除いて大文字にしましょう。それには関数の strings.Replace と strings.ToUpper を使えます。

```
plainText := "your message goes here"
```

完成したら、平文テキストの暗号化が正しくできたかチェックするために、暗号化したテキストを、それと同じキーワードを使って復号しましょう。

```
keyword '= "GOLANG"
```

原著『Get Programming with Go』のフォーラムにメッセージをポストするときは、「GOLANG」というメッセージを使ってください。

ヴィジュネル暗号は、面白い遊びだと思ってください。重要な秘密には使わないように。21 世紀を生きる私たちには、もっと安全にメッセージを送る方法があります！

3　関数とメソッド

プログラミングとは、手に負えないほど大きな仕事を、
小さくて扱いやすい一群の仕事に分割することだ。

– Jazzwant

「関数」は、積み木のようにコンピュータプログラムを組み立てる、基礎的な構成要素です。Printf などの関数を呼び出すことによって、たとえば数を整形して表示させることができます。最終的に画面に表示するピクセル（画素）の集まりも、Go とオペレーティングシステムにある、何層もの関数の働きによって、送り届けられるのです。

あなたも関数を書くことができます。関数は、自作コードの組織化にも、機能の再利用にも、問題を分けて考えるのにも、役立つものです。

それだけではなく、関数とメソッドを宣言する方法を学ぶと、Go の標準ライブラリが提供している豊富な機能を探しだすための準備が整います。それらは、パッケージドキュメントに記載されています。

LESSON 12

関数

レッスン 12 では以下のことを学びます。

- 関数宣言の各部を識別する。
- 再利用可能な関数を書いて、より大きなプログラムを構築する。

このレッスンは、標準ライブラリのドキュメントを見て、これまでに使ってきた関数を調べることから始まります。

そうして関数宣言の構文に慣れたところで、気象観測プログラムのための関数を書きます。火星の表面で、REMS（Rover Environmental Monitoring Station）が、気象データを集めています[1]。あなたが書く関数は、REMS プログラムに加われるかもしれない仕事（たとえば温度の変換）を行います。

[1] **訳注**：REMS は、火星探査車キュリオシティ・ローバーが運ぶコンパクトな移動環境観測ステーションで、湿度、気圧、温度、風速、紫外線照射量を観測しています。

Column **こう考えてみましょう**

「サンドイッチを作ってください」と言うのは簡単ですが、そのプロセスには数多くのステップが関わるでしょう。レタスを水で洗ったり、トマトを薄切りにしたり。さらに突き詰めれば、小麦やライ麦を収穫して粉にして、パンを焼くステップもありますが、そういう機能（あるいは関数）は、お百姓さんやパン屋さんが提供してくれる、と考えてもいいはずです。
プロセスを、それぞれ 1 つのステップを行う関数に細分化しましょう。そうすれば、あとでピザのためにトマトのスライスが必要になったときも、そのための関数を再利用できます。
あなたの日常生活で、関数に分けられそうなものは、他に何があるでしょうか？

12.1 関数の宣言

Go のパッケージドキュメント（`https://golang.org/pkg`）には、標準ライブラリの各パッケージで宣言されている関数のリストがあります。本書で扱いきれないほど多くの、便利な関数を目にすることになるでしょう。

プロジェクトで、それらの関数を使う場合、呼び出し方を調べるために、しばしばドキュメントで関数宣言を読む必要が生じます。`Intn`、`Unix`、`Atoi`、`Contains`、`Println` の宣言を、これから詳しく調べましょう。そうして身についた知識は、他の関数について自分で調べるときや、関数を自作するときにも応用できます。

`Intn` 関数は、レッスン 2 で疑似乱数を生成するために使いました。パッケージドキュメントで `math/rand` パッケージを選び、`Intn` 関数を見つけてください。[Search] ボックスを使って `Intn` を探すこともできます。

`rand` パッケージの `Intn` 関数は、次のように宣言されています。

```
func Intn(n int) int
```

おさらいとして、`Intn` 関数の用例を書いておきます。

```
num := rand.Intn(10)
```

図 12-1 は、`Intn` 関数の宣言と、それを呼び出す構文で、各部がどのように識別されるかを示しています。`func` キーワードは、関数の宣言であることを Go に知らせます。その次に関数名の `Intn` があり、これは大文字で始まる名前です。

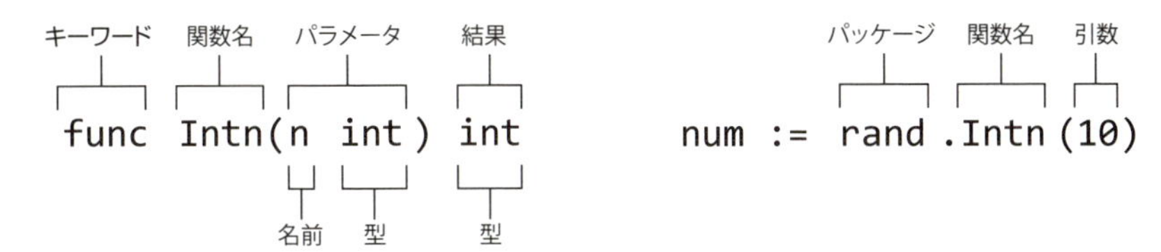

図12-1：Intn 関数の宣言と、Intn 関数の呼び出し

Go では、名前が大文字で始まる関数、変数、その他の識別子は、「エクスポート」されて他のパッケージで利用可能になります。rand パッケージには、小文字で始まる関数も含まれていますが、それらは main パッケージからアクセスできません。

Intn 関数は、1 個のパラメータを受け取ります。パラメータは丸カッコで囲みます。「変数名と、それに続く型名」というパラメータの書き方は、変数宣言の書き方と同じ順番です。

```
var n int
```

Intn 関数を呼び出すとき、10 という整数を 1 個の引数として渡しました。引数も丸カッコで囲みます。この 1 個の引数が、Intn が期待する 1 個のパラメータに対応しています。もし引数を渡さなかったり、引数の型が int 以外だったりしたら、Go コンパイラはエラーを報告します。

「パラメータ」と「引数」は、数学の用語で、微妙な違いがあります。関数が受け取るのがパラメータで、関数を呼び出すときに渡すのが引数です。ただし、この 2 つの用語を、誰もが厳密に使い分けているわけではありません。

Intn 関数は、1 個の結果を返します。それは int 型の疑似乱数です。これが呼び出し側に戻され、新たに宣言される num 変数の初期化に使われます。

Intn 関数はパラメータを 1 個だけ受け取りますが、関数は複数のパラメータを「カンマで区切られたリスト」で受け取ることもできます。レッスン 7 で学んだ、time パッケージの Unix 関数は、2 個の int64 型パラメータを受け取ります（これらは 1970 年 1 月 1 日からの秒数とナノ秒数に対応します）。その宣言をドキュメントで調べると、次のようになっています[2]。

```
func Unix(sec int64, nsec int64) Time
```

次の例は、Unix 関数を 2 つの引数付きで呼び出しています。これらが sec と nsec という 2 つのパラメータに、それぞれ対応します。

[2] **訳注**：ちなみにパッケージドキュメントで Unix を検索すると、time パッケージには、この関数のほかに、func (Time) Unix というメソッドがあることもわかります（メソッドは次のレッスンで学びます）。

```
future := time.Unix(12622780800, 0)
```

Unix 関数が返す結果は、Time 型です。けれども型推論のおかげで、Unix を呼び出すコードでは、結果の型を指定する必要がありません（型を指定したら、もっと冗長になってしまうでしょう）。

time.Time や big.Int のような、新しい型を宣言する方法は、レッスン 13 で取り上げます。

time パッケージは、Time 型を宣言し、エクスポートしています。この型名は Unix という関数名と同じように大文字で始まります。何がエクスポートされるかが、語頭に大文字を使うキャピタライゼーションで表現されるので、Time 型を他のパッケージからアクセスできることは、誰にも明らかです。

この Unix 関数が同じ型の 2 つのパラメータを受け取ることが、パッケージドキュメントで次のように示されています。

```
func Unix(sec int64, nsec int64) Time
```

ただし、関数宣言でパラメータのリストを書く場合、そのリストで型の指定が必要なのは型が変る箇所だけなので、次のように書くことも可能です。

```
func Unix(sec, nsec int64) Time
```

この省略記法はオプションですが、実際に使われています。たとえば string パッケージの Contains 関数は、string 型のパラメータを 2 つ受け取ります。

```
func Contains(s, substr string) bool
```

パッケージドキュメントには、ときどきサンプルがあり、Example と書かれた場所をクリックすると展開されます。また、https://gobyexample.com にもさまざまなサンプルがあります[3]。もしあなたが、Go を学びながら、独自のプロジェクトを進めているのなら、これらの例が、貴重な情報になるでしょう。

---

[3] **訳注**：@oohira 氏による日本語版：https://oohira.github.io/gobyexample-jp/。参考書としては、ドノバンとカーニハンによる『プログラミング言語 Go』（柴田芳樹訳、丸善出版、2016 年）のほか、『スターティング Go 言語』（松尾愛賀著、翔泳社、2016 年）や、『改訂 2 版 基礎からわかる Go 言語』（古川昇著、C&R 研究所、2015 年）など。あしたに氏の「逆引き Golang」も参考になると思います（https://ashitani.jp/golangtips/）。

複数のパラメータを受け取る関数は、多くのプログラム言語にありますが、Go の関数は複数の結果を返すこともできます。レッスン 10 で最初に示した Atoi 関数は、文字列を 1 個の数に変換し、2 つの結果を返します。次の例では、それらが countdown と err に代入されます。

```
countdown, err := strconv.Atoi("10")
```

strconv パッケージのドキュメントを見ると、Atoi は、次のように宣言されています。

```
func Atoi(s string) (i int, err error)
```

2 つの結果が、パラメータリストと同じように丸カッコに入れて指定され、それぞれの結果について、名前に続けて型が書かれています。関数宣言では、結果の型を名前なしでリストにすることも可能です。

```
func Atoi(s string) (int, error)
```

error 型は、エラーのための組み込み型です。レッスン 28 で詳しく取り上げます。

Println は、本書で最初から使ってきた関数です。これは 1 個か、2 個か、それ以上のパラメータを受け取るという点で、ちょっとユニークな関数です。また、整数型と文字列型など、型の異なる複数のパラメータを受け取ることもできます。

```
fmt.Println("Hello, playground")
fmt.Println(186, "seconds")
```

ドキュメントにある関数宣言は、なんだか奇妙に見えるかもしれません。いままでの説明になかった機能を使っているからです。

```
func Println(a ...interface{}) (n int, err error)
```

Println 関数は、a という 1 個のパラメータを受け取るようですが、この関数に複数の引数を渡せることは、すでに明らかです。詳しく言えば、Println 関数には、任意の数の引数を渡すことができます。省略記号（...）によって示される、その機能には特別の用語があって、Printlnは「可変長引数」関数と呼ばれます。パラメータのaは、この関数に渡される引数のコレクションです。可変長引数関数については、レッスン18で、あらためて調べることにします。

aパラメータの型は、interface{}で、これは「空のインターフェイス」型と呼ばれます。インターフェイスについては、本書ではレッスン24まで扱いませんが、この特殊な型によってPrintlnは、int、float64、string、time.Timeなど、どんな型でも受け取ることができます。だからGoコンパイラは、それについてエラーを報告しないのです。

可変長引数関数と空のインターフェイスを組み合わせて、...interface{}と書くと、「このPrinlnには、どんな型の引数でも、いくつでも渡せますよ」という意味になります。だから、渡されたものは何でも表示するという凄い仕事ができるのです。

これまでは、Printlnが返す2つの結果を無視してきました、ただし、エラーを無視するのは悪い書き方で、それに慣れてしまってはいけません。正しくエラーを処理する書き方は、レッスン28で学びます。

▷ クイックチェック 12-1

1　関数呼び出しで渡すのは引数？　それともパラメータ？

2　関数が受け取るのは引数？　それともパラメータ？

3　名前が大文字で始まる関数（Contains）と、小文字で始まる関数（contains）は、どう違いますか？

4　関数宣言にある省略記号（...）は、何を示すのですか？

12.2　関数を自作する

これまで本書のコードは、main関数に入れてきました。もっと大きなアプリケーション（たとえば環境監視プログラム）では、問題を細分化することが重要です。コードを複数の関数に分割して組織すると、理解も、再利用も、保守も、容易になります。

センサから読み出した温度データは、人間にとって意味のある単位で報告しなければなりません。温度センサが提供するデータはケルビンスケールで、その0°Kは絶対零度（温度の熱力学的な下限）です。次に示す関数は、その絶対温度を摂氏のスケールに変換します。いったん変換関数を書いたら、その温度変換が必要な場所で、どこでも再利用が可能になります。

リスト12-1：ケルビンから摂氏へ（kelvin.go）

```
package main

import "fmt"

// kelvinToCelsius は、ケルビンを摂氏に変換する
// 1 個のパラメータを受け取り、1 個の結果を返す関数を宣言
func kelvinToCelsius(k float64) float64 {
    k -= 273.15
    return k
}

func main() {
    kelvin := 294.0
    celsius := kelvinToCelsius(kelvin) // kelvin を引数として関数を呼び出す
    fmt.Print(kelvin, "°K は、", celsius, "°C です。")
// 294°K は、20.850000000000023°C です。
}
```

リスト 12-1 の `kelvinToCelsius` 関数は、`k` という名前の `float64` 型パラメータを 1 つ受け取ります。Go の慣例に従って、`kelvinToCelsius` のコメントは、この関数名で始まり、何を行うかを続けて示しています。

この関数は、`float64` 型の値を 1 つ返します。計算結果は、`return` キーワードによって、呼び出し側に戻されます。その値は、`main` 関数で新しい `celsius` 変数を初期化するのに使われます。

このように、同じパッケージにある関数は、パッケージ名を指定せずに呼び出すことができます。

Column

隔離のメリット

リスト 12-1 の `kelvinToCelsius` 関数は、ほかの関数から隔離されています。唯一の入力は、この関数が受け取るパラメータであり、唯一の出力は、この関数が返す結果です。外部の状態を変更することは、ありません。このように書いた関数には副作用がなく、理解するのもテストも再利用も容易になります。

`kelvinToCelsius` 関数は、`k` という変数を書き換えますが、その `k` と `kelvin` とは、まったく独立した 2 つの変数ですから、この関数のなかで `k` に新しい値を代入しても、`main` にある `kelvin` に影響を与えません。この振る舞いが「値渡し」と呼ばれるのは、`k` パラメータが `kelvin` 引数の値によって初期化されるからです。値渡しによって、関数の境界が明確になり、他の関数との隔離が促進されます。

この 2 つの変数に別々の名前を付けましたが、たとえ引数とパラメータに同じ名前を付けても、値渡しは成立します。

さらに、`kelvinToCelsius` にある `k` という名の変数は、他の関数にある `k` という名の変数とは、まったく独立しています。それは変数スコープのおかげです。スコープについてはレッスン 4 で説明したので、繰り返しになりますが、関数宣言に含まれるパラメータと、関数本体のなかで宣言された変数は、「関数スコープ」を持ちます。別の関数のなかで宣言された変数は、たとえ同じ名前が付いていても、それとは完全に独立した存在です。

▷ **クイックチェック 12-2**

コードを複数の関数に分けることに、どのようなメリットがありますか？

12.3 まとめ

- 関数は、名前と、パラメータのリストと、結果のリストによって宣言される。
- 名前が大文字で始まる関数と型は、他のパッケージからも利用できる。
- 関数宣言のパラメータや結果は、それぞれ名前のあとに型を書く。ただし名前付きのパラメータあるいは結果が、同じ型で複数並ぶときは、型名を省くことができる。結果は、名前のない型だけのリストにもできる。
- 関数呼び出しは、その関数を宣言しているパッケージの名前を前に置く（ただし、呼び出す側と同じパッケージで宣言されている関数は例外）。
- 関数呼び出しでは、その関数が受け取るパラメータ群に対応する引数群を渡す。関数の結果は、`return` キーワードによって、呼び出し側に返される。

理解できたかどうか、確認しましょう。

練習問題（functions.go）

Go Playground に、リスト 12-1 を入力して、追加の温度変換関数を宣言しましょう。

- `kelvinToCelsius` 関数を再利用して、233°K を摂氏（°C）に変換します。
- 摂氏を華氏（°F）に変換する `celsiusToFahrenheit` という温度変換関数を書いて、それを使います。

  ヒント：摂氏から華氏への変換式は以下のようになります。

```
(c * 9.0 / 5.0) + 32.0
```

- ケルビンを華氏に変換する `kelvinToFahrenheit` 関数を書いて、動作をテストします。0°K は、およそ-459.67°F に相当します。

新しい関数では、`kelvinToCelsius` と `celsiusToFahrenheit` を再利用しましたか？　それとも、新しい式を立てて独立した関数を書きましたか？　どちらのアプローチも、まったく正しいのです。

12.4 クイックチェックの解答

▶ クイックチェック 12-1

1. 引数。
2. パラメータ。
3. 小文字で始まる関数は、その関数を宣言したパッケージでしか使えません。大文字で始まる関数は、どこでも使えるようにエクスポートされます。
4. いくつでも引数を渡せる「可変長引数」関数であることを示します。

▶ クイックチェック 12-2

関数は再利用できます。また、関数スコープによって変数の独立性が得られます。

LESSON 13

メソッド

レッスン 13 では以下のことを学びます。

- 新しい型の宣言。
- 関数をメソッドとして書き直す。

メソッドは関数に似たもので、型に振る舞いを追加して強化します。メソッドを宣言する前に新しい型を宣言しておく必要があります。このレッスンでは、レッスン 12 で作った `kelvinToCelsius` 関数を土台にして、それを「メソッドを持つ型」に変えてしまいます。

一見するとメソッドは、「いままで関数で行ってきたことを、違う構文にしたもの」かと思われるでしょう。その第一印象は、間違いではありません。ただしメソッドは、コードを編成する新しい方法を提供します。このレッスンの例では、そのほうが優れた方法でしょう。今後のレッスン、とくにユニット 5 では、この言語の他の機能とメソッドを組み合わせることによって、新しい能力を得る方法を示します。

Column

こう考えてみましょう

数字をタイプするのに、電卓を使うのとタイプライターを使うのでは、期待される振る舞いが、まったく違います。プログラミン言語 Go には、レッスン 10 で示したように、数とテキストを、それぞれユニークな方法で演算する組み込み機能（+演算子）があります。

なにか新しい種類のものを表現する型を作り、それに一群の振る舞いを与えたいときは、どうしたらいいでしょうか。`float64` という型は、温度計を表現するには包括的すぎます。また、同じ `bark()` という名前の関数でも、イヌのバーク（吠える）と、木のバーク（樹皮を剥ぐ）とでは、まったく違う意味になるでしょう。関数を使うのが適切なケースも、もちろんありますが、型とメソッドは、コードを組織化し、身の回りの世界を表現する、もうひとつの優れた方法を提供します。

このレッスンを読み進める前に、あなたのまわりに、どんな型があり、それぞれどのような振る舞いを持っているのか、考えてみましょう。

13.1 新しい型を宣言する

Go は数多くの型を宣言しています（その多くはユニット 2 で見ました）。しかし、これらの型では、あなたが格納したい種類の値を、適切に記述できないときもあります。

温度は float64 の一種ではありません（根底のストレージを、その型で表現するとしても）。温度は、摂氏や、華氏や、ケルビンによる計測値なのです。新しい型を宣言することによって、コードの意味が明白になるだけでなく、エラーを防ぎやすくなることもあります。

type というキーワードは、新しい型を、1 個の名前と、根底の型によって、次のように宣言するものです。

リスト13-1：celsius（摂氏）型を宣言して使う（celsius.go）

```
type celsius float64 // 根底の型は、float64

var temperature celsius = 20
fmt.Println(temperature) // 20
```

数値リテラルの 20 は、すべての数値リテラルがそうであるように、「型付けのない」定数です。これは、int 型、float64 型、その他どのような数値型の変数にも代入できます。celsius という新しい型は、float64 と同じ振る舞いを持ち、表現方法も同じなので、上記のリストで行っている代入は正しく作用します。

また、temperature には、次のリストのように値を加えるなど、概して float64 のように使うことが可能です。

リスト13-2：celsius 型は、float64 のように振る舞う（celsius-addition.go）

```
type celsius float64
const degrees = 20
var temperature celsius = degrees
temperature += 10
```

ただし、この celsius 型はユニークな型で、レッスン 9 で述べたような「型の別名」ではありません。もし float64 型と混ぜて使ったら、「型の不一致」エラーになるでしょう。

```
var warmUp float64 = 10
temperature += warmUp // Invalid operation: ... mismatched types ...
                      // 無効な演算：型の不一致
```

warmUp を加算するには、まず celsius に変換する必要があります。次のように書き直せば正しく動作します。

```
var warmUp float64 = 10
temperature += celsius(warmUp)
```

独自の型を定義する能力が、読みやすさと信頼性を向上させるのに、どれほど便利かを知ると、驚かれるかもしません。次のリストは、celsius 型と fahrenheit 型とを、間違って比較したり組み合わせたりできないことを示しています。

リスト13–3：型は、混ぜて使うことができない

```
type celsius float64
type fahrenheit float64
var c celsius = 20
var f fahrenheit = 20
if c == f {  // Invalid operation:  ... mismatched types ...

}
c += f  // Invalid operation:  ... mismatched types ...
```

▷ **クイックチェック 13-1**

新しい型（たとえば celsius や fahrenheit）の宣言には、どんな利点がありますか？

13.2 新しい型を導入する

前節では、新たに celsius 型と fahrenheit 型を宣言して、温度というドメインをコードに導入しつつも、根底にあるストレージの表現は、重視しませんでした。温度に float64 を使っても float32 を使っても、ある変数に含まれる値の性質について、ほとんど何も表現できません。ところが、celsius、fahrenheit、kelvin のような型名は、それぞれ固有の目的を表現しています。

いったん宣言した型は、あらかじめ宣言されている Go の型（int、float64、string など）を使える場所なら、どこでも使うことができます。リスト 13–4 に示すように、関数のパラメータや戻り値の型としても使えます。

リスト13-4：カスタムの型を使う関数（temperature-types.go）

```
package main

import "fmt"

type celsius float64
type kelvin float64

// kelvinToCelsius は、ケルビンを摂氏に変換する
func kelvinToCelsius(k kelvin) celsius {
    return celsius(k - 273.15) // 型変換が必要
}

func main() {
    var k kelvin = 294.0 // 引数は必ず kelvin 型にする
    c := kelvinToCelsius(k)
    fmt.Print(k, "°K は、", c, "°C です.")
    // 294°K は、20.850000000000023°C です.
}
```

この kelvinToCelsius 関数は、kelvin 型の引数しか受け取りません（それで不注意による失敗を防止できます）。型の違う引数は、fahrenheit でも、kilometers でも、それどころか float64 さえも、受け付けません。ただし Go は実用的な言語なので、リテラル値あるいは型付けのない定数を渡すことは、やはり可能です。たとえば kelvinToCelsius(kelvin(294)) と書く代わりに、kelvinToCelsius(294) と書くことができます。

kelvinToCelsius が返す結果は、celsius 型であって、kelvin 型ではありませんから、それを返す前に celsius 型へと型変換する必要があります。

▷ **クイックチェック 13-2**

リスト 13-4 で定義した celsius 型と kelvin 型を使う celsiusToKelvin 関数を書き、それを使って、127°C（太陽に照らされた月の表面温度）をケルビンに変換しましょう。

13.3 メソッドによって、型に振る舞いを加える

狂気のようだが、メソッドを持っておるぞ。

– シェークスピア「ハムレット」より

何十年もの間、古典的なオブジェクト指向言語は、「メソッドは型に属するものだ」と教えてきました。Go は、違います。Go にはクラスも、オブジェクトもありませんが（本当です）、それでも Go にはメソッドがあります。そんなのは、おかしいとか、狂っているとか思われるかもしれませんが、Go のメソッドは、実は過去の言語のメソッドよりも柔軟性が高いのです。

kelvinToCelsius、celsiusToFahrenheit、fahrenheitToCelsius、celsiusToKelvin のような関数を書いても、仕事はこなせますが、もっと良い方法があります。適切な場所で、いくつかのメソッドを宣言することによって、温度変換のコードは、すっきりとした簡潔なものになります。

メソッドは、同じパッケージで宣言した型なら、どれにでも割り当てることができますが、あらかじめ宣言されている型（int、float64 など）に割り当てることはできません。型を宣言する方法は、すでに見ました。

```
type kelvin float64
```

この kelvin 型の振る舞いは、その根底にある型（float64）と同じです。その型の浮動小数点数と同様に、kelvin 型の値にも、加算、乗算などの演算を行うことができます。kelvin を celsius に変換するメソッドを宣言するのは、関数を宣言するのと同じく、簡単にできます。どちらの宣言も func キーワードで始まります。関数の本体は、メソッドの本体と同じです。

```
func kelvinToCelsius(k kelvin) celsius { // kelvinToCelsius 関数
    return celsius(k - 273.15)
}

func (k kelvin) celsius() celsius { // kelvin 型用の celsius メソッド
    return celsius(k - 273.15)
}
```

この celsius メソッドは、パラメータを 1 個も受け取らないのですが、名前の前にパラメータに似たものがあります。これは、図 13-1 に示す「レシーバ」と呼ばれるもので、それを受け取るのです。メソッドも関数も、複数のパラメータを受け取ることができますが、メソッドは必ず 1 個

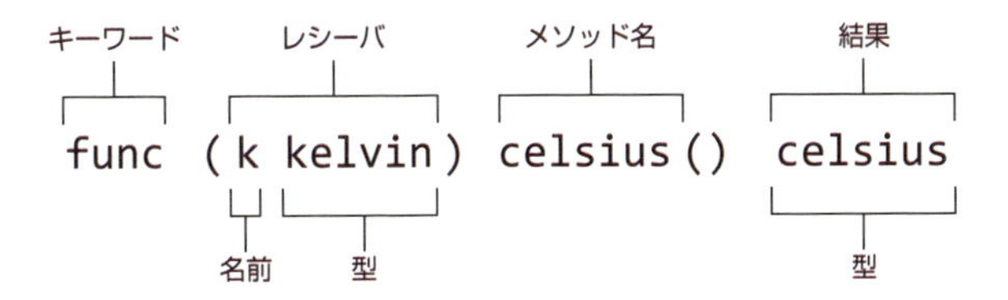

図13-1：メソッド宣言

だけレシーバを持つ必要があります。celsius メソッドの本体では、レシーバが他のパラメータと同様に使われます。

メソッドを使う構文は、関数呼び出しとは異なります。

```
var k kelvin = 294.0
var c celsius

c = kelvinToCelsius(k) // kelvinToCelsius 関数を呼び出す

c = k.celsius() // celsius メソッドを呼び出す
```

メソッド呼び出しには「ドット表記」を使います。これは、他のパッケージにある関数を呼び出すのと、同じように見えます。けれども、メソッド呼び出しの場合は、適切な型の変数の後に、1個のドットとメソッド名を書くのです。

いまでは温度変換が kelvin 型のメソッドになっているので、kelvinToCelsius のような名前は過剰です。関数の場合、1個のパッケージは同じ名前の関数を1個しか持てず、型名と同じ名前にはできないので、celsius 型を返す celsius 関数を作ることは不可能です。ところがメソッドなら、それぞれの温度型が celsius メソッドを提供することが可能です。そこで、たとえば fahrenheit 型を、次のように補強することができます。

```
type fahrenheit float64
// celsius は、華氏を摂氏に変換する
func (f fahrenheit) celsius() celsius {
    return celsius((f - 32.0) * 5.0 / 9.0)
}
```

これによって、好ましい対称性が生じます。つまり、摂氏に変換する celsius メソッドを、他のどの温度型にも持たせられるのです。

▷ クイックチェック 13-3

このメソッド宣言で、レシーバはどれですか？

```
func (f fahrenheit) celsius() celsius
```

13.4 まとめ

- 独自の型宣言は、読みやすさと信頼性を向上させる役に立つ。
- メソッドは関数を型に割り当てたようなもので、宣言ではメソッド名の前にレシーバを指定する。メソッドは関数と同じように、複数のパラメータを受け取ることも、複数の結果を返すこともできるが、必ず 1 個のレシーバを持たなければならない。メソッド本体のなかで、レシーバは他のパラメータと同様に使える。
- メソッドを呼び出す構文にはドット記法を使う。適切な型の変数を指定した後、1 個のドットに続けてメソッド名を書き、もしあれば引数を書く。

理解できたかどうか、確認しましょう。

■ 練習問題（method.go）

celsius 型、fahrenheit 型、kelvin 型を使うプログラムを書き、それぞれメソッドを作って、どの温度型からも、他の温度型に変換できるようにしましょう。

13.5 クイックチェックの解答

▶ クイックチェック 13-1

新しい型なら（たとえば、float64 ではなく celsius を使うことによって）それが含む値を、より詳しく記述できるでしょう。また、ユニークな型は（たとえば華氏の値を摂氏の値に加算するなど）不注意による失敗を防ぐのにも役立ちます。

▶ クイックチェック 13-2

```
// celsiusToKelvin は、摂氏をケルビンに変換する
func celsiusToKelvin(c celsius) kelvin {
    return kelvin(c + 273.15)
}

func main() {
    var c celsius = 127.0
    k := celsiusToKelvin(c)
    fmt.Print(c, "°C は、", k, "°K です.")
    // 127°C は、400.15°K です.
}
```

▶ クイックチェック 13-3

レシーバは、fahrenheit 型の f です。

LESSON 14

ファーストクラス関数

レッスン 14 では以下のことを学びます。

- 関数を変数に代入する。
- 関数を関数に渡す。
- 関数を作る関数を書く。

Go では、関数を変数に代入したり、関数に関数を渡したりできるほか、関数を返す関数を書くことさえも可能です。このような関数は「ファーストクラス」（第一級関数）と形容され、整数型や文字列型など、他の型を使える場所なら、どこでも使えます。

このレッスンでは、ファーストクラス関数を使う例として、ダミーの温度センサから計測データを読み込む、仮想的な REMS プログラムの一部を作ります。

Column

こう考えてみましょう

メキシコ料理のタコスを作るには、サルサ（ソース）が必要です。クックブックでレシピを読んで自家製サルサを作るか、お店で買ってきた瓶詰めの蓋を開けるか、どちらでもいいということにしましょう。

ファーストクラス関数は、「サルサが必要なタコス」に似ています。コードの場合、タコスを作る `makeTacos` 関数から、「サルサ関数」を呼び出す必要があるでしょう。それは、`makeSalsa` でも、`openSalsa` でも良いのです。これらの「サルサ関数」は単独で使うこともできますが、タコスはサルサなしでは完成しません。

「関数によってカスタマイズ可能な関数」の例は、レシピやセンサの他に、何があるでしょうか？

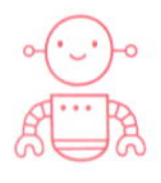

14.1　変数に関数を代入する

火星気象台のセンサは、150°K から 300°K までの気温を測定して提供します。いったんデータを取得した後なら、ケルビンを他の温度単位に変換する関数を使えますが、あなたのコンピュータに（Rasberry Pi でもいいですが）センサが繋がっていない限り、データの読み出しが、ちょっとした問題になります。

とりあえず、疑似乱数を返すダミーのセンサを使うことにしましょう。ただし、本物の realSensor とダミーの fakeSensor を取り替えて使えるように、互換性を確立する手段が必要です。リスト 14–1 は、まさに、その互換性を実現しています。このようにプログラムを設計しておけば、本物のセンサを繋ぎ替えることによって、たとえば地表の温度と気温の、どちらでも測定することが可能になります。

リスト14–1：プラグインで交換できるセンサ関数（sensor.go）

```
package main

import (
    "fmt"
    "math/rand"
)

type kelvin float64

func fakeSensor() kelvin {
    return kelvin(rand.Intn(151) + 150)
}

func realSensor() kelvin {
    return 0 // To-do: 本物のセンサを実装
}

func main() {
    sensor := fakeSensor // 関数を変数に代入する
    fmt.Println(sensor())

    sensor = realSensor
    fmt.Println(sensor())
}
```

上記のリストで sensor 変数に代入しているのは、関数呼び出しの結果ではなく、fakeSensor など、関数そのものです。関数やメソッドを呼び出すときは、必ず丸カッコのペアを使いますが（たとえば fakeSensor() のように）、ここでは使っていません。

その後で sensor() を呼び出すと、realSensor か fakeSensor か、どちらかを呼び出すことになります。どちらになるかは、sensor に代入した関数に依存します。

sensor 変数は、関数型です。その関数は、パラメータを受け取らず kelvin の結果を返すタイプです。型推論に頼らないときは、sensor 変数を、次のように宣言できます。

```
var sensor func() kelvin
```

リスト 14-1 で、sensor に realSensor を再代入できるのは、その「関数シグネチャ」が fakeSensor と一致しているからです。つまり、どちらの関数も、同じ数、同じ型の、パラメータと戻り値を持っています。

▷ **クイックチェック 14-1**

1 変数に関数を代入するコードと、関数呼び出しの結果を代入するコードは、どうやって見分けますか？

2 celsius 型で温度を返す groundSensor 関数があるとしたら、リスト 14-1 で、その関数を sensor に代入できますか？

14.2 関数を他の関数に渡す

変数は関数を参照でき、その変数は、関数に渡すことができます。だから Go では、関数を他の関数に渡すことができるのです。

毎秒の温度データをログに記録するため、リスト 14-2 では新しい measureTemperature 関数を宣言しました。これはパラメータとしてセンサ関数を受け取る温度計測関数です。渡された関数が fakeSensor でも、realSensor でも、この温度計測関数は、そのセンサ関数を周期的に呼び出します。

このように関数を関数に送り渡す能力は、コードを細分化する強力な手段になります。もしファーストクラス関数がなかったら、たとえば measureRealTemperature 関数と measureFakeTemperature 関数に、ほとんど同じコードを入れることになるでしょう（リスト 14-2）。

リスト14-2：パラメータとしての関数（function-parameter.go）

```
package main

import (
    "fmt"
    "math/rand"
    "time"
)

type kelvin float64

// measureTemperature は、第 2 パラメータとして関数を受け取る
func measureTemperature(samples int, sensor func() kelvin) {
    for i := 0; i < samples; i++ {
        k := sensor()
        fmt.Printf("%vo K\n", k)
        time.Sleep(time.Second)
    }
}

func fakeSensor() kelvin {
    return kelvin(rand.Intn(151) + 150)
}

func main() {
    // 第 2 引数として関数名を関数に渡す
    measureTemperature(3, fakeSensor)
}
```

measureTemperature 関数はパラメータを２つ受け取りますが、第２パラメータの型は、func() kelvin です。この宣言は、同じ型を持つ変数の宣言と似ています。

```
var sensor func() kelvin
```

そして main 関数は、関数の名前を、measureTemperature に渡すことができます。

▷ クイックチェック 14-2

関数を他の関数に渡す能力には、どんなメリットがありますか？

14.3 関数型を宣言する

関数のために新しい型を宣言することによって、その関数を参照するコードは凝縮され、簡潔明瞭に書くことができます。kelvin という型を使ったのは、根底にあるストレージではなく温度の単位を表現するためでした。渡し回す関数に対しても、同じことができます。

```
type sensor func() kelvin
```

このコードの意味は、単に「パラメータを受け取らず kelvin 型を返す関数」というのではなく、sensor 型の関数ということです。この型には、他のコードを凝縮する効果があるので、func measureTemperature(samples int, s func() kelvin) というコードを、次のように書くことが可能になります。

```
func measureTemperature(samples int, s sensor)
```

この例だけでは、改善と思えないかもしれません。この行のコードを見て理解するには、sensor とは何かを知っている必要があるからです。けれど、sensor をあちこちで使う場合や、関数に多数のパラメータがあるときは、型を使うことによって、ごちゃごちゃしたコードを、すっきりと整理できるでしょう。

▷ **クイックチェック 14-3**

次の関数シグネチャを、関数型を使うように書き直しましょう。

```
func drawTable(rows int, getRow func(row int) (string, string))
```

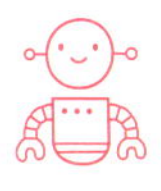

14.4 クロージャと無名関数

「無名関数」は、Go では「関数リテラル」とも呼ばれる、名前を持たない関数です。普通の関数と違って、関数リテラルは「クロージャ」です。つまり、自分を囲むスコープにある変数への参照（リファレンス）を、保持できるのです。

無名関数を変数に代入しておけば、その変数は他の関数と同様に使うことができます。その例を、リスト 14–3 に示します。

リスト14-3：無名関数（masquerade.go）

```
package main
import "fmt"
var f = func() { // 無名関数を変数に代入する
    fmt.Println("Dress up for the masquerade.")
}

func main() {
    f() // Dress up for the masquerade.
}
```

変数（f）の宣言は、パッケージのスコープにあっても、リスト 14-4 のように関数内にあってもいいのです。

リスト14-4：無名関数（funcvar.go）

```
package main

import "fmt"

func main() {
    f := func(message string) { // 無名関数を変数に代入する
        fmt.Println(message)
    }
    f("Go to the party.") // Go to the party.
}
```

リスト 14-5 のように、無名関数の宣言と呼び出しを、1 ステップで行うことも可能です。

リスト14-5：無名関数（anonymous.go）

```
package main

import "fmt"

func main() {
    func() {  // 無名関数の宣言
        fmt.Println("Functions anonymous")
    }()  // 関数呼び出し
}
```

無名関数は、関数を処理中に、その場で作る必要があるとき、便利に使えるかも知れません。たとえば、ほかの関数から関数を返すときです。ほかの関数から、既存の名前付き関数を返すことは可能ですが、新しい無名関数を宣言して返す方が、ずっと便利です。

リスト 14-6 で、`calibrate` 関数は、読み出した気温データの誤差を調整します。ファーストクラス関数を使う、この `calibrate` は、ダミーまたは本物のセンサをパラメータとして受け取り、代替となる関数を返します。その新しいセンサ型関数は、呼び出されると常に元の関数を呼び出し、その実測値をオフセットで補正します。

リスト14-6：センサのキャリブレーション（calibrate.go）

```
package main

import "fmt"

type kelvin float64

// sensor 関数型
type sensor func() kelvin

func realSensor() kelvin {
    return 0 // To-do: 実数値で実装
}

func calibrate(s sensor, offset kelvin) sensor {
    return func() kelvin { //無名関数を宣言して返す
        return s() + offset
    }
}

func main() {
    sensor := calibrate(realSensor, 5)
    fmt.Println(sensor()) // 5
}
```

上記のリストにある無名関数は、クロージャを利用して、`calibrate` 関数がパラメータとして受け取る `s` と `offset` の変数を参照しています。たとえ `calibrate` 関数がリターンした後でも、クロージャによってキャプチャされた変数は、まだ有効です。だから、sensor の呼び出しで、それらの変数を、まだアクセスできるのです。無名関数は、スコープにある変数を囲い込むので、クロージャ（閉包）という名前が付けられたのです。

クロージャは、それを囲むスコープの変数の値をコピーするのではなく、その変数への「リファレンス」を保持するので、その変数を変更すると、無名関数の呼び出しに反映されます。

```
var k kelvin = 294.0
sensor := func() kelvin {
    return k
}

fmt.Println(sensor()) // 294

k++

fmt.Println(sensor()) // 295
```

とくに for ループの内側でクロージャを使うときは、このことを忘れないようにしましょう。

▷ **クイックチェック 14-4**

1　無名関数の、Go でのもうひとつの呼び名は？

2　クロージャが提供する、普通の関数にない機能は？

14.5 まとめ

- 関数をファーストクラスとして扱うと、コードの分割と再利用のための、新しい可能性が開かれる。
- 関数を処理中に作成するには、クロージャを持つ無名関数を使おう。

理解できたかどうか、確認しましょう。

■ 練習問題（calibrate.go）

リスト 14-6 を Go Playground に入力して、実際に使ってみましょう。

- calibrate への引数として 5 を渡す代わりに、変数を宣言して渡します。その変数を書き換えても、sensor() を呼び出した結果が、5 のままであることが分かります。その理由は、offset パラメータが引数のコピー（値渡し）だからです。
- calibrate とともに、リスト 14-2 の fakeSensor 関数を使って、新しいセンサ関数を作ります。その新しいセンサ関数を、繰り返して何度か呼び出すと、元の fakeSensor が毎回呼び出され、結果としてランダムな値を返すことが分かります。

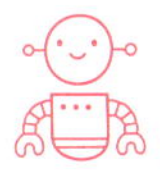

14.6　クイックチェックの解答

▶ クイックチェック 14-1

1　関数やメソッドの呼び出しには、必ず丸カッコのペアがつきます（たとえば、fn() など）。関数そのものを代入するときは、丸カッコなしで関数名を指定します。

2　いいえ。sensor 変数に再代入するには、パラメータと戻り値が同じ型である必要があります。Go は、エラーを報告するでしょう。

```
cannot use groundSensor (type func() celsius) as type func() kelvin in assi
gnment
// (func() celsius 型の) groundSensor を、代入に (func() kelvin として) 使えない。
```

▶ クイックチェック 14-2

ファーストクラス関数は、コードを分割して再利用する、もうひとつの手段を提供します。

▶ クイックチェック 14-3

```
type getRowFn func(row int) (string, string)
func drawTable(rows int, getRow getRowFn)
```

▶ クイックチェック 14-4

1　Go では、無名関数のことを、関数リテラルとも呼びます。

2　クロージャは、それを囲むスコープにある変数へのリファレンスを保持します。

LESSON 15

チャレンジ：温度テーブル

温度変換のテーブルを表示するプログラムを書きましょう。その作表では、次のように、等号(=)とパイプ（|）の記号を使って線を引き、ヘッダセクションを作ります。

```
=======================
|  °C       |  °F    |
=======================
| -40.0     | -40.0  |
| ...       | ...    |
=======================
```

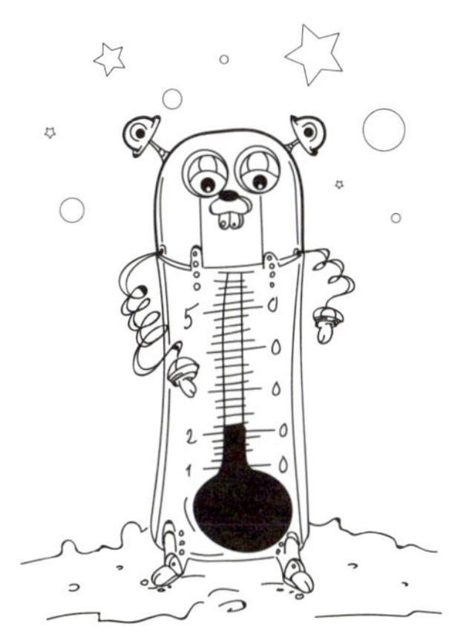

プログラムで、2つの表を作ってください。第1の表は列が2つあり、第1列で°Cを、第2列で°Fを示します。-40°Cから100°Cまで、5°ずつ変化させるループを使います。その中でレッスン13で作った温度変換メソッドを使い、両方の列に記入します。

第1の表が完成したら、第2の表を実装し、今度は列を入れ替えます（°Fから°Cへの変換表です）。

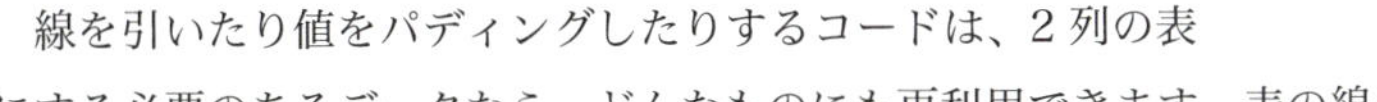

線を引いたり値をパディングしたりするコードは、2列の表にする必要のあるデータなら、どんなものにも再利用できます。表の線を引くコードと、それぞれの列の温度を計算するコードを、関数を使って切り分けましょう。

`drawTable`関数を実装しましょう。これは、1個の第一級関数をパラメータとして受け取り、それを呼び出すことによって、各列に表示するデータを取得します。別の関数を`drawTable`に渡すと、その結果として別のデータが表示されるようにしてください。

UNIT

4　コレクション

「コレクション」は、物を集めて作るグループです。たぶんあなたは、音楽のコレクションを持っているでしょう。それぞれのアルバムは、曲のコレクションです。それぞれの曲は、音のコレクションです。プログラミング言語にはコレクションを扱う機能がありますから、ミュージックプレイヤーを作るときには大活躍してくれるでしょう。

Go では、ユニット 2 で紹介した「プリミティブ型」（基本の型）を使って、より興味深い「複合型」（コンポジット型）を組み立てることができます。複合型を使うと、複数の値をグループとしてまとめることができ、データを集めてアクセスする新しい方法を習得できます。

LESSON 16

配列

レッスン16では以下のことを学びます。

- 配列を宣言して初期化する。
- 配列の要素への代入とアクセス。
- 配列を巡回処理する。

「配列」は、決まった長さを持つ要素を並べた順序のあるコレクションです。このレッスンでは、太陽系にある惑星と準惑星の名前を格納するのに配列を使いますが、そのほか何でも好きな物を集めて並べることができます。

Column こう考えてみましょう

コレクションを持っていませんか？　何かを蒐集したことは、ないでしょうか。切手、コイン、ステッカー、本、靴、トロフィー、映画、なんでも結構です。
配列は、同じ型のものを数多く集めるのに使えます。配列を使って、どんなコレクションを表現できるでしょうか。

16.1 配列を宣言して、その要素をアクセスする

次の planets 配列には、全部で8個の要素が含まれます。

```
var planets [8]string
```

配列の要素は、どれも同じ型です。planets は文字列の配列です。

配列の個々の要素をアクセスするには、角カッコのペア（[と]）のなかに、0 から始まるインデックスを書きます。その例を、リスト 16–1 と図 16–1 に示します。

リスト16–1：惑星の配列（array.go）

```
var planets [8]string

planets[0] = "水星" // インデックス 0 の位置に惑星を代入
planets[1] = "金星"
planets[2] = "地球"

earth := planets[2] // インデックス 2 の惑星を取り出す

fmt.Println(earth) // 地球
```

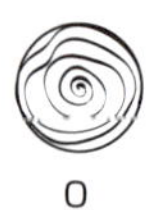

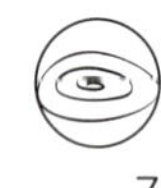

図16–1：インデックス 0 から 7 までの惑星

3 個の惑星しか代入しませんでしたが、planets 配列には 8 個の要素があります。配列の長さは、組み込みの len 関数によって判定できます。その他の要素には、その型のゼロ値（空の文字列）が含まれています。

```
fmt.Println(len(planets)) // 8
fmt.Println(planets[3] == "") // true
```

Go には、import 文を必要としない組み込み関数が、いくつかあります。len 関数は、さまざまな型の長さを判定でき、この場合は配列の長さを返します。

▷ クイックチェック 16-1

1 planets 配列の最初の要素は、どうやってアクセスしますか？

2 整数型の配列を作ったとき、要素のデフォルトの値は何ですか？

16.2 「境界の外に出るな！」

8個の要素を持つ配列のインデックスは、0から7までの範囲です。範囲外の要素をアクセスする試みを検出したら、Goコンパイラはエラーを報告します。

```
var planets [8]string
planets[8] = "冥王星" // Invalid array index 8 (out of bounds for 8-element array)
pluto := planets[8]   // 同上：無効な配列インデックス 8 (要素が 8 個の配列で境界外)
```

もしGoコンパイラが、このエラーを検出できなければ、プログラムは実行中にパニックを起こすかもしれません[1]。

```
var planets [8]string
i := 8
planets[i] = "冥王星" // panic: runtime error: index out of range
pluto := planets[i]   // 同上 (パニック： 実行時エラー： インデックスが境界外)
```

パニックは、あなたのプログラムをクラッシュさせますが、それでも（C言語プログラムの場合のように）、`planets`配列に属さないメモリを書き換えた結果、「未定義の振る舞い」が発生するよりは良いのです。

▷ **クイックチェック 16-2**

`planets[11]`は、コンパイル時にエラーを起こしますか？　それとも実行時にパニックを起こしますか？

16.3 配列を複合リテラルで初期化する

「複合リテラル」は、どんな複合型でも好きな値で初期化できる、簡潔な構文です。配列を宣言して要素を1つずつ代入する代わりに、Goの複合リテラル構文を使えば、配列の宣言と初期化を、リスト16–2のように1ステップで行うことができます。

---

[1] **訳注**：訳者がGo Playgroundでテストしたときは、代わりに「pluto declared and not used」(`pluto`を宣言したのに使っていません）というコンパイラからのメッセージが出ました。この場合、コンパイラの処理が正常に終了しないのでプログラムが実行されず、パニックは発生しません。そこで代入後に`pluto`を表示する行を追加して［Run］をクリックしたところ、コメント同様、実行時エラーが出ました。

リスト16-2：準惑星の配列（dwarfs.go）

```
dwarfs := [5]string{"ケレス", "冥王星", "ハウメア", "マケマケ", "エリス"}
```

波カッコのペア（{ と }）の中に入っている、カンマで区切られた 5 つの文字列が、要素として新しい配列に記入されます。

もっと大きな配列では、複合リテラルを複数行に分けたほうが読みやすいでしょう。また、Go では複合リテラルにある要素の数を、自分で数える代わりにコンパイラに計算させることもできます。それには、数の代わりに省略記号（...）を指定します。次のリストにある `planets` 配列で例を示します。この配列も「固定長」であることに変わりありません。

リスト16-3：完全に初期化された planets 配列（composite.go）

```
planets := [...]string{ // Go コンパイラが要素数を数える
    "水星",
    "金星",
    "地球",
    "火星",
    "木星",
    "土星",
    "天王星",
    "海王星", // 最後にもカンマが必要
}
```

▷ **クイックチェック 16-3**

リスト 16-3 には、いくつ惑星がありますか？ 組み込みの `len` 関数で調べてください。

16.4 配列を巡回処理する

レッスン 9 では、文字列の各文字を巡回処理しました。配列の各要素を巡回処理する方法も、次のリストに示すように、それと似ています。

リスト16-4：配列をループ処理する（array-loop.go）

```
dwarfs := [5]string{"ケレス", "冥王星", "ハウメア", "マケマケ", "エリス"}

for i := 0; i < len(dwarfs); i++ {
    dwarf := dwarfs[i]
    fmt.Println(i, dwarf)
}
```

`range` キーワードを使うと、より少ないコードで配列の各要素のインデックスと値を取得でき、間違いが入り込む余地を減らすことができます。

リスト16-5：range によって配列をループ処理する（array-range.go）

```
dwarfs := [5]string{"ケレス", "冥王星", "ハウメア", "マケマケ", "エリス"}
for i, dwarf := range dwarfs {
    fmt.Println(i, dwarf)
}
```

リスト 16-4 と 16-5 は、どちらも同じ結果を出します。

```
0 ケレス
1 冥王星
2 ハウメア
3 マケマケ
4 エリス
```

range が提供するインデックス変数が不要なときは、代わりにブランク識別子（_）を使えることを覚えておきましょう。

▷ **クイックチェック 16-4**

1　配列をループするのに range キーワードを使うと、どんなミスを防止できますか？

2　range ではなく、伝統的な for ループを使うのは、どんなときですか？

16.5　配列はコピーされる

配列を、新しい変数に代入したり、関数に渡したりすると、その内容の完全なコピーが作られます。リスト 16-6 で、その例を示します。

リスト16-6：配列は「複数の値」（array-value.go）

```
planets := [...]string{
    "水星",
    "金星",
    "地球",
    "火星",
    "木星",
    "土星",
    "天王星",
    "海王星",
}
```

```
planetsMarkII := planets // planets 配列をコピー

planets[2] = "whoops" // 多元宇宙！

fmt.Println(planets)
// [水星 金星 whoops 火星 木星 土星 天王星 海王星]
fmt.Println(planetsMarkII)
// [水星 金星 地球 火星 木星 土星 天王星 海王星]
```

インターネット接続がなくなっても使えるように、コンピュータに Go をインストールしておく必要があるかもしれません。その手順は、`https://golang.org` に書いてあります[2]。

配列は複数の値であり、関数は値渡しです。したがって、次のリストにある `terraform` 関数は、まったく効果がありません。

リスト16-7：配列の値渡し（terraform.go）

```
package main

import "fmt"

// この「惑星改造」関数は、何も達成できない
func terraform(planets [8]string) {
    for i := range planets {
        planets[i] = "New " + planets[i]
    }
}

func main() {
    planets := [...]string{
        "水星",
        "金星",
        "地球",
        "火星",
        "木星",
        "土星",
        "天王星",
        "海王星",
    }
    terraform(planets)
    fmt.Println(planets)
    // [水星 金星 地球 火星 木星 土星 天王星 海王星]
}
```

[2] **訳注**：`golang.org` の「Download Go」から、Windows 用、macOS 用、linux 用の公式ディストリビューションをダウンロードできます。システム要件などインストールの詳細は、`https://golang.org/doc/install` にあります（英語ですが最新の情報を得られます）。

terraform 関数は、planets 配列のコピーを扱うので、変更は main 関数の planets に影響を与えません。

また、配列では長さが型の一部であることも重要なポイントです。[8]string 型と、[5]string 型は、どちらも文字列のコレクションですが、別々の型です。もし長さの違う配列を渡そうとしたら、Go コンパイラはエラーを報告します。

```
dwarfs := [5]string{"ケレス", "冥王星", "ハウメア", "マケマケ", "エリス"}
terraform(dwarfs)
// cannot use dwarfs (type [5]string) as type [8]string in argument to terraform
// (dwarfs ([5]string 型) を、terraform への 8[string] 型引数として使えません)
```

これらの理由があるので、関数のパラメータとしては、配列よりも、次のレッスン 17 で学ぶ「スライス」を使うことが多いのです。

▷ **クイックチェック 16-5**

1　リスト 16–6 で、planetsMarkII に地球が残った理由は何ですか？

2　リスト 16–7 を、main の planets 配列を更新するように書き換えるには、どうすればいいでしょうか？

16.6　配列の配列

これまで文字列の配列を見てきましたが、ほかにも整数の配列や、浮動小数点数の配列、それどころか配列の配列さえ持つことができます。リスト 16–8 にある 8×8 のチェスボードは、「文字列の配列の配列」です。

リスト16–8：チェスボード（chess.go）

```
var board [8][8]string // 「8 個の文字列」を 8 個持つ 2 次元配列

board[0][0] = "r" // ルークの駒を
board[0][7] = "r" // [行][列] の座標に置く

for column := range board[1] {
    board[1][column] = "p" // ポーンの駒を 1 列に並べる
}
fmt.Print(board)
```

▷ **クイックチェック 16-6**

数独のゲームを考えてみましょう。整数を 9×9 の格子に並べる宣言は、どうなりますか？

16.7 まとめ

- 配列は、要素を固定長で並べた、順序のあるコレクション。
- 複合リテラルは、配列の初期化に便利。
- range キーワードを使って配列を巡回処理できる。
- 配列の要素をアクセスするときは、必ず境界内に限定する。
- 配列は、代入したり関数に渡すとき、コピーされる。

理解できたかどうか、確認しましょう。

練習問題（chess.go）

- リスト 16–8 を拡張して、すべてのチェスの駒を、最初の位置に表示しましょう。黒の駒は、kqrbnp の小文字を使って上側に、白の駒は、KQRBNP の大文字を使って下側に置いてください[3]。
- チェスボードをきれいに表示する関数をひとつ作りましょう。
- ボードを表現するには、文字列ではなく [8][8]rune を使います。rune のリテラルは単一引用符（'）で囲み、出力には%c のフォーマット指定を使えることを、思い出しましょう。

16.8 クイックチェックの解答

▶ クイックチェック 16-1

1. planets[0]
2. 配列の要素に値を指定しないと、その配列の型でのゼロ値になります（整数型の配列では 0 です）。

▶ クイックチェック 16-2

Go コンパイラが、不正な配列インデックスを検出してくれます。

▶ クイックチェック 16-3

planets 配列には、8 個の要素があります。

```
fmt.Println(len(planets)) // 8
```

[3] 訳注：それぞれ、King、Queen、Rook、Bishop、kNight、Pawn の略です。

▶ クイックチェック 16-4

1 range キーワードを使うとループがシンプルになって、境界の外に出てしまう違反を防止できます（たとえばループの条件を i <= len(dwarfs) と書くようなミスが、なくなります）。

2 特別な巡回動作が必要なとき（たとえば逆順に辿るとか、1 つおきに辿るような場合）。

▶ クイックチェック 16-5

1 planetsMarkII 変数が受け取るのは、planets 配列のコピーです。2 つの配列は独立しているので、どちらを更新しても、互いに影響を与えません。

2 terraform 関数から、更新した [8]string 配列を返せば、main で planets 変数に、その新しい値を再代入できるでしょう。レッスン 17 のスライスと、レッスン 26 のポインタを学ぶと、その他の選択肢が手に入ります。

▶ クイックチェック 16-6

```
var grid [9][9]int
```

LESSON 17

スライス

レッスン 17 では以下のことを学びます。

- スライスを使って、太陽系の一部を「窓」から見る。
- 標準ライブラリを使って、スライスをアルファベット順に並べ替える。

私たちの太陽系にある惑星は、図 17–1 のように、地球型惑星、巨大ガス惑星、巨大氷惑星に分類されます。地球型だけに注目するには、`planets` 配列の最初の 4 個の要素を、`planets[0:4]` によってスライスします。「スライスする」といっても、`planets` 配列を実際に切り分けるのではなく、作られるのは窓か「ビュー」のようなもので、それを通して配列を見るのです。そのビューが、「スライス」と呼ばれる型です。

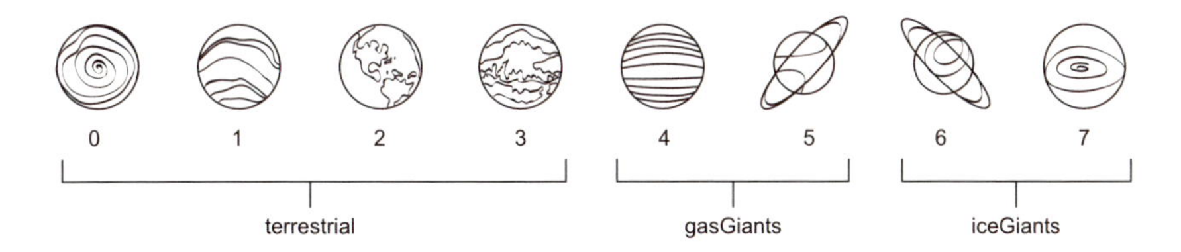

図17–1：太陽系をスライスする

17.1 配列をスライスする

スライスの範囲は、「半開」区間で指定します。たとえばリスト 17–1 で、`planets[0:4]` は、インデックス 0 の惑星から始まって、インデックス 4 の惑星の手前で終わり、インデックス 4 を含みません（このスライスに含まれるのは、インデックス 3 の地球までです）。

Column こう考えてみましょう

あなたはコレクションを、何かの方法で組織していませんか？　書庫の本棚にある本は、たとえば著者の姓名の順に並べてあるかもしれません。そのように配置すれば、著者が同じである本が一箇所に並ぶので、簡単に注目できます。スライスも、コレクションの一部に注目するために使えます。

リスト17-1：配列をスライスする（slicing.go）

```
planets := [...]string{
    "水星",
    "金星",
    "地球",
    "火星",
    "木星",
    "土星",
    "天王星",
    "海干星",     // Neptune
}

terrestrial := planets[0:4] // 地球型惑星
gasGiants := planets[4:6]   // 巨大ガス惑星
iceGiants := planets[6:8]   // 巨大氷惑星
fmt.Println(terrestrial, gasGiants, iceGiants)
// [水星 金星 地球 火星] [木星 土星] [天王星 海王星]
```

terrestrial と gasGiants と iceGiants はスライスですが、配列のようにインデックスを使えます。

```
fmt.Println(gasGiants[0]) // 木星
```

配列をスライスした結果を、またスライスすることもできます。

```
giants := planets[4:8]
gas := giants[0:2]
ice := giants[2:4]
fmt.Println(giants, gas, ice)
// [木星 土星 天王星 海王星] [木星 土星] [天王星 海王星]
```

スライスの terrestrial、gasGiants、iceGiants、giants、gas、ice は、どれも同じ planets 配列を見るビューです。スライスの要素に新しい値を代入すると、そのスライスの根底にある「基底配列」が —— この場合なら planets が —— 更新されます。その変化は、他のスライスを通しても見ることができます。

```
iceGiantsMarkII := iceGiants
// スライス（planets 配列へのビュー）をコピー

iceGiants[1] = "Poseidon" // 海王星（Neptune）を変更

fmt.Println(planets)
// [水星 金星 地球 火星 木星 土星 天王星 Poseidon]

fmt.Println(iceGiants, iceGiantsMarkII, ice)
// [天王星 Poseidon] [天王星 Poseidon] [天王星 Poseidon]
```

▷ **クイックチェック 17-1**

1 配列をスライスした結果として生じるのは？

2 planets[4:6] でスライスすると、結果に入る要素は何個？

スライスのデフォルトインデックス

配列をスライスするとき、最初のインデックスを省略すると、デフォルトで 0（先頭のインデックス）になります。最後のインデックスを省略したときのデフォルト値は、配列の長さ（バイト長）です。このため、リスト 17–1 で行ったスライシングは、次のように書くことができます。

リスト17–2：デフォルトのインデックス（slicing-default.go）

```
terrestrial := planets[:4]
gasGiants := planets[4:6]
iceGiants := planets[6:]
```

スライスのインデックスは負の値にできません。

両方のインデックスを省略したらどうなるか、おわかりでしょう。次の allPlanets 変数は、8個すべての惑星を含むスライスです。

```
allPlanets := planets[:]
```

Column

文字列をスライスする

配列をスライスする構文を、文字列にも使えます。

```
neptune := "Neptune"
tune := neptune[3:]
fmt.Println(tune) // tune
```

文字列をスライスした結果は、もうひとつの文字列です。ただし、`neptune` に新しい値を代入しても、`tune` の値は変わりません。逆も同じです。

```
neptune = "Poseidon"
fmt.Println(tune) // tune
```

インデックスが表すのはルーン数ではなく、バイト数だということを忘れないようにしましょう。

```
question := "¿Cómo estás¿"
fmt.Println(question[:6]) // ¿Cóm
```

Column

日本語の文字列をスライスする

日本語の文字列からスライスを作るときも、同様な注意が必要です。次のリストで組み込み関数 `len` は、`string` 型の長さを返しますが、その値もルーンではなくバイト単位の個数であることに注目しましょう。

```
kaiosei := "海王星"
k3 := len(kaiosei) // 日本語 3 文字のバイト数 = 9
k1 := len("海")     // 1 文字 = 3
k2 := k3 - k1       // 2 文字 = 6
fmt.Println(kaiosei[0:k1], kaiosei[k1:k2], kaiosei[k2:k3])
// 海 王 星
```

▷ **クイックチェック 17-2**

地球と火星だけが「入植された」惑星だと仮定します。`terrestrial` から `colonized` というスライスを作るには、どうしますか？

17.2 スライスのための複合リテラル

Go の関数の多くは、配列ではなくスライスを対象とします。もし基底配列の全要素を表すスライスが必要なら、まず配列を宣言してから、それを [:] でスライスするという方法があります。たとえば次のように。

```
dwarfArray := [...]string{"Ceres", "Pluto", "Haumea", "Makemake", "Eris"}
dwarfSlice := dwarfArray[:]
```

スライスを作るには、配列をスライスするほか、スライスを直接宣言するという方法も使えます。文字列のスライスは、[]string という型になります。角カッコのペアの間に値がないことに注意しましょう。この点が配列宣言と異なります。配列宣言では、角カッコの間に必ず固定長を指定します（ただし、それには省略記号も使えます）。

リスト 17–3 は、dwarfs というスライスを、おなじみの複合リテラルの構文で初期化します。

リスト17–3：いきなりスライスを作る（dwarf-slice.go）

```
dwarfs := []string{"Ceres", "Pluto", "Haumea", "Makemake", "Eris"}
```

この場合も、やはり基底配列が存在します。舞台裏では Go によって、まず 5 つの要素を持つ配列が宣言され、その全部の要素を見るスライスが作られるのです。

▷ **クイックチェック 17-3**

フォーマット指定の%T を使って、dwarfArray の型と、dwarfs スライスの型を比較しましょう。

17.3 スライスの能力

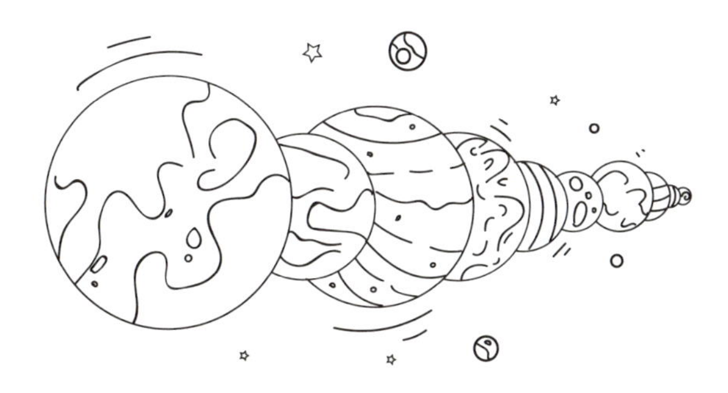

「瞬間移動のために、時空の構造を折り曲げて世界を連結する」なんて、聞いたことがありませ

んか？　リスト 17–4 の hyperspace 関数は、Go の標準ライブラリと創意工夫によって、複数の世界を表現する worlds スライスを変更し、それらを隔てるスペース（空白）を削除します。

リスト17–4：諸惑星の世界を連結する（hyperspace.go）

```
package main

import (
    "fmt"
    "strings"
)
// hyperspace は、worlds の各要素を囲む空白を取り除く
func hyperspace(worlds []string) { // この引数はスライス。配列は使えない
    for i := range worlds {
        worlds[i] = strings.TrimSpace(worlds[i])
    }
}

func main() {
    planets := []string{" Venus ", "Earth ", " Mars"} // 要素を空白で囲んでおく
    hyperspace(planets)
    fmt.Println(strings.Join(planets, "")) // VenusEarthMars
}
```

ここでは、worlds も planets もスライスです。worlds は planets のコピーですが、どちらも同じ基底配列を参照します。もし仮に、hyperspace が、worlds スライスというコピーの内容（要素の先頭や末尾の空白文字）を書き換えるのだとしたら、その変更は planets というスライスに影響を与えないでしょう。けれども hyperspace は、worlds が参照する基底配列をアクセスし、その要素を変更できます。その変更は、同じ配列の他のスライス（つまりビュー）からも見えます。

スライスは配列と比べて、他の点でも融通が利きます。スライスにも長さがありますが、その長さは型の一部ではありません。hyperspace 関数には、どんなサイズのスライスでも渡せます。

```
dwarfs := []string{" Ceres ", " Pluto"}
hyperspace(dwarfs)
```

配列が直接使われることは、ほとんどありません。gopher は融通性の高いスライスを好みます(関数に引数として渡す場合は、とくにそうです)。

▷ クイックチェック 17-4

TrimSpace と Join を、Go のパッケージドキュメント(golang.org/pkg; 日本語訳 golang.jp/pkg)で調べましょう。この 2 つは、どんな機能を提供していますか？

17.4　スライスとメソッド

Go では、基底のスライスまたは配列を使って型を定義することができます。型ができたら、それにメソッドを結び付けることができます。型に対してメソッドを宣言できる Go の機能は、他の言語のクラスと比べて融通性が高いと評価されています。

標準ライブラリの sort パッケージは、StringSlice 型を宣言しています。

```
type StringSlice []string
```

その StringSlice 型に結び付いているのが、Sort メソッドです。

```
func (p StringSlice) Sort()
```

惑星をアルファベット順に並べるために、リスト 17–5 は、まず planets を sort.StringSlice 型に変換し、その型の Sort メソッドを呼び出しています。

リスト17–5：文字列のスライスをソートする（sort.go）

```
package main

import (
    "fmt"
    "sort"
)

func main() {
    planets := []string{
        "Mercury", "Venus", "Earth", "Mars",
        "Jupiter", "Saturn", "Uranus", "Neptune",
    }
    sort.StringSlice(planets).Sort() // planets をアルファベット順にソート

    fmt.Println(planets)
    // [Earth Jupiter Mars Mercury Neptune Saturn Uranus Venus]

}
```

さらに単純化するため、sort パッケージには Strings というヘルパー関数があって、あなたの代わりに型変換を実行してから Sort メソッドを呼び出してくれます。

```
sort.Strings(planets)
```

▷ **クイックチェック 17-5**

`sort.StringSlice(planets)` は、何をしますか？

17.5 まとめ

- スライスは、窓かビューのようなもので、それを通して配列に注目する。
- `range` キーワードは、スライスの巡回処理にも使える。
- 代入または関数に渡されたスライスは、基底配列を共有する。
- スライスの初期化には複合リテラルを使うと便利。
- スライスにはメソッドを結び付けられる。

理解できたかどうか、確認しましょう。

練習問題（terraform.go）

居住できるように惑星を「テラフォーム」（地球化）しましょう。文字列スライスで、改造すべき惑星の名前に「`New` 」を前置します。あなたのプログラムで、Mars、Uranus、Neptune をテラフォームしてください[1]。

試作では `terraform` 関数を使ってかまいませんが、最終的な実装では、`terraform` メソッドを持つ `Planets` 型を導入して下さい（`sort.StringSlice` と同じ要領です）。

17.6 クイックチェックの解答

▶ **クイックチェック 17-1**

1　1 個のスライス。

2　2 個。

▶ **クイックチェック 17-2**

`colonized := terrestrial[2:]`

▶ **クイックチェック 17-3**

```
fmt.Printf("array %T\n", dwarfArray) // array [5]string
fmt.Printf("slice %T\n", dwarfs) // slice []string
```

[1] **訳注**：この実験は、リスト 17-5 をベースにします。

▶ クイックチェック 17-4

`TrimSpace` は、文字列から先頭と末尾の空白（Unicode の定義によるホワイトスペース）を取り除いたスライスを返します。

`Join` は、要素のスライスを（間にセパレータを挿入して）連結した文字列を返します。

▶ クイックチェック 17-5

`planets` 変数を、`[]string` 型から `StringSlice` 型に変換します（後者は `sort` パッケージで宣言されています）。

LESSON 18

もっと大きなスライス

レッスン 18 では以下のことを学びます。

- スライスに、より多くの要素を追加する。
- 長さと容量が果たす役割。

配列は固定された数の要素を持ちます。スライスは、そういう固定長の配列を見るビューにすぎません。プログラミングでは、必要に応じて成長する可変長の配列が、しばしば必要になります。Go では、スライスと、組み込み関数 append の組み合わせから、可変長配列の機能が得られます。このレッスンでは、その仕組みを深く調べていきましょう。

Column **こう考えてみましょう**

蔵書が本棚に入りきらなくなったことがありませんか？　それとも、ご家族が増えて、家やクルマに入りきらなくなったことは？

本棚と同じく、配列にも、ある種の容量があります。配列の本棚で、実際に本が並んでいる部分にだけ注目しているスライスは、その本棚の容量に達するまで広げることができます。もし本棚がいっぱいになったら、もっと大きな本棚に、すべての本を移し換えます。その後は、前より大きな容量を持つ新しい本棚に注目します。

18.1　append 関数

IAU（International Astronomical Union：国際天文台連合）は、私たちの太陽系で 5 個の準惑星を認めていますが、まだ他にもありそうです。より多くの要素を dwarfs スライスに追加するには、リスト 18-1 のように組み込み関数 append を使えます。

リスト18-1：より多くの準惑星（append.go）

```
dwarfs := []string{"Ceres", "Pluto", "Haumea", "Makemake", "Eris"}
dwarfs = append(dwarfs, "Orcus")
fmt.Println(dwarfs)
// [Ceres Pluto Haumea Makemake Eris Orcus]
```

この append 関数は、Println と同じく「可変個引数」関数なので、1 回の呼び出しで複数の要素を追加できます。

```
dwarfs = append(dwarfs, "Salacia", "Quaoar", "Sedna")
fmt.Println(dwarfs)
// [Ceres Pluto Haumea Makemake Eris Orcus Salacia Quaoar Sedna]
```

dwarfs スライスは、最初は 5 個の要素を持つ配列を見るビューだったのに、上記のコードでは、さらに 4 個の要素が追加されます。なぜ可能なのでしょうか。それを調べる前に、「容量」と、組み込み関数 cap を理解する必要があります。

▷ クイックチェック 18-1

リスト 18-1 には、いくつの準惑星がありますか？　判定には、どの関数を使えますか？

18.2 長さと容量

スライスを通して見える要素の数によって、そのスライスの「長さ」が決まります。もしスライスの基底配列が、それより大きければ、スライスの「容量」に、まだ成長の余地があります。

次のリストでは、スライスの長さと容量を表示する dump 関数を宣言しています。

リスト18-2：len と cap（slice-dump.go）

```
package main

import "fmt"

// dump は、スライスの長さと容量と内容をダンプする
func dump(label string, slice []string) {
    fmt.Printf("%v: 長さ %v, 容量 %v %v\n",
        label, len(slice), cap(slice), slice)
}

func main() {
    dwarfs := []string{"Ceres", "Pluto", "Haumea", "Makemake", "Eris"}
    dump("dwarfs", dwarfs)
    // dwarfs: 長さ 5, 容量 5 [Ceres Pluto Haumea Makemake Eris]

    dump("dwarfs[1:2]", dwarfs[1:2])
    // dwarfs[1:2]: 長さ 1, 容量 4 [Pluto]
}
```

dwarfs[1:2] によって作られるスライスは、長さは 1 ですが、4 個の要素を格納できる容量を持っています。

▷ **クイックチェック 18-2**

なぜ dwarfs[1:2] のスライスに、4 という容量があるのですか？

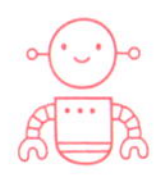

18.3 append 関数を研究する

リスト 18–2 の dump 関数を使って、append が容量に与える影響を見ましょう。

リスト18–3：スライスへのアペンド（slice-append.go）

```
dwarfs1 := []string{"Ceres", "Pluto", "Haumea", "Makemake", "Eris"}
dump("dwarfs1", dwarfs1)
// … 長さ 5, 容量 5 …

dwarfs2 := append(dwarfs1, "Orcus")
dump("dwarfs2", dwarfs2)
// … 長さ 6, 容量 10 …

dwarfs3 := append(dwarfs2, "Salacia", "Quaoar", "Sedna")
dump("dwarfs3", dwarfs3)
// … 長さ 9, 容量 10 …
```

dwarfs1 の基底配列には、Orcus を追加するのに十分な容量がありません。だから append は、dwarf1 の内容を、2 倍の容量を持つ新規に割り当てた配列にコピーします（図 18–1）。dwarfs2 というスライスは、その新規に割り当てられた配列を参照します。追加された容量に、たまたま次

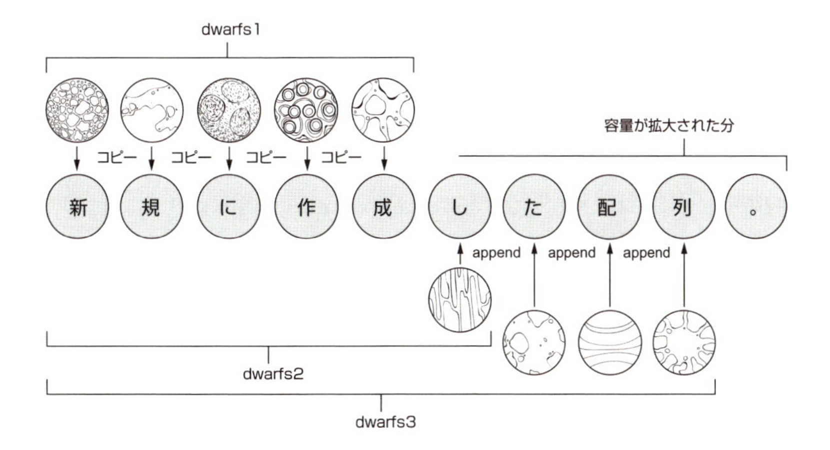

図18–1：append は、必要に応じて容量を拡大した新しい配列を割り当てる

のアペンドに十分な余地があったからです。

dwarfs2 と dwarfs3 が、dwarfs1 とは違う配列を参照していることは、要素を 1 個書き換えて、これら 3 つのスライスを出力すれば、分かるでしょう。

▷ **クイックチェック 18-3**

もしリスト 18-3 で、dwarfs3 の要素を 1 個書き換えたら、dwarfs2、dwarfs1 は、どう変わりますか？

```
dwarfs3[1] = "Pluto!"
```

18.4 インデックス 3 個のスライシング

Go のバージョン 1.2 で「インデックス 3 個のスライシング」が導入され、作成されるスライスの容量を制限できるようになりました。リスト 18-4 では、terrestrial の長さが 4 で、容量も 4 です。これにケレスを追加すると、新たな配列が割り当てられ、planets 配列は変更なしで残されます。

リスト18-4：スライシング後の容量（three-index-slicing.go）

```
planets := []string{
    "Mercury", "Venus", "Earth", "Mars",
    "Jupiter", "Saturn", "Uranus", "Neptune",
}

terrestrial := planets[0:4:4] // 長さ 4, 容量 4
// [Mercury Venus Earth Mars]

worlds := append(terrestrial, "ケレス") // 長さ 5, 容量 8
// [Mercury Venus Earth Mars ケレス]

fmt.Println(planets) // 長さ 8, 容量 8
// [Mercury Venus Earth Mars Jupiter Saturn Uranus Neptune]
```

もし 3 個目のインデックスを指定しなければ、terrestrial の容量は 8 になります。それからケレスを追加しても、新しい配列の割り当ては行われず、その代わりに Jupiter（木星）が上書きされます。

```
terrestrial = planets[0:4] // 長さ 4, 容量 8
// [Mercury Venus Earth Mars]

worlds = append(terrestrial, "ケレス") // 長さ 5, 容量 8
// [Mercury Venus Earth Mars ケレス]
```

```
fmt.Println(planets) // 長さ 8, 容量 8
// [Mercury Venus Earth Mars ケレス Saturn Uranus Neptune]
```

Jupiter を上書きしたい場合を除いて、スライスを取りたいときは、常に「インデックス 3 個のスライシング」[1]をデフォルトとすべきでしょう。

▷ **クイックチェック 18-4**

3 個のインデックスを使うスライシングは、どんなときに使えばいいでしょうか？

18.5 make でスライスを事前に割り当てる

append するのに容量が不足する場合、Go は新しい配列を割り当てて、古い配列の内容をコピーしなければなりません。組み込みの make 関数を使ってスライスの「事前割り当て」を行えば、臨時に実行される割り当てとコピーを防ぐことができます。

リスト 18–5 では make 関数で、dwarfs スライスの長さ（0）と容量（10）を指定しています。dwarfs には、容量不足で新しい配列の割り当てが必要になるまで、最大 10 個の要素を append で追加できます。

リスト18–5：スライスを作成（slice-make.go）

```
dwarfs := make([]string, 0, 10)
dwarfs = append(dwarfs, "Ceres", "Pluto", "Haumea", "Makemake", "Eris")
```

容量の引数はオプションです。長さと容量が 10 の状態から始めるには、make([]string, 10) を指定できます。10 個の要素には、すべて、その型のゼロ値（この場合は空文字列）が初期値として含まれます。組み込みの append 関数を呼び出すと、11 個めの要素が追加されます。

▷ **クイックチェック 18-5**

make でスライスを作成する方法の利点は？

18.6 可変個引数関数を宣言する

Printf と append は、引数の個数が可変なので、「可変個引数」関数です。可変個引数関数を宣言するには、リスト 18–6 のように、省略記号（...）を最後のパラメータに前置して使います。

[1] **訳注**：この方式でスライシングする式を「完全スライス式」、2 個のインデックスしか使わない式を「簡易スライス式」と呼びます。

リスト18-6：可変個引数関数（variadic.go）

```
func terraform(prefix string, worlds ...string) []string {

    // worlds を直接更新する代わりに新しいスライスを作成
    newWorlds := make([]string, len(worlds))

    for i := range worlds {
        newWorlds[i] = prefix + " " + worlds[i]
    }
    return newWorlds
}
```

worlds パラメータは、terraform に渡される 0 個以上の引数を含む、文字列のスライスです。

```
twoWorlds := terraform("New", "Venus", "Mars")
fmt.Println(twoWorlds)
// [New Venus New Mars]
```

複数個の引数の代わりに 1 個のスライスを渡すときは、スライスを省略記号で拡張します。

```
planets := []string{"Venus", "Mars", "Jupiter"}
newPlanets := terraform("New", planets...)
fmt.Println(newPlanets)
// [New Venus New Mars New Jupiter]
```

もし terraform が、worlds パラメータの要素を変更するのだとしたら、planets スライスも変更されるでしょう。terraform 関数は、newWorlds を使うことによって、渡された引数の変更を防止しています。

▷ **クイックチェック 18-6**

省略記号（...）の用途を 3 つ挙げてください。

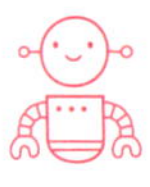

18.7 まとめ

- スライスは長さと容量を持つ。
- 容量が不足したとき、組み込みの append 関数は、新しい基底配列を割り当てる。
- スライスの事前割り当てに、make 関数を使える。
- 可変個引数関数は、（1 個のスライスに入れて渡される）複数の引数を受け取る。

理解できたかどうか、確認しましょう。

練習問題（capacity.go）

1個の要素をループを使って連続的にスライスにアペンドするプログラムを書きます。そしてスライスの容量を、変化したときにだけ表示します。基底配列が容量不足になったとき、append は、いつも容量を2倍にするでしょうか？

18.8　クイックチェックの解答

▶ クイックチェック 18-1

スライスは9個の準惑星を含んでいます。この数は、組み込み関数 len によって判定できます。

```
fmt.Println(len(dwarfs)) // 9
```

▶ クイックチェック 18-2

たとえ長さが1でも、Pluto Haumea Makemake Eris から、それらを格納できる容量4を得ています。

▶ クイックチェック 18-3

dwarfs3 と dwarfs2 が変化し、dwarfs1 は、変わりません。別の配列を参照しているからです。

▶ クイックチェック 18-4

逆に、3個のインデックスでスライシングしたくないのは、どんなときでしょうか。とくに基底配列の要素を上書きしたいのでなければ、3個のインデックスを使ってスライスの容量を設定するほうが、はるかに安全です。

▶ クイックチェック 18-5

make で事前割当を行うと、容量の初期値を設定できます。これによって、あとで基底配列を拡大するために追加の割り当てとコピーが行われるのを防止できます。

▶ クイックチェック 18-6

1. 配列のための複合リテラルにある要素の数を、Go コンパイラに数えてもらう。
2. 可変個引数関数の最後のパラメータで、スライスとして渡される0個以上の引数を獲得する。
3. スライスの要素を拡張して、関数に渡す引数群にする。

LESSON 19

守備範囲が広いマップ

レッスン 19 では以下のことを学びます。

- 組織化されていないデータのコレクションとしてマップを使う。
- マップを宣言とアクセスと巡回処理。
- マップ型の多種多様な用途の探究。

マップは、何かを探すときに便利です。といっても、Google マップや地図の話ではありません。Go は、キーを値に「マップ」（写像）する、マップコレクションを提供します。配列やスライスでは、シーケンシャル（連続的）な整数をインデックスとしますが、マップのキーには、さまざまな型を使えます。

マップと違う名前で呼ばれている同種のコレクションがあります。Python では「辞書」、Ruby では「ハッシュ」、JavaScript では「オブジェクト」です。PHP の「連想配列」と Lua の「テーブル」は、マップと伝統的な配列と両方の役割を果たします。

とくにマップが便利なのは、「組織化されていないデータ」のキーを、プログラムの実行中に決める場合です。スクリプト言語で書かれるプログラムには、マップを「組織化されたデータ」にも使う傾向があります（こちらは、キーが事前に判明しているデータです）。そういう場合、Go ではレッスン 21 で学ぶ構造体型が、より適しています。

Column

こう考えてみましょう

マップはキーに値を割り当てます。これは書籍の索引に便利です。タイトルだけ知っている本を探すとき、図書館や書店の書棚に並んでいる本を端から順に見てまわるのと同様に、配列を巡回処理してタイトルを探すのにも、やはり時間がかかるでしょう。この用途には、本のタイトルをキーとするマップ（索引）のほうが高速です。
キーから値へのマップが役立つ状況として、ほかに、どんなものがあるでしょう？

19.1 マップを宣言する

マップのキーには、大概の型を使えます。この点が、キーの代わりに連続番号（整数型のインデックス）を使う配列やスライスと違っています。Go ではキーと値に型を指定する必要があります。string 型のキーと、int 型の値を持つマップを宣言するには、図 19-1 に示す、map[string]int という構文を使います。

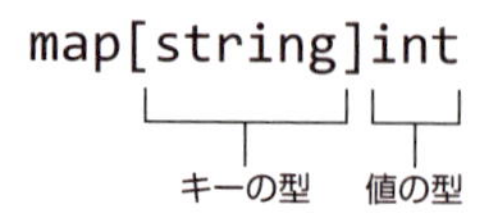

図19-1：文字列のキーと整数の値を持つマップ

リスト 19-1 の temperature というマップには、NASA の NSSDC（米国宇宙科学データセンター）が提供する惑星ファクトシート（https://nssdc.gsfc.nasa.gov/planetary/factsheet/）から得た、摂氏による地表の「平均温度」が含まれています。マップは他のコレクション型と同じように、複合リテラルを使って宣言と初期化を行えますが、それぞれの要素に合った型のキーと値を指定します。マップの値をキーで検索したり、マップに新しい値を代入または追加するときは、角カッコのペア（[と]）を使います。

リスト19-1：平均温度のマップ（map.go）

```
temperature := map[string]int{
    "Earth": 15,  // 複合リテラル：マップではキーと値のペア
    "Mars": -65,
}

temp := temperature["Earth"]
fmt.Printf("平均すると、地球は%v°C.\n", temp)
// 平均すると、地球は 15°C.

temperature["Earth"] = 16 // ちょっと気候変動
temperature["Venus"] = 464 // 金星

fmt.Println(temperature)
// map[Earth:16 Mars:-65 Venus:464]
```

もしマップに存在しないキーをアクセスしたら、結果は、値の型（int）のゼロ値になります。

```
moon := temperature["Moon"]
fmt.Println(moon) // 0
```

Go が提供する「カンマ, ok の構文」を使って、マップに「Moon」が存在しない場合と、マップに存在するけれど温度が 0°C である場合とを区別できます[1]。

```
if moon, ok := temperature["Moon"]; ok { // カンマ, ok の構文
    fmt.Printf("平均すると、月は%v°C.\n", moon)
} else {
    fmt.Println("月はどこ？ ")
}
```

moon 変数には、「Moon」キーで見つかった値か、ゼロ値が入ります。追加の ok 変数は、もしキーが存在すれば true に、そうでなければ false になります。

「カンマ, ok」の構文で、ok 以外の変数名を使うことも可能です。

```
temp, found := temperature["Venus"]
```

▷ **クイックチェック 19-1**

1 64 ビット浮動小数点型をキーとして、整数型を値として使うマップの宣言には、どんな型を使いますか？

2 リスト 19-1 を書き換えて、「Moon」キーが 0 の値で存在するようにした場合、「カンマ, ok」構文の結果は、どうなりますか？

19.2 マップはコピーされません

レッスン 16 で学んだように、配列は、新たな変数に代入されるか、関数あるいはメソッドに渡されるとき、コピーされます。int や float64 のようなプリミティブ型も、同様です。

マップの振る舞いは、違います。リスト 19-2 では、planets も planetsMarkII も同じ基底配列を共有します。ご覧のように、片方に変更を加えると、もう片方に影響を与えます。これは、ちょっとまずいかもしれません。

[1] **訳注**：戻り値が 0 でもエラーを表現しない strconv.Atoi のような関数は、通常の結果を示す第 1 の戻り値に続いて、カンマの後に置かれる第 2 の値（エラーなら false になるブール値）も返します。呼び出し側で成功か失敗かを判定するために、第 2 の値を ok 変数で受けるのが、「カンマ, ok」の構文です。ok の値が true なら、第 1 の値を正しい結果として問題なく使えます。

リスト19-2：同じデータを参照している！（whoops.go）

```
planets := map[string]string{
    "地球": "Sector ZZ9",
    "火星": "Sector ZZ9",
}

planetsMarkII := planets
planets["地球"] = "whoops" // 値を変更

fmt.Println(planets)
// map[地球:whoops 火星:Sector ZZ9]

fmt.Println(planetsMarkII)
// map[地球:whoops 火星:Sector ZZ9]

delete(planets, "地球") // マップから削除

fmt.Println(planetsMarkII)
// map[火星:Sector ZZ9]
```

組み込みの`delete`関数は、要素をマップから削除します。その影響は、`planets`と`planetsMarkII`の両方に及びます。もしマップを関数やメソッドに渡したら、そのマップの内容を書き換えられる可能性があります。この振る舞いは、同じ基底配列を参照する複数のスライスに似ています。

▷ クイックチェック 19-2

1　リスト19-2で、`planets`に対する変更が、`planetsMarkII`にも反映される理由は？

2　組み込みの`delete`関数は、何をしますか？

19.3　makeでマップを事前に割り当てる

マップとスライスには、もうひとつ共通点があります。複合リテラルで初期化するのでなければ、マップは組み込みの`make`関数で割り当てる必要があるのです。

マップの場合、`make`は1個か2個のパラメータしか受け取りません。第2のパラメータを指定すると、その数のキーが入る空間を事前に割り当てます（スライスの容量と、よく似ています）。ただし`make`を使うと、マップの長さは初期値として必ずゼロになります。

```
temperature := make(map[float64]int, 8)
```

▷ **クイックチェック 19-3**

マップを make で事前に割り当てることの利点は、何だと思いますか？

19.4 マップを使って計測する

リスト 19-3 のコードは、MAAS API（https://github.com/ingenology/mars_weather_api）から取った温度値の出現頻度を求めます。もし frequency をスライスにしたら、キーとして連続する整数値を使うので、実際には 1 回も発生しない温度値を数えるため、基底配列に余分なスペースを予約しておく必要が生じるでしょう。この場合は、明らかにマップを選ぶほうが有利です。

リスト19-3：温度値の出現頻度（frequency.go）

```
temperatures := []float64{
    -28.0, 32.0, -31.0, -29.0, -23.0, -29.0, -28.0, -33.0,
}

frequency := make(map[float64]int)

// スライスを反復処理
for _, t := range temperatures { // インデックスと値
    frequency[t]++
}

// マップを反復処理
for t, num := range frequency { // キーと値
    fmt.Printf("%+.2f の出現は%d 回です\n", t, num)
}
```

range キーワードを使って行う巡回処理の働きは、スライスも配列もマップも同様ですが、繰り返しのたびにマップが提供するのは、インデックスと値ではなく、キーと値です。Go のマップではキーの順序に保証がないので、出力は実行するたびに変わるかもしれません。

▷ **クイックチェック 19-4**

マップの巡回処理で、2 つの変数には何が記入されますか？

19.5 マップとスライスによってデータをグループに分ける

温度値の出現頻度を調べる代わりに、温度データを 10°C ずつ分けたグループに入れましょう。そのために、次のリストでは、グループから、そのグループに属する温度値を入れたスライスへの、マップを作ります。

リスト19-4：スライスのマップ（group.go）

```
temperatures := []float64{
    -28.0, 32.0, -31.0, -29.0, -23.0, -29.0, -28.0, -33.0,
}

// キーが float64 で、値が []float64 のマップ
groups := make(map[float64][]float64)

for _, t := range temperatures {

    // 温度を、-20, -30 など、下方に丸める
    g := math.Trunc(t/10) * 10
    groups[g] = append(groups[g], t)
}

for g, temperatures := range groups {
    fmt.Printf("%v: %v\n", g, temperatures)
}
```

上記のリストからは、次のような出力が得られます。

```
30: [32]
-30: [-31 -33]
-20: [-28 -29 -23 -29 -28]
```

▷ **クイックチェック 19-5**

var groups map[string][]int という宣言で、キーと値は、それぞれ何型ですか？

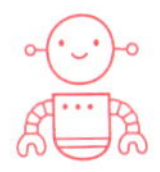

19.6 マップをセットとして使う

セット（集合）は、配列に似たコレクションですが、どの要素も必ず 1 つだけ存在する（重複しない）という点が違います。Go では set という名のコレクションは提供されませんが、次のリストに示すように、いつでもマップで代用できます。セットの値は何でも良いのですが、メンバかどうかをチェックするには、true を使うのが便利です。もしある温度がマップにあって、しかも値が true ならば、その温度はセットのメンバです。

リスト19-5：即席のセット（set.go）

```
var temperatures = []float64{
    -28.0, 32.0, -31.0, -29.0, -23.0, -29.0, -28.0, -33.0,
}

// ブール値を持つマップを作成
set := make(map[float64]bool)

for _, t := range temperatures {
    set[t] = true
}

// メンバかどうかのテスト
if set[-28.0] {
    fmt.Println("セットのメンバ")
}

fmt.Println(set)
// map[-31:true -29:true -23:true -33:true -28:true 32:true]
```

ご覧のように、このマップ（set）では、それぞれの温度に含まれるキーは 1 個だけで、重複は消されます。ただし Go ではマップのキーの順序が任意なので、ソートを実行する前に、temperatures をスライスに戻しておく必要があります。

```
unique := make([]float64, 0, len(set))
for t := range set {
    unique = append(unique, t)
}
sort.Float64s(unique)
fmt.Println(unique)
// [-33 -31 -29 -28 -23 32]
```

▷ **クイックチェック 19-6**

32.0 がセットのメンバであることをチェックする方法は？

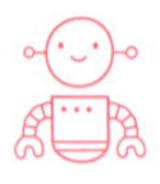

19.7 まとめ

- マップは、組織化されていないデータの多用途なコレクションである。
- マップの初期化には複合リテラルを使うのが便利。
- `range` キーワードでマップを巡回処理できる。
- 代入または関数呼び出しで渡されたマップは、元と同じ基底データを共有する。
- コレクションは、他のコレクションと組み合わせると、さらに強力になる。

理解できたかどうか、確認しましょう。

練習問題（words.go）

文章の文字列に含まれるワード（英単語）の出現頻度を数え、それぞれの数を含むワード群をマップにして返す関数を書いてください。この関数では、テキストを小文字に変換し、ワードを取り囲む句読点を取り除く処理も行います。`string` パッケージには、文字列を空白文字で分割する `Fields`、小文字にする `ToLower`、先頭と末尾から指定の文字を削除する `Trim` など、便利な関数が含まれています。

その関数を使って、次の文章[2]に含まれるワードの出現頻度を数えてから、2 回以上出現したワードについて、回数を表示してください。

> As far as eye could reach he saw nothing but the stems of the great plants about him receding in the violet shade, and far overhead the multiple transparency of huge leaves filtering the sunshine to the solemn splendour of twilight in which he walked. Whenever he felt able he ran again; the ground continued soft and springy, covered with the same resilient weed which was the first thing his hands had touched in Malacandra. Once or twice a small red creature scuttled across his path, but otherwise there seemed to be no life stirring in the wood; nothing to fear?except the fact of wandering unprovisioned and alone in a forest of unknown vegetation thousands or millions of miles beyond the reach or knowledge of man.
>
> – C.S. Lewis, ”Out of the Silent Planet”

（`https://gutenberg.ca/ebooks/lewiscs-outofthesilentplanet/lewiscs-outofthesilentplanet-00-h.html`）

[2] **訳注**：英国の作家 C. S. ルイスによる、1938 年に出版された小説の、プロジェクト・グーテンベルクによる HTML 版から。文庫化された邦訳、『別世界物語 1 マラカンドラ　沈黙の惑星を離れて』（中村妙子訳、筑摩書房、1987 年）の 68 ページに、該当するセンテンスがあります。

19.8 クイックチェックの解答

▶ クイックチェック 19-1

1. そのマップの型は、map[float64]int です。
2. ok の値が true になります。

```
temperature := map[string]int{
    "Earth": 15,
    "Mars": -65,
    "Moon": 0,
}

if moon, ok := temperature["Moon"]; ok {
    fmt.Printf("平均すると、月は%v°C.\n", moon)
    // 平均すると、月は 0°C.
} else {
    fmt.Println("月はどこ？ ")
}
```

▶ クイックチェック 19-2

1. planetsMarkII 変数が、planets と同じ基底データを参照しているから。
2. delete 関数は、要素を 1 個、マップから削除します。

▶ クイックチェック 19-3

スライスと同様で、マップの初期サイズを指定することにより、そのマップがあとで大きくなったときコンピュータが行う仕事の量を節約できます。

▶ クイックチェック 19-4

マップにある個々の要素の、値とキーです。

▶ クイックチェック 19-5

groups は、string 型のキーを持ち、値は整数のスライスです。

▶ クイックチェック 19-6

```
if set[32.0] {
    // セットのメンバ
}
```

LESSON 20

チャレンジ：ライフのスライス

このチャレンジでは、「コンウェイのライフゲーム」[1]と呼ばれる「過疎と過密と繁殖のシミュレーション」を構築します。

生命のシミュレーションは、セルの2次元グリッドで展開されます（チャレンジでは実装にスライスを使います）。それぞれのセルは、左右と上下と斜め、合計8個の隣接セルを持ちます。ある世代で、個々のセルが「生きている隣接セル」を、いくつ持っているかによって、そのセルが次の世代まで生きのびるか死ぬかが決まります。

[1] **訳注**：英文Wikipediaの「Conway's Game of Life」に詳しい解説があります（日本語ウィキペディアでは、「ライフゲーム」という項目です）。これについて深く論じた『The Recursive Universe』という本の翻訳、『ライフゲイムの宇宙』（ウィリアム・パウンドストーン著、有澤誠訳、日本評論社、1990年）は、2003年に同社より新装版として復刊されています。

20.1 新しい世界

ライフゲームの最初の実装では、世界を固定サイズに制限します。グリッドの寸法を決めたうえで、いくつかの定数を定義します。

```
const (
    width = 80
    height = 15
)
```

次に、世界を表す Universe 型を、セルの 2 次元フィールドを格納するものとして定義します。ブール型である個々のセルは、死んでいる（false）か、生きている（true）かの、どちらかです。

```
type Universe [][]bool
```

このように、世界を配列ではなくスライスで表現するのは、関数またはメソッドで世界を共有し、その内容（セル）を書き換えることを可能にするためです。

レッスン 26 で紹介するポインタを導入すると、関数やメソッドで配列を直接共有できるようになります。

世界を新規作成する NewUniverse 関数を書きましょう。これは、height 行を持ち、各行に width 個のカラムを持つ universe を、make を使って割り当てて返す関数です。

```
func NewUniverse() Universe
```

新たに割り当てられたスライスは、デフォルトでゼロ値を持ちます。これは false なので、世界は空の状態から始まります。

世界を見る

fmt パッケージを使って、世界を画面に表示するメソッドを書きましょう。生きているセルはアスタリスク（*）で、死んでいるセルはスペースで表現します。1 行表示したあとの改行を、お忘れなく。

```
func (u Universe) Show()
```

main 関数を書いて、そこから NewUniverse と Show を呼び出し、世界の新規作成と表示を行います。まだ世界が空の状態ですが、先に進む前に、この段階でプログラムを実行できることを、必ずテストしましょう。

生きたセルの種を蒔く

およそ 25%のセルをランダムに生かす（true にする）Seed メソッドを書きます。

```
func (u Universe) Seed()
```

Intn 関数を使うために、math/rand をインポートする必要があります。完成したら、main を更新して、Seed で世界にライフの種を蒔き、その成果を Show で表示しましょう。

20.2　ゲームのルールを実装する

「コンウェイのライフゲーム」のルールを、次に示します。

- 生きているセルは、生きている隣接セルが 2 個に満たないと、死にます。
- 生きているセルは、生きている隣接セルが 2 個か 3 個であれば、次の世代まで生き続けます。
- 生きているセルは、生きている隣接セルが 3 個を超えると、死にます。
- 死んでいるセルは、生きている隣接セルが 3 個ならば、生きているセルになります。

これらのルールを実装するには、次の 3 つのステップに分け、それぞれ 1 個のメソッドにすると良いでしょう。

- セルが生きているかどうかを判定する。
- 生きている隣接セルを数える。
- ロジックによって、セルが次の世代まで生きるか、それとも死ぬかを決定する。

セルは生きているか？

あるセルが死んでいるか、それとも生きているかを判定するのは簡単でしょう。Universe スライスで、そのセルの値を調べます。もしブール値が true なら、そのセルは生きています。

Universe 型に対して、次のシグネチャを持つ Alive（生きている）メソッドを書きましょう。

```
func (u Universe) Alive(x, y int) bool
```

セルが世界の外側にあったら、話がやっかいになります。(-1,-1) は、死んでいるのか、生きているのか、どちらでしょう。80×15 のグリッドで、(80, 15) は、死んでいるのか、それとも生きているのか？

この問題に対処するため、世界のラップアラウンドを行います。(0,0) の上にある隣接セルは、(0,-1) ではなく、(0,14) にするのです。y がグリッドの height を超えないようにするには、まず y に height を加算し、閏年の計算にも使った剰余演算子%によって、その y を height で割った余りを使います。x と width も、同じように扱います。

隣接セルを数える

指定されたセルについて、生きている隣接セルの数（0 から 8 まで）を数える Neighbors メソッドを書きましょう。ここでは Universe のデータを直接アクセスする代わりに、世界のラップアラウンドを行う Alive メソッドを利用します。

```
func (u Universe) Neighbors(x, y int) int
```

8 方向に隣接するセルだけを数えて返します（指定されたセル自身はカウントに入れません）。

ゲームのロジック

以上で、セルの生存条件となる隣接セル数（2 個か、3 個か、それ以外か）が定まるので、このセクションの最初に示したロジックを実装できます。そのための Next メソッドを書きましょう。

```
func (u Universe) Next(x, y int) bool
```

このメソッドは世界を直接書き換えません。そのセルが次の世代で死ぬか生きるかを返します。

20.3 並行世界

シミュレーションを完成させるには、世界にあるセルを巡回して、次の状態を Next メソッドで決めていく必要があります。

ただし、1 つ落とし穴があります。隣接セルは、変更前の世界の状態に基づいて、数える必要があります。もし世界を直接書き換えたら、その変更が、周囲にあるセルの隣接セル数に影響を及ぼしてしまいます。

単純な解決策として、同じサイズの世界を 2 つ作るという方法があります。世界 A の状態を読みながら、世界 B のセルを設定していくのです。この処理を実行する Step 関数を書きましょう。

```
func Step(a, b Universe)
```

いったん世界 B に次の世代が設定されたら、AB2 つの世界を交換して、また繰り返します。

```
a, b = b, a
```

新しい世代を表示する前に、画面をクリアするには、「\x0c」という特殊な ASCII エスケープシーケンスを表示します。それから世界を表示し、`time` パッケージの `Sleep` 関数を使って、アニメーションの速度を落とします。

Go Playground 以外の環境では、画面をクリアするのに、他の機構が必要になります。たとえば macOS では、「`\033[H`」です[2]。

以上で、「ライフゲーム」シミュレーションを完成させて、Go Playground で実行する準備は、整っているはずです。

[2] **訳注**：Windows のコマンドプロンプトでは、ANSI のエスケープを利用できないケースもあるので、よく調べる必要があるかもしれません。

UNIT

5　状態と振る舞い

Goでは、値が「状態」を表現します（たとえばドアなら開いているか閉じているか）。関数とメソッドは、「振る舞い」を定義します。振る舞いというのは、たとえばドアを開くなど、状態に対するアクション（動作）です。

プログラムは、大きくなるにつれて管理と保守が難しくなります（適切なツールを使っていれば、話は別ですが）。

独立して開け閉めできるドアが、いくつか存在するとしたら、ドアの状態と振る舞いを1つにまとめておくと便利です。プログラミング言語では、もっと抽象的な観念（たとえば「開くことができるもの」）も表現できます。そうしておけば、ある夏の暑い日に、開けられるものならドアでも窓でも、すべて開けることができるでしょう！

こういったアイデアを表現する専門用語は、オブジェクト指向、カプセル化、ポリモーフィズム（多相）、コンポジション（合成）など、数多く存在します。このユニットのレッスンでは、これらの概念を説明しながら、オブジェクト指向設計に対するGoの（どちらかといえばユニークな）アプローチを示します。

LESSON 21

構造体

レッスン 21 では以下のことを学びます。

- 火星の座標を示す簡単な構造体を作る。
- 構造体を、一般的な JSON データフォーマットにエンコード（符号化）する。

私たちが乗るクルマは、多くの部品（パーツ）で構成されます。それぞれの部品に、値（あるいは状態）があるでしょう。エンジンが ON だとか、ホイールが回転しているとか、バッテリーが満充電だとか。それらの値に別々の変数を使うのは、クルマが整備工場に入ってバラバラに分解されている状態に似ています。同様な例として、建物には開いている窓や、鍵を開けたドアがあるでしょう。部品の組み立てや、建物の構築ができるように、Go は「構造体」型を提供します。

Column こう考えてみましょう

コレクションは同じ型の集まりですが、「構造体」を使えば、種類の異なるものを集めて 1 つのグループにできです。あなたの身の回りに、構造体によって表現できそうなものがありませんか？

21.1 構造体を宣言する

たとえば座標は、簡単な構造体にできそうです。緯度（latitude）と経度（longitude）は、どこを表現するにもペアで使われます。もし構造体がなければ、2 つの場所の間で距離を計算する関数は、次のように 2 対の座標データを必要とするでしょう。

```
func distance(lat1, long1, lat2, long2 float64) float64
```

これでも使えますが、それぞれ独立した座標値を渡すのでは間違いが生じやすく、いちいち面倒な処理になってしまいます。緯度と経度は、合わせてひとつの単位であり、構造体を使えば、そのように扱うことができます。

リスト 21-1 にある `curiosity` 構造体は、緯度と経度の浮動小数点型フィールドを持つものとして宣言されています。フィールドの 1 つに値を代入するときや、フィールドの値をアクセスするときは、「ドット記法」を使います。次のように、変数名とドット（.）とフィールド名を、順に並べて書くのです。

リスト21-1：簡単な構造体を使う（struct.go）

```
var curiosity struct {
    lat float64
    long float64
}

// 構造体のフィールドに値を代入する
curiosity.lat = -4.5895
curiosity.long = 137.4417

fmt.Println(curiosity.lat, curiosity.long)
// -4.5895 137.4417

fmt.Println(curiosity)
// {-4.5895 137.4417}
```

`Print` ファミリーの関数で、構造体の内容を表示できます。

マーズ・キュリオシティというローバーは、火星の探査を「ブラッドベリ着陸地点」から開始しました。その座標は、南緯 4 度 35 分 22.2 秒、東経 137 度 26 分 30.1 秒です[1]。リスト 21-1 では、ブラッドベリ着陸地点の緯度と経度が 10 進法で表現されています。この形式では、図 21-1 に示すように、正の緯度が北緯、正の経度が東経です。

[1] **訳注**：これを「4°35'22.2" S, 137°26'30.1" E」と書くのが、DMS（degrees/minutes/seconds）形式の地理座標です。

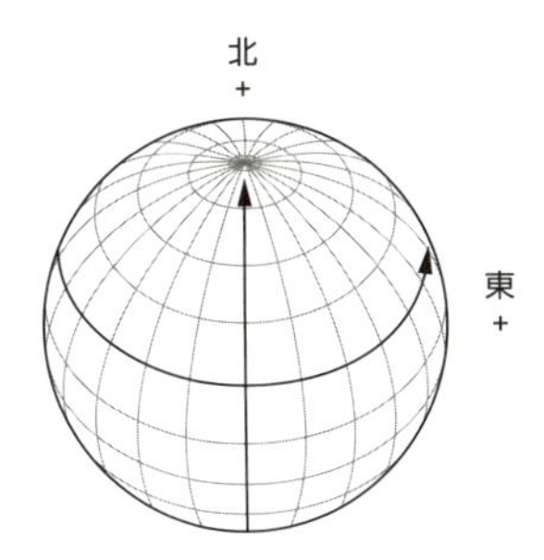

図21-1：緯度と経度

▷ **クイックチェック 21-1**

1 独立した変数と比べて、構造体には、どんな利点がありますか？

2 ブラッドベリ着陸地点の標高は、火星の基準面からマイナス 4,400 メートルほどです[2]。もし `curiosity` に標高を表す `altitude` フィールドがあったら、-4400 という値を代入するには、どう書きますか？

21.2 型で構造体を再利用する

同じフィールド群を持つ複数の構造体が必要なときは、レッスン 13 で作った `celsius` 型と同じように、その型を定義できます。リスト 21-2 で宣言している `location` 型は、スピリット・ローバーを着陸地点の「コロンビアメモリアルステーション」に、オポチュニティ・ローバーを「チャレンジャーメモリアルステーション」に、それぞれ置くために使われています。

リスト21-2：location 型（location.go）

```
type location struct {
    lat float64
    long float64
}

var spirit location // location 型を再利用
spirit.lat = -14.5684
spirit.long = 175.472636
```

[2] **訳注**：キュリオシティの着陸地点は、とても深いクレーターの中央丘にあります。そのゲール（Gale）クレーターは、広大なエリシウム平原（Elysium Planitia）の南端にあり、後のセクションで登場する探査機「インサイト」の着陸地点も、同じ平原のなかにあります。

```
var opportunity location // location 型を再利用
opportunity.lat = -1.9462
opportunity.long = 354.4734

fmt.Println(spirit, opportunity)
// {-14.5684 175.472636} {-1.9462 354.4734}
```

▷ **クイックチェック 21-2**

リスト 21-1 の `location` 型を使うコードを応用して、キュリオシティ・ローバーを「ブラッドベリ着陸地点」に置くには、どう書きますか？

21.3 構造体を複合リテラルで初期化する

複合リテラルで構造体を初期化するには、2 つの形式があります。リスト 21-3 では、変数の `opportunity` と `insight` を、フィールド値のペアを使って初期化しています。この場合、フィールドの順序は任意であり、リストに含まれていないフィールドは、その型のゼロ値になります。この形式は後からの変更に強く、たとえ構造体にフィールドが追加されても、あるいはフィールドの順序が変わっても、そのまま正しく動作します。もし `location` に「標高」フィールドが追加されたら、`opportunity` も `insight` も、デフォルトで標高がゼロになるでしょう。

リスト21-3：フィールド値のペアによる複合リテラル（struct-literal.go）

```
type location struct {
    lat, long float64
}

opportunity := location{lat: -1.9462, long: 354.4734}
fmt.Println(opportunity)
// {-1.9462 354.4734}

insight := location{lat: 4.5, long: 135.9}
fmt.Println(insight)
// {4.5 135.9}
```

リスト 21-4 の複合リテラルは、フィールド名を指定しません。代わりに、必ず構造体定義のリストと同じ順序で、各フィールドの値を提供します。この形式は、確定していて、わずかな数のフィールドしか持たない型に適しています。`location` 型に、もし標高フィールドが加わったら、コンパイルを通すため、`spirit` に標高の値を指定する必要が生じます。`lat` と `long` の順序を間違えたら、コンパイルエラーこそ発生しませんが、プログラムは正しい結果を出してくれないでしょう。

リスト21-4：値だけの複合リテラル（struct-literal.go）

```
spirit := location{-14.5684, 175.472636}
fmt.Println(spirit) // {-14.5684 175.472636}
```

どちらの方法で構造体を初期化する場合でも、フォーマット指定の%v にプラス記号（+）を加えると、フィールド名を表示できます。これは大きな構造体を調べるとき、非常に便利です。

リスト21-5：構造体にフィールド名を付けて表示する（struct-literal.go）

```
curiosity := location{-4.5895, 137.4417}

fmt.Printf("%v\n", curiosity)  // {-4.5895 137.4417}
fmt.Printf("%+v\n", curiosity) // {lat:-4.5895 long:137.4417}
```

▷ **クイックチェック 21-3**

フィールド値として使うのに、複合リテラル構文のほうが、値のみの形式よりも好ましい理由は、何でしょうか？

21.4　構造体はコピーされます

キュリオシティ・ローバーがブラッドベリ着陸地点から、東のイエローナイフベイに移動しても、ブラッドベリ着陸地点の場所が変わるわけではありません（現実の火星でも、次に示すリスト21-6でも）。curiosity 変数の初期化は、bradbury に含まれていた値のコピーによって行われ、この2つの変数の値は独立して変化します。

リスト21-6：代入はコピーを作る（struct-value.go）

```
bradbury := location{-4.5895, 137.4417}
curiosity := bradbury

curiosity.long += 0.0106 // 東のイエローナイフベイに移動

fmt.Println(bradbury, curiosity)
// {-4.5895 137.4417} {-4.5895 137.4523}
```

▷ **クイックチェック 21-4**

もし curiosity 変数を、lat や long を操作する関数に渡したら、呼び出し側にも変化が現れますか？

21.5 構造体のスライス

構造体のスライス、[]structは、ゼロ個以上の値によるコレクション（スライス）ですが、それぞれの値はflaot64のようなプリミティブ型ではなく、1個の構造体に基づく値です。

もしプログラムで、火星ローバーたちの着陸地点を集めたコレクションが必要ならば、次のリストのように緯度と経度に別々のスライスを使うのは避けるべきです。

リスト21-7：浮動小数点型のスライスが2つ（slice-struct.go）

```
lats := []float64{-4.5895, -14.5684, -1.9462}
longs := []float64{137.4417, 175.472636, 354.4734}
```

これだけ見ても、まずいやり方です。このレッスンではlocation構造体を、すでに導入したのですから、使わない手はありません。それに、標高など、もっと多くのスライスが追加されたら、どうなるでしょうか。上記のリストを編集するときにミスをしたら、あまりにも簡単に、データが別のスライスに紛れ込んだり、長さの違うスライスができたりするでしょう。

より良いソリューションは、個々の値を構造体とする1個のスライスを作ることです。そうすれば、次のリストのように、必要に応じて着陸地点名などのフィールドで拡張できるlocationという単位によって、それぞれの場所を表現できます。

リスト21-8：location構造体のスライス（slice-struct.go）

```
type location struct {
    name string
    lat float64
    long float64
}

locations := []location{
    {name: "Bradbury Landing", lat: -4.5895, long: 137.4417},
    {name: "Columbia Memorial Station", lat: -14.5684, long: 175.472636},
    {name: "Challenger Memorial Station", lat: -1.9462, long: 354.4734},
}
```

▷ **クイックチェック 21-5**

関連するスライスを複数使う方法には、どんな危険がありますか？

21.6　構造体を JSON にエンコードする

JSON（JavaScript Object Notation）は、ダグラス・クロックフォードらによって一般化された、標準的なデータフォーマットです。書式は JavaScript のサブセットですが、他のプログラミング言語でも広くサポートされています。JSON は一般に、Web API で使われます。キュリオシティ・ローバーからの気象データを提供する MAAS API [3]も、その 1 つです。

リスト 21-9 では、json パッケージの Marshal 関数を使って、location のデータを JSON フォーマットにエンコードします。Marshal がバイト列として返す JSON データは、送信に利用でき、文字列に変換して表示することもできます。この関数は、データの他にエラーも返しますが、それについてはレッスン 28 で説明しましょう。

リスト21-9：location のマーシャリング（json.go）

```
package main

import (
    "encoding/json"
    "fmt"
    "os"
)

func main() {
    type location struct {
        // フィールド名の先頭を大文字にする必要あり
        Lat, Long float64
    }

    curiosity := location{-4.5895, 137.4417}

    bytes, err := json.Marshal(curiosity)
    exitOnError(err)

    fmt.Println(string(bytes))
    // {"Lat":-4.5895, "Long":137.4417}
}

// exitOnError は、エラーがあれば表示して終了する
func exitOnError(err error) {
    if err != nil {
        fmt.Println(err)
        os.Exit(1)
    }
}
```

[3] https://github.com/ingenology/mars_weather_api

JSONのキーが、location構造体のフィールド名と同じであることに注目しましょう。そのために、jsonパッケージは、フィールドのエクスポートを要求します。もしLatとLongが小文字で始まっていたら、出力は空（{}）になってしまいます。

▷ **クイックチェック 21-6**

JSONは何の略称ですか？

21.7 JSONを構造体タグでカスタマイズする

Goのjsonパッケージでは、フィールド名の最初に大文字を使うことが要求されます。そして複数ワードによるフィールド名には「キャメルケース」を使うのが慣例です。けれども、とくにPythonやRubyとの相互運用性のため、JSONのキーを「スネークケース」にしたい場合があるかもしれません。構造体のフィールドでは、jsonパッケージに使わせたいフィールド名を、タグとして指定できます。

リスト21-9からリスト21-10への唯一の変更点は、Marshall関数の出力を変える「構造体タグ」を2つ入れたことです。この場合も、LatとLongのフィールドは、jsonパッケージから見えるようにエクスポートする必要があります。

リスト21-10：locationのフィールドをカスタマイズする（json-tags.go）

```
type location struct {
    // 構造体タグで出力を変更
    Lat float64 `json:"latitude"`
    Long float64 `json:"longitude"`
}

curiosity := location{-4.5895, 137.4417}

bytes, err := json.Marshal(curiosity)
exitOnError(err)

fmt.Println(string(bytes))
// {"latitude":-4.5895, "longitude":137.4417}
```

構造体タグは、通常の文字列を構造体のフィールドに割り当てるものです。生の文字列リテラルが望ましい理由は、そうすれば2重引用符（"）をバックスラッシュでエスケープする必要がなくなるからです（"json:\"latitude\""では、読みにくくなります）。

構造体タグは、key:"value"というフォーマットにします。keyには、パッケージ名を使うことが多いです。Latフィールドを、JSONとXMLの両方のためにカスタマイズしたければ、`json:"latitude" xml:"latitude"`という構造体タグを使うこともできます。

その名が示すように、構造体タグは構造体フィールド専用ですが、json.Marshalは、他の型もエンコードします。

▷ **クイックチェック 21-7**

JSON にエンコードするとき、`Lat` と `Long` のフィールド名を大文字で始めなければばらない理由は？

21.8　まとめ

- 構造体は、複数の値を 1 つの単位にまとめる。
- 構造体は、値を集めたもの。代入または関数に渡すときは、値がコピーされる。
- 構造体を初期化するには複合リテラルが便利。
- 構造体タグは、エクスポートされるフィールドに、パッケージで利用できる情報を付加する。
- `json` パッケージは、構造体タグを利用して、フィールド名の出力を制御する。

理解できたかどうか、確認しましょう。

■ 練習問題（landing.go）

リスト 21-8 の 3 箇所のローバー着陸サイトを JSON にエンコードして表示するプログラムを書きましょう。JSON には、それぞれの着陸サイト名を入れ、リスト 21-10 で示した構造体タグを使います。

出力を読みやすくするため、`json` パッケージの `MarshalIndent` 関数を利用しましょう。

21.9　クイックチェックの解答

▶ **クイックチェック 21-1**

1　構造体は、関係のある複数の値を 1 つのグループにまとめるので、渡すのが簡単になり、間違いが減ります。

2　`curiosity.altitude = -4400`

▶ **クイックチェック 21-2**

```
var curiosity location
curiosity.lat = -4.5895
curiosity.long = 137.4417
```

▶ クイックチェック 21-3

1. フィールドのリストを、任意の順序にできます。
2. フィールドはオプションで、リストに入れなければゼロ値になります。
3. 構造体宣言で、順序が変更されたり、フィールドが追加されたりしても、書き換える必要がありません。

▶ クイックチェック 21-4

いいえ。その関数が受け取るのは、配列の場合と同じく、`curiosity` のコピーです。

▶ クイックチェック 21-5

データが別のスライスに紛れ込んでしまうようなミスが、容易に発生します。

▶ クイックチェック 21-6

JSON は、JavaScript Object Notation を略した呼び名です[4]。

▶ クイックチェック 21-7

`json` パッケージから見えるように、フィールドをエクスポートする必要があるからです。

[4] **訳注**：詳しくは日本語版「JSON の紹介」(`http://www.json.org/json-ja.html`) を見てください。

LESSON 22

Goにはクラスがないけれど

レッスン 22 では以下のことを学びます。

- 構造化されたデータに振る舞いを提供するメソッドを書く。
- オブジェクト指向設計の原理を応用する。

Go は古典的な言語と違って、クラスもオブジェクトも持たず、継承のような機能もありません。それでも Go は、オブジェクト指向設計から得たアイデアを応用するのに必要なものを提供してくれます。このレッスンでは、構造体とメソッドの組み合わせを探究します。

> **Column　こう考えてみましょう**
>
> 「シナジー」というのは、起業家たちの集まりで、よく耳にするバズワード（専門家らしい知識や権威を思わせる流行語）ですが、その意味は「各部の合計よりも大きな相乗効果」です。Go 言語には、型と、型に対するメソッドと、構造体があります。これらを組み合わせると、他の言語ではクラスが提供する機能の多くが、手に入ります（そのために新しいコンセプトを言語に導入する必要はありません）。
> このように「組み合わせることで、より大きなものを作る」性質が、Go には他にもあると思いませんか？

22.1　構造体にメソッドを結び付ける

レッスン 13 では、温度の変換を行うために、`celsius` と `fahrenheit` というメソッドを `kelvin` 型に結び付けました。メソッドは、あなたが宣言する他の型にも、同様に結び付けることができます。その働きは、基底型が `float64` であっても、`struct` であっても、同じです。

最初に型を定義しなければなりません。たとえばリスト 22-1 では、座標（`coordinate`）という構造体（`struct`）を定義します。

リスト22-1：coordinate 型（coordinate.go）

```
// coordinate は、東西南北の半球ごとの度分秒で地理座標を示す
type coordinate struct {
    d, m, s float64
    h         rune // N/S/E/W
}
```

ブラッドベリ着陸地点の位置は、4°35'22.2" S、137°26'30.1" E です。これは、角度を度分秒で表現する DMS フォーマットです。1 分が 60 秒（"）で、1 度は 60 分（'）ですが、これらの分と秒は、時刻ではなく位置を表現します。

リスト 22-2 に示す `decimal` メソッドは、DMS の地理座標を 10 進数の度に変換します。

リスト22-2：decimal メソッド（coordinate.go）

```
// decimal は DMS 座標を 10 進数に変換する
func (c coordinate) decimal() float64 {
    sign := 1.0
    switch c.h {
    case 'S', 'W', 's', 'w':
        sign = -1
    }
    return sign * (c.d + c.m/60 + c.s/3600)
}
```

これであなたは、座標を読みやすい DMS 形式で提供しつつ、計算を行うため 10 進数に変換することが可能になります。

```
// ブラッドベリ着陸地点: 4°35'22.2" S, 137°26'30.1" E
lat := coordinate{4, 35, 22.2, 'S'}
long := coordinate{137, 26, 30.12, 'E'}
fmt.Println(lat.decimal(), long.decimal())
// -4.5895 137.4417
```

▷ クイックチェック 22-1

リスト 22-2 の `decimal` メソッドで、レシーバは何ですか？

22.2 コンストラクタ関数

度と分と秒から10進法のlocation構造体を構築するには、リスト22-2のdecimalメソッドと複合リテラルを使えます。

```
type location struct {
    lat, long float64
}

curiosity := location{lat.decimal(), long.decimal()}
```

値のリストよりも複雑な複合リテラルが必要なときは、コンストラクタ関数を書くという方法があります。リスト22-3は、newLocationという名前のコンストラクタ関数を宣言します。

リスト22-3：新しい位置を構築する（construct.go）

```
// newLocation は、緯度と経度の DMS から新しい location を構築する
func newLocation(lat, long coordinate) location {
    return location{lat.decimal(), long.decimal()}
}
```

古典的な言語では、コンストラクタが、オブジェクト構築専用の言語機能として提供されます。Pythonでは_init_、Rubyではinitialize、PHPでは__construct()です。Goにはコンストラクタのための特別な言語機能がありません。newLocationは通常の関数ですが、ある規約に従った名前を持っています。

newTypeまたはNewTypeという形式を持つ関数は、その型の値を構築するのに使われます。名前をnewLocationにするか、それともNewLocationにするかは、その関数をエクスポートして

他のパッケージで使えるようにするかどうかに依存します（これはレッスン 12 で学びました）。`newLocation` は、他の関数と同じように使えます。

```
curiosity := newLocation(coordinate{4, 35, 22.2, 'S'},
    coordinate{137, 26, 30.12, 'E'})
fmt.Println(curiosity)
// {-4.5895 137.4417}
```

さまざまな入力から `location` を構築したいときは、たとえば度分秒から構築する `newLocationDMS`、10 進の度数から構築する `newLocationDD` など、適切な名前で複数の関数を宣言しましょう。

コンストラクタ関数に、`New` という名前を付けることがあります。`errors` パッケージの `New` 関数が、その例です。関数コールを書くときは、その関数が属するパッケージを前置するので、もし関数名が `NewError` なら、`errors.NewError` となります。それより `errors.New` のほうが、簡潔で読みやすいのです。

▷ **クイックチェック 22-2**

`Universe` 型の変数を構築する関数には、どういう名前を付けますか？

22.3 クラスに代わるもの

Python、Ruby、Java など古典的な言語にある「クラス」が、Go にはありません。それでも構造体と、わずかなメソッドによって、ほとんど同じ目的を達成できます。細部にこだわらなければ、それほど大きな違いではないのです。

要点を理解するために、まったく新しい `world` 型を、最初から構築しましょう。この型には、リスト 22-4 のように、惑星の半径を表すフィールドを持たせます。その値は、2 点間の距離を計算するのに使います。

リスト22-4：まったく新しい world（world.go）

```
type world struct {
    radius float64
}
```

火星の「体積による平均半径」[1]は、3389.5km です。この 3389.5 を定数として宣言するのでは

[1] **訳注**：この表現は、NASA の惑星ファクトシート（表 22-2 参照）で使われています。英文 Wikipedia の「Earth Radius」では、単に「volumetric radius」という表現になっています（https://en.wikipedia.org/wiki/Earth_radius#Volumetric_radius）。

なく、world 型を使って、Mars を「数多く存在し得る世界のひとつ」として宣言します。

```
var mars = world{radius: 3389.5}
```

次に、距離を求める distance メソッドを world 型に結び付けて、radius フィールドをアクセスできるようにします。このメソッドは、location 型のパラメータを 2 つ受け取り、その間の距離をキロメートル単位で返します。

```
func (w world) distance(p1, p2 location) float64 {
    // To-do: w.radius を使って距離を計算する
}
```

これには算術計算を使うので、math パッケージをインポートする必要があります。

```
import "math"
```

location 型は、緯度と経度に度数を使いますが、標準ライブラリの math 関数群は、ラジアンを使います。円の 360° は 2π ラジアンなので、次の関数によって必要な変換を行います。

```
// rad は度数をラジアンに変換する
func rad(deg float64) float64 {
    return deg * math.Pi / 180
}
```

次は距離の計算です。これには三角関数を使います（サイン、コサイン、アークコサインなどです）。数学好きの人なら、緯度と経度から距離を計算する数式[2]と、「球面三角法の余弦定理」から、解法を理解できるでしょう。火星は完全な球体ではありませんが、この数式でも、私たちの目的には十分な近似値が得られます。

[2] **訳注**：原著では、Movable Type Scripts のページ（https://www.movable-type.co.uk/scripts/latlong.html）が紹介されています。ここには javaScript によるソースコードもあります。

```
// 球面三角法の余弦定理を使って距離を計算する
func (w world) distance(p1, p2 location) float64 {
    s1, c1 := math.Sincos(rad(p1.lat))
    s2, c2 := math.Sincos(rad(p2.lat))
    clong := math.Cos(rad(p1.long - p2.long))
    // world の radius フィールドを使う
    return w.radius * math.Acos(s1*s2+c1*c2*clong)
}
```

数式を見ると目が虚ろになるという人も、心配は要りません。この計算は、距離を計算するプログラムに必要なものですが、distance が正しい結果を返すことがわかっていれば、そのための計算をすべて理解することは（良い考えですが）必須ではありません。

実際に距離という結果を得るには、location 型の変数を 2 つ宣言し、はじめに宣言した mars 変数を使って計算します。

```
spirit := location{-14.5684, 175.472636}
opportunity := location{-1.9462, 354.4734}

// mars の distance メソッドを使う
dist := mars.distance(spirit, opportunity)
fmt.Printf("%.2f km\n", dist) // 9669.71 km
```

もし異なる結果が出たら、コードを正確に入力したかどうかチェックしましょう。rad が 1 桁でも違えば正しい計算になりません。どうしてもダメだったら、最後の手段として本書の GitHub（https://github.com/nathany/get-programming-with-go）からソースコードをダウンロードできますから、コピー&ペーストに頼ってください。

distance メソッドは地球のための数式の応用で、火星の半径を使用しています。distance を world 型に対するメソッドとして宣言することで、たとえば地球など、火星以外の世界での距離も計算できるようになっています。各惑星の半径を、表 22–2 にまとめておきます。これらは NASA の惑星ファクトシート[3]で提供されている値です。

▷ クイックチェック 22-3

distance メソッドを world 型に対して宣言するオブジェクト指向のアプローチは、通常の方法と比べて、どこが優れているのですか？

[3] Planetary Fact Sheet：https://nssdc.gsfc.nasa.gov/planetary/factsheet/

22.4 まとめ

- メソッドと構造体の組み合わせで、古典的な言語が提供する機能の多くを（新たな言語機能を導入せずに）提供できる。
- コンストラクタ関数は普通の関数である。

理解できたかどうか、確認しましょう。

練習問題-1（landing.go）

リスト 22-1、リスト 22-2、リスト 22-3 のコードを使って、表 22-1 にある各地点について `location` を宣言するコードを書き、それぞれの `location` を 10 進の度数で出力してください。

表22-1：火星着陸地点

ローバーまたはランダー	着陸地点	緯度	経度
Spirit	Columbia Memorial Station	14°34'6.2" S	175°28'21.5" E
Opportunity	Challenger Memorial Station	1°56'46.3" S	354°28'24.2" E
Curiosity	Bradbury Landing	4°35'22.2" S	137°26'30.1" E
InSight	Elysium Planitia	4°30'0.0" N	135°54'0" E

練習問題-2（distance.go）

リスト 22-4 の `distance` メソッドを使って、表 22-1 の着陸地点から、それぞれの 2 点間の距離を算出するプログラムを書いてください。

最も近接している着陸地点は、どれとどれですか？

逆に、最も離れている 2 点は？

下記の地点について距離を計算するには、表 22-2 に基づいて他の `world` も宣言する必要があります。

- 英国のロンドン（51°30'N, 0°08'W）からフランスのパリ（48°51'N, 2°21'E）までの距離を求めてください。
- あなたが住んでいる町から、あなたの国の首都までの距離を求めてください。
- 火星のシャープ山（＝アイオリス山：5°4'48"S, 137°51'E) からオリンポス山（18°39'N, 226°12'E) までの距離を求めてください。

表22-2：さまざまな惑星の「体積による平均半径」

惑星	半径（km）	惑星	半径（km）
水星	2439.7	木星	69911
金星	6051.8	土星	58232
地球	6371.0	天王星	25362
火星	3389.5	海王星	24622

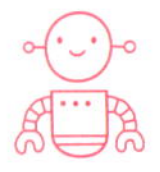

22.5 クイックチェックの解答

▶ クイックチェック 22-1

レシーバは、`coordinate` 型の `c` です。

▶ クイックチェック 22-2

慣例により、その関数は `NewUniverse` と名付けます。エクスポートしないのなら、`newUniverse` です。

▶ クイックチェック 22-3

この方法は、さまざまな世界（半径を持つ `world` 型）で距離を計算できる、すっきりした方法を提供します。また、世界の半径を `distance` メソッドに渡す必要がありません。メソッド自身が、その世界の半径（`w.radius`）をアクセスできるからです。

LESSON 23

組み立てと転送

レッスン 23 では以下のことを学びます。

- コンポジションによって、構造体を組み立てることができます。
- メソッドを、他のメソッドに転送できます。
- 古典的な継承を、忘れることができます。

身の回りにあるものを観察すると、どれも、もっと小さな部分から成り立っています。人体には胴と手足があり、手足には指があります。草花には花弁や茎があります。マーズ・ローバーには、車輪があり、トレッドがあり、REMS のような完全なサブシステムがあります。それぞれの部分に独自の役割があります。

オブジェクト指向プログラミングの世界でも、オブジェクトが、より小さなオブジェクトから、同様に組成されます。コンピュータ科学者たちは、これを「オブジェクトコンポジション」または単に「コンポジション」と呼びます。

gopher は、コンポジションを構造体に使います。そして Go は、メソッドを転送できるように、「埋め込み」と呼ばれる特別な言語機能を提供します。このレッスンでは、REMS からの架空の気

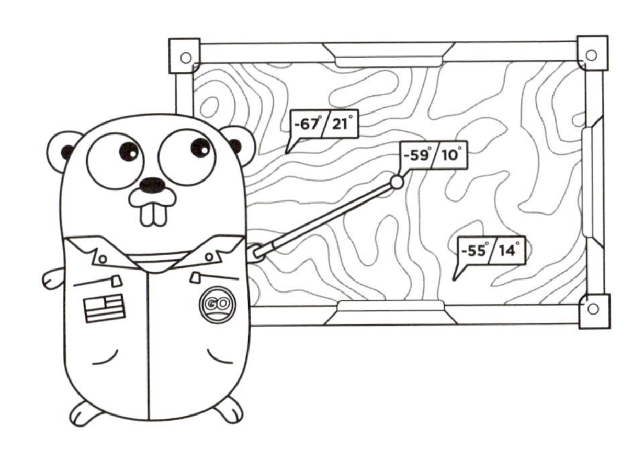

象通報を使って、コンポジションと埋め込みの例を示します。

Column こう考えてみましょう

階層構造の設計は、難しいかもしれません。動物界の階層構造で、同じ振る舞いを持つ動物をグループ化できるでしょうか。大概の哺乳動物は陸上を歩きますが、海を泳ぐシロナガスクジラだって、子供に授乳するのです。いったい、どうやって組織すればよいのでしょうか。それに、あとから階層構造を変えるのが難しい場合もあります。ほんのわずかな変更が、広い範囲に影響を与えることがあるのです。

それよりコンポジションのほうが、ずっと単純で柔軟性の高いアプローチです。「歩く」、「泳ぐ」、「授乳する」などの振る舞いを実装して、そのうち適切なものを、それぞれの動物に割り当てるのです。おまけとして、もしロボットを設計するなら、「歩く」振る舞いを再利用できるでしょう。

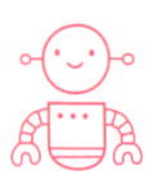

23.1 構造体を組織する

気象通報には、さまざまなデータが含まれます。たとえば最高気温、最低気温、現在の日付[1]、位置などです。素朴なソリューションなら、必要なフィールドのすべてを、次のように 1 個の `report` 構造体のなかで、定義するでしょう。

リスト23-1：コンポジションなし（unorganized.go）

```
type report struct {
    sol       int
    high, low float64
    lat, long float64
}
```

リスト 23-1 を見ると、`report` は類似点のないデータの混ぜ合わせです。さらに、風速や風向、気圧、湿度、季節、日の出、日の入りといった多くのデータがリポートに加わったら、きっと扱いにくくなるでしょう。

さいわい、構造体とコンポジションによって、関連のあるフィールドを集めてグループ化することができます。次のリストで定義する `report` 構造体は、温度の構造体と、位置の構造体によって組織化されています。

---

[1] **訳注**：英文 Wikipeadia の「Sol (day on Mars)」に説明があるように、sol は火星から見た「太陽日」(solar day) で、マーズ・ローバーのスケジューリング等に使われています。ジャイルズ・スパロウ著『火星』（日暮雅通訳、河出書房新社、2015 年）によれば、「火星時間の 1 日は「ソル」で表す。地球の 1 日に非常に近い 24 時間 37 分だ」（同書 21 ページ）。

リスト23-2：構造体の中の構造体（compose.go）

```
type report struct {
    sol         int
    // temperature フィールドは、temerature 型の構造体
    temperature temperature

    location    location
}

type temperature struct {
    high, low celsius
}

type location struct {
    lat, long float64
}
type celsius float64
```

これらの型を定義しておけば、気象通報は、位置と温度のデータから、次のように組み立てられます。

```
bradbury := location{-4.5895, 137.4417}
t := temperature{high: -1.0, low: -78.0}
report := report{sol: 15, temperature: t, location: bradbury}

fmt.Printf("%+v\n", report)
// {sol:15 temperature:{high:-1 low:-78} location:{lat:-4.5895 long:137.4417}}

fmt.Printf("おだやかな %v°C\n", report.temperature.high)
// おだやかな -1°C
```

もう一度リスト 23-2 を見ると、`high` と `low` が温度であることは明らかですが、リスト 23-1 では、同じ 2 つのフィールドの意味が不明瞭です。

気象通報を、より小さな型から構築し、それぞれの型にメソッドを結び付けることで、さらにコードを組織化できます。たとえば平均気温を計算するには、リスト 23-3 に示すようなメソッドを書けるでしょう。

リスト23-3：average メソッド（average.go）

```
func (t temperature) average() celsius {
    return (t.high + t.low) / 2
}
```

`temperature` 型と `average` メソッドは、気象通報を離れて、次のように利用できます。

```
t := temperature{high: -1.0, low: -78.0}
fmt.Printf("平均 %v°C\n", t.average())
// 平均 -39.5°C
```

気象通報を作成するときは、temperature フィールドからの連鎖によって、average メソッドをアクセス可能です。

```
report := reportsol: 15, temperature: t
fmt.Printf("平均 %v°C\n", report.temperature.average())
// 平均 -39.5°C
```

平均気温を report 型を通じて直接公開したい場合も、リスト 23–3 のロジックをコピーする必要はありません。代わりに、本当の実装へ「転送」するメソッドを書けば良いのです。

```
func (r report) average() celsius {
    return r.temperature.average()
}
```

report から temperature へと転送するメソッドがあれば、report.average() を便利にアクセスできて、それでも「より小さな型によるコードの構築」を維持できるのです。このレッスンの残りの部分では、メソッドの転送を苦もなく実現させている Go の機能を調べます。

▷ **クイックチェック 23-1**

リスト 23–1 とリスト 23–2 を比較すると、どちらのコードが好ましいですか？　その理由は？

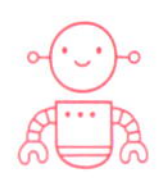

23.2 メソッドの転送

メソッドを転送すると、より便利に使える場合があります。仮に、火星の気象をキュリオシティに問い合わせたとしましょう。キュリオシティは、あなたのリクエストを REMS システムに転送し、REMS システムが、そのリクエストを温度計に転送することで、気温を測定するでしょう。転送を使うとき、メソッドが渡される経路を知っている必要はありません。ただキュリオシティに尋ねれば良いのです。

ただし、リスト 23–2 で行ったように、ある型から他の型への転送を行うメソッドを、いちいち手で書くのでは、あまり便利とは言えません。そのように繰り返される定型コードは「ボイラープレート」と呼ばれ、むやみに場所を取るばかりでメリットがないのです。

さいわい Go は、「構造体の埋め込み」で、メソッドの転送を行ってくれます。リスト 23–4 のように、型を構造体に埋め込むには、その型をフィールド名なしで指定します。

リスト23-4：構造体の埋め込み（embed.go）

```
type report struct {
    sol         int
    temperature // report に temperature 型を埋め込む
    location
}
```

これによって自動的に、temperature 型に対するすべてのメソッドが、report を介してアクセス可能になります。

```
report := report{
    sol: 15,
    location: location{-4.5895, 137.4417},
    temperature: temperature{high: -1.0, low: -78.0},
}
fmt.Printf("平均 %v°C\n", report.average())
// 平均 -39.5°C
```

フィールド名の指定がありませんが、それでも埋め込み型と同じ名前のフィールドが存在します。その temperature フィールドは、次のようにアクセスできます。

```
fmt.Printf("平均 %v°C\n", report.temperature.average())
// 平均 -39.5°C
```

埋め込みは、ただメソッドを転送するだけではありません。内側の構造体のフィールドを、外側の構造体からアクセスできるようになります。report.temperature.high によるアクセスのほかに、最高気温は、次のように report.high によってもアクセスできます。

```
fmt.Printf("%v°C\n", report.high) // -1°C
report.high = 32
fmt.Printf("%v°C\n", report.temperature.high) // 32°C
```

ご覧のように、report.high に対する変更は、report.temperature.high に反映されます。これは同じデータに対する、もうひとつのアクセス方法なのです。

構造体型に限らず、どんな型でも構造体に埋め込むことができます。次のリスト 23–5 では、sol 型の基底型は int ですが、構造体の location および temperature と同様に埋め込んでいます。

リスト23-5：ほかの型を埋め込む（sol.go）

```
type sol int
type report struct {
    sol
    location
    temperature
}
```

sol 型に対して宣言されたメソッドは、sol フィールドを通じて（あるいは report 型を通じて）どれもアクセス可能です。

```
func (s sol) days(s2 sol) int {
    days := int(s2 - s)
    if days < 0 {
        days = -days
    }
    return days
}

func main() {
    report := report{sol: 15}

    fmt.Println(report.sol.days(1446)) // 1431
    fmt.Println(report.days(1446)) // 1431
}
```

▷ **クイックチェック 23-2**

1. 構造体に埋め込むことができるのは、どの型ですか？
2. report.lat は有効ですか？　もし有効なら、リスト 23-4 で、どのフィールドを参照しますか？

23.3 名前の衝突

気象通報が順調に作動しているとき、「ローバーが2地点間を移動するのに何日かかるのか」という質問が来ました。キュリオシティ・ローバーは、一日におよそ200メートル移動します。そこであなたは、リスト23-6のように、location 型に days メソッドを追加して、計算をやらせようと考えます。

リスト23-6：もうひとつの、同じ名前のメソッド（collision.go）

```
func (l location) days(l2 location) int {
    // To-do: 複雑な距離の計算（レッスン 22 を参照）
    return 5
}
```

report 構造体に埋め込まれている、sol と location という2つの型の、どちらにも days というメソッドが存在することになります。

この名前の衝突にも、救いはあります。もし、あなたのコードのどこでも、report の days メソッドを使っていなければ、すべて順調に動作するのです。賢い Go コンパイラが、名前の衝突を指摘するのは、それが問題になったときだけです。

もし report 型の days メソッドが使われたら、Go コンパイラは、その呼び出しの転送先が、sol のメソッドなのか、それとも location のメソッドなのか不明なので、次のエラーを報告します。

```
d := report.days(1446)
// ambiguous selector report.days
// report.days は曖昧なセレクタです
```

「曖昧なセレクタ」の解決方法は、単純明快です。もしあなたが、report 型に days メソッドを実装するなら、埋め込み型の days メソッドよりも、そちらが優先されます。また、明示的に選択することによって、望みの埋め込み型に転送することも、他の振る舞いを実行することもできます。

```
func (r report) days(s2 sol) int {
    return r.sol.days(s2)
}
```

Column 継承機能とは違います

C++、Java、PHP、Python、Ruby、Swift などの古典的な言語は、コンポジションも使いますが、継承と呼ばれる言語機能も提供します。

継承は、ソフトウェア設計に対する別の考え方です。「継承」ならば、ローバーはクルマの一種なので、すべてのクルマが共有している機能を、ローバーも継承することになります。

コンポジションの場合、ローバーは、エンジンや車輪など、ローバーに必要な機能を提供するさまざまなパーツを所有します。トラックも、これらのパーツの一部を再利用するでしょうが、「クルマ」の型や、その下の階層構造はありません。

コンポジションは、一般に、継承より柔軟だと考えられています。継承によって構築されるソフトウェアよりも、再利用の幅が広く、変更も容易になるからです。それに、最近の発明ではありません。この智恵は 1994 年に発表されています。

> クラス継承よりもオブジェクトコンポジションを多用すること。
>
> – "Design Patterns: Elements of Reusable Object-Oriented Software"[2]
> Erick Gamma, Richard Helm, Ralph Johnson, John Vlissides,
> Addison-Wesley Professional, 1994.

はじめて埋め込みを目にしたときに、「なんだ、継承と同じか」と考える人もいますが、そうではありません。ソフトウェア設計に対する考え方が違うだけではなく、技術的にも微妙な差異があります。リスト 23–3 で見た `average()` メソッドのレシーバは、たとえ `report` を通じて転送されても、常に `temperature` 型です。「委譲」あるいは継承であれば、レシーバの型は `report` になるかもしれませんが、Go には委譲も継承もありません。それでも問題ないのは、継承が不要だからです。

> クラスによる継承というのはあくまでも解決法の 1 つでしかなく、クラスによる継承で解決できる問題には、必ずほかの解決法もあります。
>
> – "Practical Object-Oriented Design in Ruby"[3]
> Sandi Metz, Addison-Wesley Professional, 2012

独立した新しい言語である Go は、時代遅れのパラダイムを惜しげもなく捨て去ることが可能であり、それを行っているのです。

▷ クイックチェック 23-3

もし複数の埋め込み型で、同じ名前のメソッドが実装されていたら、Go コンパイラはエラーを報告しますか？

---

[2] **訳注**：『オブジェクト指向における再利用のためのデザインパターン 改訂版』（本位田真一、吉田和樹監訳、ソフトバンクパブリッシング、1999 年）。31 ページ。前書きの日付は 1994 年 8 月。

[3] **訳注**：『オブジェクト指向設計実践ガイド – Ruby でわかる進化しつづける柔軟なアプリケーションの育て方』（高山泰基訳、技術評論社、2016 年）7.1 節より引用。

23.4 まとめ

- コンポジションとは、大きな構造を小さな構造に分解して組み合わせる技法。
- 埋め込みにより、外側の構造体から内側の構造体のフィールドをアクセスできる。
- メソッドは、型を構造体に埋め込むと自動的に転送される。
- Go は、埋め込みによって生じた名前の衝突を報告するが、それはメソッドが使われているときに限られる。

理解できたかどうか、確認しましょう。

練習問題（gps.go）

GPS のための `gps` 構造体を持つプログラムを書きましょう。この構造体は、現在位置 `current` と、行き先の位置 `destination` と、`world` で構成します。

`location` 型に、名前 `name` を含む文字列と緯度 `lat` 経度 `long` を返す `description` メソッドを実装します。そして `world` 型には、レッスン 22 の距離計算を行う `distance` メソッドを実装します。

この 2 つのメソッドを、`gps` 型に結び付けます。まず、現在位置と行き先との距離を求める `distance` メソッドをアタッチします。次に、行き先まで何 km かを記述した文字列を返す `message` メソッドを実装します。

最後のステップとして、`gps` を埋め込んだ `rover` 構造体を作成し、すべての動作をテストする `main` 関数を書きます。火星用 GPS を、「Bradbury Landing」(-4.5895, 137.4417) を現在位置、「Elysium Planitia」(4.5, 135.9) を行き先として初期化します。それから `rover` 型の `curiosity` を作成し、その `message` を出力します（`message` は `gps` に転送されます）。

23.5 クイックチェックの解答

▶ クイックチェック 23-1

リスト 23-2 の構造は、より組織化されています（温度と位置のデータを、別の再利用可能な構造体に切り分けています）。

▶ クイックチェック 23-2

1 どんな型でも構造体に埋め込むことができます。

2 有効です。`report.lat` は、`report.location.lat` と等価です。

▶ クイックチェック 23-3

Go コンパイラがエラーを報告するのは、そのメソッドが使われているときだけです。

LESSON 24

インターフェイス

レッスン 24 では以下のことを学びます。

- 「しゃべる型」を作成する。
- コードを実装しながら、インターフェイスを発見する。
- 標準ライブラリのインターフェイスを探索する。

メモを書くのに使えるのは、ペンと紙だけではありません。手元にクレヨンとナプキンがあれば、同じ目的に使えます。クレヨンでも、マーカーでも、シャープペンシルでも、「メモ帳にメモを書く」というニーズを満たすことが可能ですし、「厚紙にスローガンを書く」のにも、「雑誌に記事を書く」のにも使えます。このように、「書く」は、非常に柔軟性が高いのです。

Go の標準ライブラリには、書くための「インターフェイス」があります。それには `Writer` という呼び名があり、それを使って、テキストも、画像も、CSV も、アーカイブの圧縮出力も、書くことができます。あるいは、画面に書くことも、ディスクのファイルに書くことも、Web 要求に対する応答を書くこともできます。1 個のインターフェイスによる援助によって、Go では、いくらでも多くのことを、いくらでも多くの場所に書くことができます。`Writer` も、非常に柔軟性が高いのです。

「0.5 ミリの青インクのボールペン」は、具体的なものです。それに対して「筆記用具」は、もっとファジーな（輪郭が曖昧な）概念です。インターフェイスを使うと、コードは「なにか書くもの」というような「抽象概念」を表現できます。「それは何か」ではなく「それで何ができるか」を考えるのです。こういう考え方を、インターフェイスを通じて表現すると、変更に対応できるコードを書きやすくなります。

Column こう考えてみましょう

あなたの身の回りにある、具体的なものを、いくつか挙げてみてください。それらで何ができるでしょうか。それと同じことを、別なもので、できないでしょうか？　それらに共通する振る舞い（あるいはインターフェイス）は何でしょうか？

24.1 interface 型

大部分の型は、格納する値に関したものです。整数型は整数を格納し、文字列型はテキストを格納する、といった具合です。`interface` 型は、違います。インターフェイスは、型が格納する値ではなく、型が何を行えるかに焦点を絞るのです。

メソッドは、型が提供する振る舞いを表現します。だからインターフェイスは、型が満たさなければならない要件、すなわち一群のメソッドによって宣言します。リスト 24-1 では、ある `interface` 型で変数を宣言します。

リスト24-1：一群のメソッド（talk.go）

```
var t interface {
    talk() string
}
```

変数 `t` は、そのインターフェイスの要件を満たす型であれば、どの型の、どの値でも格納できます。具体的に言えば、「引数を受け取らず文字列を返す `talk` という名前のメソッド」を宣言している型ならば、このインターフェイスは満たされます。

リスト 24-2 は、それらの要件を満たす型を 2 つ宣言しています。

リスト24-2：インターフェイスの要件を満たす（talk.go）

```
type martian struct{}

func (m martian) talk() string {
    return "nack nack"
}

type laser int

func (l laser) talk() string {
    return strings.Repeat("pew ", int(l))
}
```

`martian` はフィールドを持たない構造体で、`laser` は整数型ですが、どちらも `talk` メソッドを提供する型なので、`t` に代入することが可能です。

リスト24-3：多態性（talk.go）

```
var t interface {
    talk() string
}

t = martian{}
fmt.Println(t.talk())

t = laser(3)
fmt.Println(t.talk())
```

変化自在な変数 `t` は、`martian` にも `laser` にも形を変えられます。コンピュータ科学者なら、インターフェイスは多態性を提供すると言うでしょう。多態性とは、複数の形態あるいは相を持つ、ということです。

Java の場合と違って、Go の `martian` や `laser` は、「このインターフェイスを実装する」と明示的に宣言しません。この方法の利点は、このレッスンで後に明らかになります。

インターフェイスは、再利用可能な名前付きの型として宣言するのが典型的です。インターフェイス型の名前には「-er」を付けるという慣例があります。リスト 24-4 に示すように、「talk するもの」は何でも `talker` です。

リスト24-4：talker 型（shout.go）

```
type talker interface {
    talk() string
}
```

インターフェイス型は、他の型を使える場所ならどこでも使えます。たとえば次の shout 関数には、talker 型のパラメータがあります。

リスト24-5：talk を大声で叫ぶ（shout.go）

```
func shout(t talker) {
    louder := strings.ToUpper(t.talk())
    fmt.Println(louder)
}
```

この shout 関数は、talker インターフェイスの要件を満たす値ならば、何にでも（火星人でもレーザーでも）使えます。

リスト24-6：シャウトする（shout.go）

```
shout(martian{}) // NACK NACK

shout(laser(2)) // PEW PEW
```

shout に渡す引数は、talker インターフェイスを満たさなければなりません。たとえば crater 型は talker インターフェイスを満たさないので、クレーターにシャウトさせようとしても、Go はプログラムをコンパイルしてくれません。

```
type crater struct{}

    shout(crater{})
    // crater does not implement talker (missing talk method)
    // crater は talker を実装しません（talk メソッドが欠けています）
```

インターフェイスの柔軟性が現れるのは、コードを変更あるいは拡張する必要が生じたときです。新しい型を talk メソッドを持つものとして宣言すると、shout 関数を使えるようになります。たとえ実装を追加したり変更したりしても、インターフェイスだけに依存するコードは、どれも元のまま残すことができます。

構造体の埋め込みは、レッスン 23 で紹介した言語機能ですが、これにもインターフェイスを使えます。たとえばリスト 24-7 では、laser を starship に埋め込んでいます。

リスト24-7：埋め込みでインターフェイスを満足させる（starship.go）

```
type starship struct {
    laser
}

s := starship{laser(3)}

fmt.Println(s.talk()) // pew pew pew
shout(s) // PEW PEW PEW
```

宇宙船が talk するとき、talk を行うのはレーザーです。laser を埋め込むことにより、starship に talk メソッドが与えられ、そのメソッドは laser に転送されます。これで宇宙船も talker インターフェイスを満たすので、shout を使えるようになります。

> コンポジションとインターフェイスを一緒に使うと、非常に強力な設計ツールになる。
> – Bill Venners, JavaWorld[1]

▷ **クイックチェック 24-1**

1　（リスト 24–4 からリスト 24–6 で一部を見た）shout.go にあるレーザーの talk メソッドを書き換えて、火星人のレーザー銃が発砲されるのを防止し、人類を侵略から救ってください。

2　同じく talk.go を拡張して、「whir whir」を返す talk メソッドを持つ新しい rover 型を宣言します。その新しい型に、shout 関数を使ってください。

24.2　インターフェイスを発見する

Go では、まずコードの実装を開始し、その過程でインターフェイスを発見することが可能です。どんなコードもインターフェイスを実装できます（既存のコードも例外ではありません）。このセクションで実例を見ていきましょう。

リスト 24–8 は、年ごとの通算日（doy）[2]と時間（hour）によって、架空の「宇宙歴」日付（stardate）を作ります。

リスト24–8：宇宙歴の計算（stardate.go）

```
package main

import (
    "fmt"
    "time"
)
```

[1] **訳注**：『JavaWorld』1998 年 10 月に掲載された「Design Techniques」コラムから（https://www.artima.com/designtechniques/compoinh.html）。タイトルは、「コンポジションと継承：クラスを関連付ける 2 つの基本的な方法を比較する」（試訳）。

[2] doy：day of the year

```
// stardate は、所与の Time から、架空の単位による時間を返す
func stardate(t time.Time) float64 {
    doy := float64(t.YearDay())
    h := float64(t.Hour()) / 24.0
    return 1000 + doy + h
}

func main() {
    day := time.Date(2012, 8, 6, 5, 17, 0, 0, time.UTC)
    fmt.Printf("%.1f Curiosity has landed\n", stardate(day))
    // 1219.2 Curiosity has landed
}
```

リスト 24–8 の `stardate` 関数は、地球の日付に限定されています。その点を改善するため、リスト 24–9 は、`stardate` を使うためのインターフェイスを宣言しています。

リスト24–9：宇宙歴インターフェイス（stardater.go）

```
type stardater interface {
    YearDay() int
    Hour() int
}

// stardate は、架空の単位による時間を返す
func stardate(t stardater) float64 {
    doy := float64(t.YearDay())
    h := float64(t.Hour()) / 24.0
    return 1000 + doy + h
}
```

リスト 24–9 の新しい `stardate` 関数は、そのまま地球の日付で動作します。なぜなら標準ライブラリの `time.Time` 型が、`staedater` インターフェイスを満足させるからです。Go のインターフェイス要件が暗黙のうちに満たされるという事実は、あなたが書いたのではないコードを使うとき、とくに重要です。

Java のような言語で、これは不可能でしょう。もし `java.time` なら、「stardater を実装する」`implements stardater` という明示的な宣言が必要です。

`stardater` インターフェイスがあれば、リスト 24–9 を `sol` 型で拡張できます。次に示すように、この型も `YearDay` と `Hour` のためのメソッドで、インターフェイスの要件を満たします。

リスト24-10：sol の実装（stardater.go）

```
type sol int
func (s sol) YearDay() int {
    return int(s % 668) // 火星の 1 年は 668 sol
}
func (s sol) Hour() int {
    return 0 // hour は不明
}
```

これで stardate 関数は、地球の日付と火星の sol の両方で使えるようになりました。

リスト24-11：使用例（stardater.go）

```
day := time.Date(2012, 8, 6, 5, 17, 0, 0, time.UTC)
fmt.Printf("%.1f Curiosity has landed\n", stardate(day))
// 1219.2 Curiosity has landed

s := sol(1422)
fmt.Printf("%.1f Happy birthday\n", stardate(s))
// 1086.0 Happy birthday
```

▷ **クイックチェック 24-2**

インターフェイスを暗黙のうちに満足させることに、どのような利点がありますか？

24.3 インターフェイスを満足させる

標準ライブラリは、あなたが自分のコードで実装できる「1 個のメソッドによるインターフェイス」を、数多くエクスポートしています。

> Go は継承よりもコンポジションを推奨します。シンプルな、しばしば 1 個のメソッドによるインターフェイス（…）が、コンポーネント間のクリーンで理解しやすい境界として働きます。
>
> – Rob Pike, "Go at Google: Language Design in the Service of Software Engineering"
> （https://talks.golang.org/2012/splash.article）

一例として、fmt パッケージは Stringer インターフェイスを、次のように宣言しています。

```
type Stringer interface {
    String() string
}
```

ある型がStringメソッドを提供するなら、Println、Sprintfなど一群の関数は、それを使うことができます。リスト24-12は、fmtパッケージがlocationを表示する方法を制御するために、Stringメソッドを提供します。

リスト24-12：Stringerを満足させる（stringer.go）

```
package main

import "fmt"

// 緯度と経度（10進法）によるlocation
type location struct {
    lat, long float64
}

// Stringは、緯度と経度によるlocationの整形を行う
func (l location) String() string {
    return fmt.Sprintf("%v, %v", l.lat, l.long)
}

func main() {
    curiosity := location{-4.5895, 137.4417}
    fmt.Println(curiosity)
    // -4.5895, 137.4417
}
```

fmt.Stringerの他に、標準ライブラリでよく使われるインターフェイスには、io.Reader、io.Writer、json.Marshalerなどがあります。

io.ReadWriterインターフェイスが提供する「インターフェイスの埋め込み」の例は、レッスン23で見た「構造体の埋め込み」と似ています。構造体と違って、インターフェイスにはフィールドも、結び付けられたメソッドもないので、インターフェイスの埋め込みはタイプする量が少ないのですが、それ以外に大きな違いはありません。

▷ クイックチェック 24-3

次のcoordinate型に対してStringメソッドを書き、それを使って、読みやすいフォーマットで座標を表示しましょう。

```
type coordinate struct {
    d, m, s float64
    h       rune
}
```

プログラムは、次の度分秒形式で出力するようにしてください。

```
Elysium Planitia is at 4°30'0.0" N, 135°54'0.0" E
```

24.4　まとめ

- インターフェイス型は、一群のメソッドで、振る舞いの要件を指定する。
- インターフェイスの要件は、新しいコードによっても、パッケージにある既存のコードによっても、暗黙のうちに満たされる。
- 埋め込まれた複数の型によって満たされるインターフェイスは、1 個の構造体で満たすことができる。
- 標準ライブラリが示す例に従って、インターフェイスが大きくならないように努力すること。

理解できたかどうか、確認しましょう。

■ 練習問題（marshal.go）

さきほどのクイックチェック 24-3 で作ったプログラムを拡張して、座標を JSON フォーマットで出力してください。JSON の出力では、それぞれの座標を、度分秒だけでなく、10 進数でも提供します。

```
{
    "decimal": 135.9,
    "dms": "135°54'0.0\" E",
    "degrees": 135,
    "minutes": 54,
    "seconds": 0,
    "hemisphere": "E"
}
```

この出力は、座標構造体を変更せずに、JSON をカスタマイズする `json.Marshaler` インターフェイスを満足させることによって達成できます。あなたが書く `MarshalJSON` メソッドから、`json.Marshal` を利用できます。

10 進の度数を計算するには、レッスン 22 で紹介した `decimal` メソッドが必要になるでしょう。

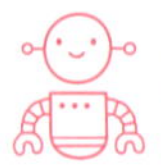

24.5 クイックチェックの解答

▶ クイックチェック 24-1

1

```
func (l laser) talk() string {
    return strings.Repeat("toot ", int(l))
}
```

2

```
type rover string
func (r rover) talk() string {
    return string(r)
}
func main() {
    r := rover("whir whir")
    shout(r) // WHIR WHIR
}
```

▶ クイックチェック 24-2

他人が書いたコードによっても要件が満たされるようなインターフェイスを宣言できるので、より大きな柔軟性が得られます。

▶ クイックチェック 24-3

```
// String は、DMS 座標を整形する
func (c coordinate) String() string {
    return fmt.Sprintf("%v°%v'%.1f\" %c", c.d, c.m, c.s, c.h)
}

// 緯度と経度（10 進数）による location
type location struct {
    lat, long coordinate
}

// String は、緯度と経度による location を整形する
func (l location) String() string {
    return fmt.Sprintf("%v, %v", l.lat, l.long)
}

func main() {
    elysium := location{
        lat: coordinate{4, 30, 0.0, 'N'},
        long: coordinate{135, 54, 0.0, 'E'},
    }
    fmt.Println("Elysium Planitia is at", elysium)
    // Elysium Planitia is at 4°30'0.0" N, 135°54'0.0" E
}
```

LESSON 25

チャレンジ: 火星の動物保護区域

いまは塵をかぶっている赤い惑星ですが、遠い未来には、人類が快適に住むことが可能になるかもしれません。火星は地球よりも太陽から遠いので、ずっと低温です。この惑星を温めることが、火星の気候と風土をテラフォーミングする最初のステップになりそうです。水が流れ始め、植物が生長を始めたら、ほかの生き物を持ち込むこともできるでしょう。

> 熱帯樹を植えたり、昆虫や小さな動物を育てたりすることもできるようになる。ただし、大気中の酸素は足りず、二酸化炭素濃度が高いため、ガスマスクはまだ手放せない。
>
> – Leonard David, "Mars: Our Future on the Red Planet"[1]

現在の火星の大気は、およそ 96%が二酸化炭素です[2]。これを変えるには、長い長い時間が必要で、それまで火星は、別の世界のままです。

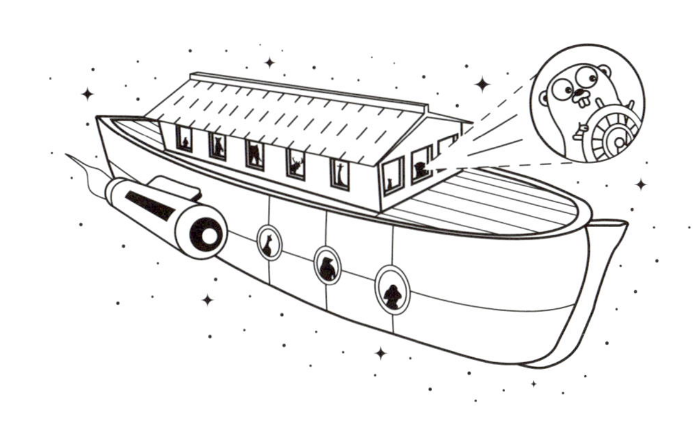

[1] **訳注**：レオナード・デイヴィッド著『MARS（マーズ）火星移住計画』（関谷冬華訳、日経ナショナルジオグラフィック社、2016 年）248 ページ

[2] ウィキペディアで「火星の大気」の項を参照。

けれども、想像力を働かせましょう。もし地球の動物を満載した箱船が、テラフォーミングされた火星に持ち込まれたら、いったい何事が起きるでしょうか。生命を維持できるように気候を調整していると、どんな形態の生物が現れるのでしょうか。

あなたの任務は、火星初の動物保護区域のシミュレーションを作ることです。何種類かの動物を作りましょう。それぞれの動物に名前を付け、`Stringer` インターフェイスに従って自分の名前を返すようにします。

それぞれの動物に、`move` と `eat` のメソッドを持たせます。`move` メソッドは、移動の記述を返します。`eat` メソッドは、その動物が好む（ランダムな）食物の名前を返します。

昼と夜のサイクルを実装し、24 時間の sol で 3 日間（72 時間）のシミュレーションを実行します。すべての動物は、日の入りから日の出まで眠ることにします。日中は 1 時間ごとに、動物をランダムに 1 つ選んで、ランダムな行動（`move` または `eat` のアクション）をおこさせます。アクションごとに、その動物が何をしたかの記述を出力します。

構造体とインターフェイスを使って実装してください。

6　ネズミ穴を下って

アリスがウサギ穴に入ったように、あなたも腕まくりをしてホリネズミの穴に入り、Go プログラミングの深みへと進みましょう。

これからは、メモリがどのように組織され、共有されるかを考慮する必要があります。それによって、制御と責任の新しいレベルに到達するのです。恐怖の「nil pointer dereference」を避けながら、`nil` の有効な利用法も学びます。そして周到なエラー処理によって、あなたのプログラムの信頼性を向上させる方法も身につけます。

LESSON 26

ポインタ

レッスン 26 では以下のことを学びます。

- ポインタを宣言して使用する。
- ポインタとメモリとの関係。
- ポインタを使用するタイミング。

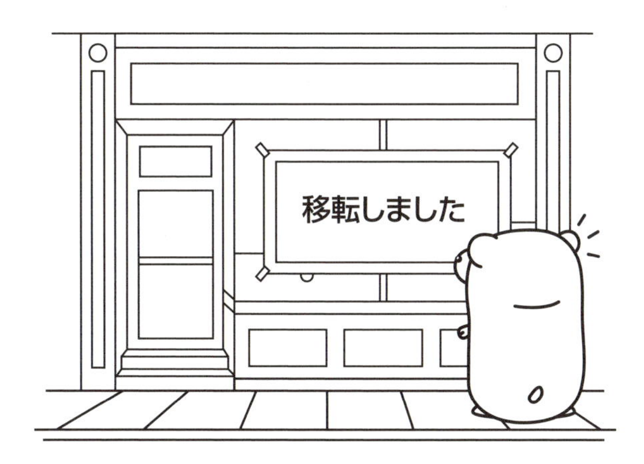

近所を散歩しているときは、たぶん家の住所を示す表札や街区の標示などが、道案内になるでしょう。引っ越した店の窓には、お詫びと移転先を書いた張り紙があるかもしれません。ポインタは、あなたを別のアドレスに導くという意味で、お店の窓の案内に似ています。

「ポインタ」は、もうひとつの変数のアドレスを示す変数です。このように、コンピュータサイエンスで言うポインタは一種の「間接参照」であり、これは強力なツールとなり得ます。

コンピュータサイエンスにおける問題のすべては、もう一段の間接参照によって解決できる。
– デビッド・ウィーラー[1]

ポインタは、とても便利に使えますが、長年にわたって、ずいぶん恐れられてきました。過去の言語、とりわけCは、安全性を重視していませんでした。クラッシュやセキュリティの脆弱性を調べてみたら、ポインタの使い間違いが原因だということが多かったので、ポインタをプログラマに見せない言語が、いくつも生まれてきました。

Goにはポインタがありますが、メモリ安全性を重視しています。「ぶら下がりポインタ」のような問題に苦しめられることはありません。それは、お気に入りのショップがあるはずのアドレスに向かったら、カジノの駐車場にするため整地されていた、というような問題です。

もしあなたが過去にポインタと格闘したことがあるなら、深呼吸してください。そう悪いことには、なりませんから。もしこれがポインタとの最初の出会いならば、リラックスしてください。Goはポインタを学ぶのに適した場所です。

> **Column** **こう考えてみましょう**
>
> 
>
> 訪問客を新しいアドレスに導く店舗の張り紙のように、ポインタはコンピュータを、次に値を見るべき場所へと導きます。どこか別の場所に導かれるような状況が、他にないでしょうか？

26.1 &と＊

Goのポインタには、Cで使われて十分に浸透した構文が採用されています。注目すべきシンボルは、&（アンパサンド）と*（アスタリスク）の2つです。ただし*には、これから述べていくように、2つの役割があります。

1個の&によって表現される「アドレス演算子」は、変数のメモリ内アドレスを決定するものです。変数の値はコンピュータのRAM（ランダムアクセスメモリ）に保存（ストア）されます。値がストアされる場所を、その変数の「メモリアドレス」と呼びます。リスト26-1はメモリアドレスを16進数で表示しますが、あなたのコンピュータでのアドレスは、たぶん異なるでしょう。

[1] **訳注**：この訳文は、Andy Oram、Greg Wilson編『ビューティフルコード』（久野禎子、久野靖訳、オライリー・ジャパン、2008年）からの引用です（295ページ）。バトラー・ランプソンの名文句と伝えられますが、1993年に行われたチューリング賞レクチャーで、ランプソンはウィーラーの言葉だと言ったそうです。ただしウィーラーの言葉には続きがありました。「しかしそうすることで、たいてい、新たな問題が作り出されるのだ」（307ページ）。

リスト26-1：アドレス演算子（memory.go）

```
answer := 42
fmt.Println(&answer) // 0x1040c108
```

これが、コンピュータが42というデータをストアしたメモリの場所です。幸いなことに、その値を取り出すためにコンピュータのメモリアドレスを使う必要はなく、代わりに変数名のanswerを使うことができるのです。

文字列リテラル、数値、ブール値のアドレスを取ることはできません。もし&42とか、&"another level of indirection"とか書いたら、Goコンパイラはエラーを報告するでしょう。

アドレス演算子（&）は、その値のメモリアドレスを提供します。その逆を行う演算が「デリファレンス」（逆参照、間接参照）で、メモリアドレスで参照される値を求めます。リスト26-2は、address変数をデリファレンスするため、その変数名の前に*を置いています。

リスト26-2：デリファレンス演算子（memory.go）

```
answer := 42
fmt.Println(&answer) // 0x1040c108

address := &answer
fmt.Println(*address) // 42
```

リスト26-2と図26-1で、addressという変数には、answerのメモリアドレスが格納されます。これには答え（42）が入りませんが、どこを探せばいいかが、わかるのです。

Cではメモリアドレスを、ポインタ演算によって操作できます（たとえばaddress++）。けれどもGoは、安全ではない演算を許可しません。

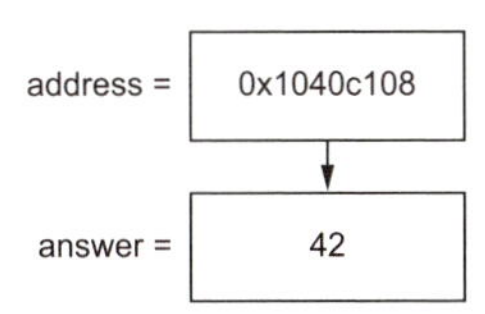

図26-1：addressはanswerを指し示すポインタ

▷ **クイックチェック 26-1**

1 リスト 26–2 で、`fmt.Println(*&answer)` によって何が表示されるでしょうか？

2 Go コンパイラは、デリファレンスと乗算を、どうやって見分けるのですか？

ポインタの型

ポインタは、メモリアドレスが保存される変数です。

リスト 26–2 の `address` 変数は、`*int` 型のポインタです。リスト 26–3 では、フォーマット指定の`%T` によって、それが判明します。

リスト26–3：ポインタ型（type.go）

```
answer := 42
address := &answer
fmt.Printf("address の型は %T です。\n", address)
// address の型は *int です。
```

`*int` にある`*`は、この型がポインタの一種であることを示します。そして、この特定の型のポインタは、他の `int` 型変数へのポインタとしても使えます。

ポインタ型は、型が使える場所なら、どこにでも置けます。つまり、変数宣言にも、関数パラメータにも、戻り値の型にも、構造体のフィールド型にも、使えるのです。リスト 26–4 で、`home` の宣言に存在する`*`は、この変数がポインタ型であることを示しています。

リスト26–4：ポインタを宣言する（home.go）

```
canada := "Canada"

var home *string
fmt.Printf("home は %T です.\n", home)
// home は *string です.

home = &canada
fmt.Println(*home) // Canada
```

型の前に置かれた`*`は、それがポインタ型であることを示します。一方、変数の前に`*`を置くと、その変数が指し示す値がデリファレンスされます。

リスト 26–4 の `home` 変数は、`string` 型の変数なら何でも指し示すことができます。ただし Go コンパイラは、この `home` が、その他の型（たとえば `int`）の変数を指し示すことを許しません。

Cの型システムでは、あるメモリアドレスが、別の型を格納していると思わせることが、簡単にできてしまいます。このことは、ときに便利なのですが、やはりGoは、危険な可能性のある演算を認めません。

▷ **クイックチェック 26-2**

1　整数型を指し示す、`address`という名のポインタ変数を宣言するコードは？

2　ポインタ型の宣言と、ポインタのデリファレンスを、（たとえばリスト26–4で）どうやって見分けますか？

26.2　ポインタは、指し示すためにある

チャールズ・ボールデンがNASAの長官に就任したのは、2009年7月17日のことです。その前の長官は、クリストファー・スコリーズでした。リスト26–5では、長官職をポインタで表現しています。`administrator`（長官）というポインタ変数は、この役職を勤める人なら誰でも指し示すことができるのです（図26–2参照）。

リスト26–5：NASAの長官（nasa.go）

```
var administrator *string
scolese := "Christopher J. Scolese"
administrator = &scolese
fmt.Println(*administrator)
// Christopher J. Scolese

bolden := "Charles F. Bolden"
administrator = &bolden
fmt.Println(*administrator)
// Charles F. Bolden
```

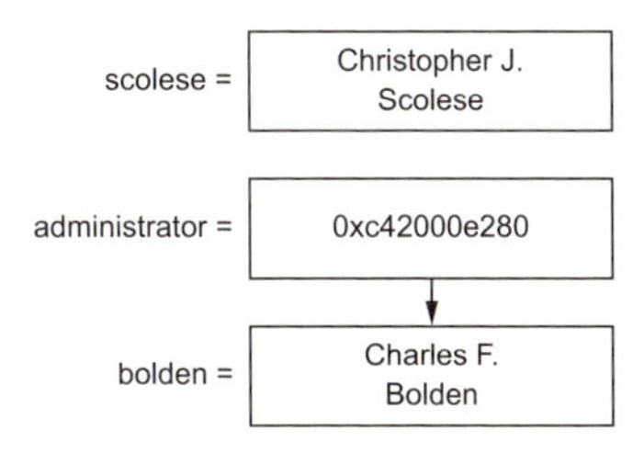

図26–2：administratorがboldenを指し示す

bolden の値の変更は、1 箇所で済みます。なぜなら、administrator 変数は bolden のコピーを保存するのではなく、bolden を指し示すからです。

```
bolden = "Charles Frank Bolden Jr."
fmt.Println(*administrator)
// Charles Frank Bolden Jr.
```

また、administrator をデリファレンスして、bolden の値を間接的に変更することもできます。

```
*administrator = "Maj. Gen. Charles Frank Bolden Jr."
fmt.Println(bolden)
// Maj. Gen. Charles Frank Bolden Jr.
```

major（少佐）に administrator を代入すると、同じ bolden の文字列を指し示す新しいポインタができます（図 26–3 参照）。

```
major := administrator
*major = "Major General Charles Frank Bolden Jr."
fmt.Println(bolden)
// Major General Charles Frank Bolden Jr.
```

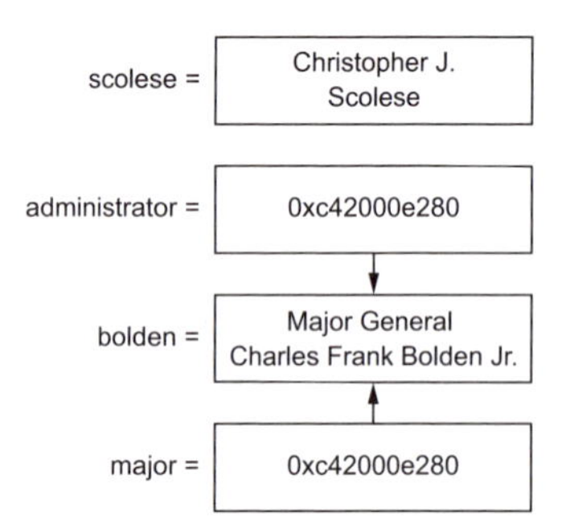

図26–3：administrator と major が bolden を指し示す

major と administrator という 2 つのポインタは、どちらも同じメモリアドレスを格納するのですから、この 2 つは等価です。

```
fmt.Println(administrator == major) // true
```

administrator は、チャールズ・ボールデンから、ロバート・M・ライトフット・ジュニアへと、2017 年 1 月 20 日に引き継がれました。この変更を行ったら、administrator と major は、もう同じメモリアドレスを指し示さなくなります（図 26-4 を参照）。

```
lightfoot := "Robert M. Lightfoot Jr."
administrator = &lightfoot
fmt.Println(administrator == major) // false
```

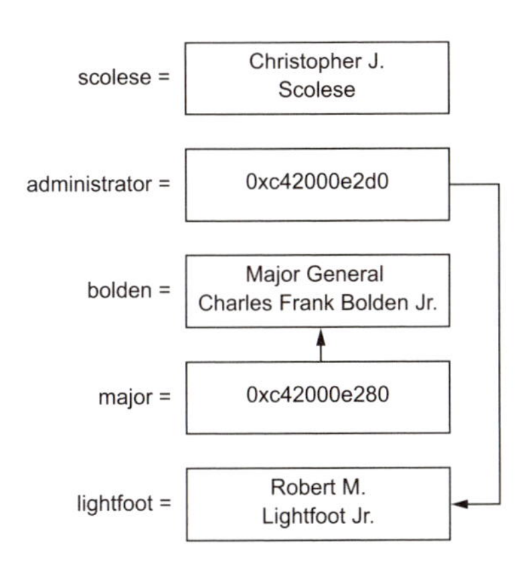

図26-4：administrator は、lightfoot を指し示すようになった

major をデリファレンスして得た値を、別の変数 charles に代入すれば、文字列のコピーが生じます。この複製を行った後、bolden に対して直接あるいは間接的に変更を加えても、charles の値には影響がありません（逆も同じです）。

```
charles := *major
*major = "Charles Bolden"
fmt.Println(charles)
// Major General Charles Frank Bolden Jr.

fmt.Println(bolden)
// Charles Bolden
```

もし 2 つの変数が同じ文字列を含んでいたら、その 2 つの変数は等しいとみなされます。次のコードにおける、charles と bolden が、そうです。この等価関係は、両者のメモリアドレスが異なっていても成立します。

```
charles = "Charles Bolden"
fmt.Println(charles == bolden) // true
fmt.Println(&charles == &bolden) // false
```

このセクションでは、bolden の値を間接的に書き換えるため、ポインタの administrator や major をデリファレンスしました。これはポインタで何ができるかを示したのですが、この場合は、直接 bolden に新しい値を代入する方が単純明快でしょう。

▷ **クイックチェック 26-3**

1 リスト 26–5 でポインタを使うことのメリットは何でしょうか？

2 major := administrator と charles := *major は、それぞれ何をする文ですか？

● 構造体へのポインタ

ポインタは、しばしば構造体に対して使われます。このため、Go 言語の設計者たちは、構造体へのポインタを快適に使うための工夫を、いくつか提供しています。

文字列や数と違って、複合リテラルにはアドレス演算子を前置することができます。リスト 26–6 で、timmy 変数に格納されるのは、1 個の person 構造体を指し示すメモリアドレスです。

リスト26–6：person 構造体と複合リテラル（struct.go）

```
// 名前と超能力と年齢のフィールドを持つ person 構造体
type person struct {
    name, superpower string
    age              int
}

timmy := &person{
    name: "Timothy",
    age: 10,
}
```

また、構造体のフィールドをアクセスするのに、その構造体をデリファレンスする必要がありません。次のリストのような書き方が、(*timmy).superpower よりも好ましいのです。

リスト26–7：person 構造体のフィールド（struct.go）

```
// timmy の超能力フィールドに代入
timmy.superpower = "flying"
fmt.Printf("%+v\n", timmy)
// &{name:Timothy superpower:flying age:10}
```

▷ **クイックチェック 26-4**

1　アドレス演算子の正しい使いかたは、どれですか？

　a　文字列リテラル：`&"Timothy"`

　b　整数リテラル：`&10`

　c　複合リテラル：`&personname:  "Timothy"`

　d　上記のすべて

2　`timmy.superpower` と `(*timmy).superpower` では、どこが違うのですか？

● 配列へのポインタ

構造体の場合と同じく、配列のための複合リテラルにアドレス演算子（&）を前置することによって、新しい配列へのポインタを作ることができます。また、次のリスト 26-8 にあるように、配列についても自動的なデリファレンスが提供されます。

リスト26-8：配列へのポインタ（superpowers.go）

```
package main

import "fmt"

func main() {
    superpowers := &[3]string{"flight", "invisibility", "super strength"}

    fmt.Println(superpowers[0]) // flight
    fmt.Println(superpowers[1:2]) // [invisibility]
}
```

このリストにある配列は、インデックス参照あるいはスライシングされるとき、自動的にデリファレンスされます。長くて面倒な、`(*superpowers)[0]` という書き方をする必要は、ありません。

C 言語と違って、Go の配列とポインタは、まったく独立した 2 つの型です。

スライスやマップのための複合リテラルにも、アドレス演算子（&）を前置できますが、自動的なデリファレンスは行われません。

▷ **クイックチェック 26-5**

`superpowers` が配列へのポインタであるとき、`(*superpowers)[2:]` と書く代わりに使える、もうひとつの方法は？

26.3 ポインタによる書き換え

ポインタは、関数やメソッドの境界を超えて値を書き換えるのに使うことができます。

パラメータとしてのポインタ

関数やメソッドのパラメータは、Go では値で渡されます。したがって、関数は常に渡された引数のコピーを使うことになります。関数にポインタを渡すと、その関数はメモリアドレスのコピーを受け取ります。そのメモリアドレスをデリファレンスすることによって、関数は、ポインタが指し示す値を書き換えることができます。

リスト 26–9 では、`birthday` 関数を、`*person` 型のパラメータを 1 つ受け取るものとして宣言しています。この関数は、ポインタをデリファレンスして、それが指し示す値を書き換えることが可能です。リスト 26–7 の場合と同じく、`age` フィールドをアクセスするために `p` 変数を明示的にデリファレンスする必要はありません。`(*p).age++`と書くよりも、次のリストにある構文のほうが好ましいのです。

リスト26–9：関数のパラメータ（birthday.go）

```
type person struct {
    name, superpower string
    age              int
}

func birthday(p *person) {
    p.age++
}
```

`birthday` 関数の呼び出し側では、次のリスト 26–10 のように、`person` へのポインタを渡す必要があります。

リスト26–10：関数の引数（birthday.go）

```
rebecca := person{
    name: "Rebecca",
    superpower: "imagination",
    age: 14,
}

birthday(&rebecca)

fmt.Printf("%+v\n", rebecca)
// {name:Rebecca superpower:imagination age:15}
```

▷ **クイックチェック 26-6**

1 リスト 26-6 で、「Timothy 11」を返すには、どのコードを書けばよいですか？

  a `birthday(&timmy)`

  b `birthday(timmy)`

  c `birthday(*timmy)`

2 もし `birthday(p person)` 関数がポインタを使わないとしたら、Rebecca は何歳になりますか？

● ポインタレシーバ

メソッドのレシーバも、パラメータと似ています。リスト 26-11 にある `birthday` メソッドは、レシーバへのポインタを使います。これでメソッドは、`person` の属性を書き換えられます。その振る舞いは、リスト 26-9 で見た `birthday` 関数と同じです。

リスト26-11：ポインタレシーバ（method.go）

```
type person struct {
    name string
    age int
}

func (p *person) birthday() {
    p.age++
}
```

次に示すリスト 26-12 では、ポインタを宣言し、`birthday` メソッドを呼び出すことによって、Terry の年齢をインクリメントしています。

リスト26-12：ポインタによるメソッド呼び出し（method.go）

```
terry := &person{
    name: "Terry",
    age: 15,
}
terry.birthday()
fmt.Printf("%+v\n", terry)
// &{name:Terry age:16}
```

もう 1 つの方法として、リスト 26-13 で行っているメソッド呼び出しがあります。これはポインタを使いませんが、それでも正しく動作します。ドット記法を使わずにメソッドを呼び出すと、Go が自動的に「変数のアドレス」（&）だと判定するので、`(&nathan).birthday()` と書く必要がないのです。

リスト26-13：ポインタのないメソッド呼び出し（method.go）

```
nathan := person{
    name: "Nathan",
    age: 17,
}
nathan.birthday()
fmt.Printf("%+v\n", nathan)
// {name:Nathan age:18}
```

呼び出し側でポインタを使うにしても、使わないにしても、リスト 26-11 で宣言している birthday メソッドでは、「ポインタレシーバ」を指定する必要があります。そうしなければ、age はインクリメントされません。

構造体は、しばしばポインタで渡されます。birthday メソッドが、person 全体の新しいコピーを作らずに、person の属性を書き換えるのは、合理的なことです。とはいえ、構造体なら書き換えて良いというわけではありません。標準ライブラリの time パッケージに、とても良い例があります。time.Time 型のメソッドは、決してポインタレシーバを使わず、代わりに新しい time を返します。リスト 26-14 で示すように、「明日は、今日とは別の日だ」ということです[2]。

リスト26-14：明日は新しい日（day.go）

```
const layout = "Mon, Jan 2, 2006"

day := time.Now()
tomorrow := day.Add(24 * time.Hour)

fmt.Println(day.Format(layout))
// Tue, Nov 10, 2009

fmt.Println(tomorrow.Format(layout))
// Wed, Nov 11, 2009
```

ポインタレシーバは、もし使うのなら一貫して使うべきです。もし一部のメソッドがポインタレシーバを必要とするのならば、その型の全部のメソッドでポインタレシーバを使いましょう[3]。

[2] **訳注**：Go Playground の time.Now から得られる日付は、いまのところ固定値（Go が発表された日）になっています（https://github.com/golang/go/issues/10663）。そのため、コメントになっている出力と同じ値が得られます。

[3] 日本語版 FAQ：http://golang.jp/go_faq#methods_on_values_or_pointers

▷ クイックチェック 26-7

time.Time が決してポインタレシーバを使わないと、なぜわかるのでしょうか？

● 内部ポインタ

Go には、構造体の中にあるフィールドのメモリアドレスを確定するのに「内部ポインタ」と呼ばれる便利な機能を使えます。次のリスト 26–15 の levelUp 関数は、stats 構造体を書き換えるので、ポインタが必要です。

リスト26–15：levelUp 関数（interior.go）

```
type stats struct {
    level             int
    endurance, health int
}

func levelUp(s *stats) {
    s.level++
    s.endurance = 42 + (14 * s.level)
    s.health = 5 * s.endurance
}
```

Go のアドレス演算子は、リスト 26–16 で示すように、構造体の中にあるフィールドを指し示すのに使えます。

リスト26–16：内部ポインタ（interior.go）

```
    type character struct {
        name string
        stats stats
    }

    player := character{name: "Matthias"}
    levelUp(&player.stats)
    fmt.Printf("%+v\n", player.stats)
    // {level:1 endurance:56 health:280}
```

character 型の構造体定義にはポインタがありませんが、それでも必要に応じて、どのフィールドのメモリアドレスでも取り出すことができるのです。&player.stats というコードで、構造体の内部へのポインタが得られます。

▷ クイックチェック 26-8

内部ポインタとは何ですか？

● 配列の要素を書き換える

一般には、配列よりもスライスが好ましいケースが多いのですが、長さを変える必要がないときは、配列を使うのが適しているかもしれません。レッスン 16 で見たチェスボードが、その例です。

リスト 26-17 は、配列の要素を書き換えるのにポインタを使う方法を示しています。

リスト26-17：チェスボードをリセットする（array.go）

```
func reset(board *[8][8]rune) {
    board[0][0] = 'r'
    // ...
}

func main() {
    var board [8][8]rune
    reset(&board)
    fmt.Printf("%c", board[0][0]) // r
}
```

レッスン 20 の「コンウェイのライフゲーム」の実装では、固定サイズの世界なのに、スライスを使っていました。ポインタを活用すれば、配列を使ってライフゲームを書き換えることができるでしょう。

▷ **クイックチェック 26-9**

配列へのポインタは、どんなときに使うのが適していますか？

26.4 隠れたポインタ

すべての書き換えで、ポインタを明示的に使う必要があるとは限りません。Go の一部の組み込みコレクションでは、舞台裏でポインタが使われています。

● マップはポインタです

レッスン 19 で述べたように、マップは代入されても引数として渡されてもコピーされません。マップは隠れたポインタなので、マップを指し示すポインタは余分なものです。次のように書くのは、やめましょう。

```
func demolish(planets *map[string]string) // 不要なポインタ
```

マップのキーまたは値をポインタ型にするのは、完全に正当なことですが、マップへのポインタに正当な理由があることは、まずありません

▷ **クイックチェック 26-10**

マップはポインタなのですか？

配列を参照するスライス

レッスン 17 では、スライスを配列への窓として説明しました。配列の特定の要素を指し示すために、スライスはポインタを使います。

1 個のスライスは、内部的に 3 つの要素からなる構造体で表現されます。それらは、配列へのポインタと、スライスの容量と長さです。関数またはメソッドにスライスが直接渡されたときでも、基底データの書き換えが可能なのは、内部ポインタがあるからです。

スライスに対して明示的にポインタを使うのは、スライスそのもの（長さや、容量や、開始位置のオフセット）を書き換えるのでない限り、意味がありません。リスト 26–18 にある reclassify 関数は、planets スライスの長さを書き換えます。もし reclassify がポインタを使わなければ、この変更は呼び出し側の関数（main）から見えなくなってしまいます。

リスト26–18：スライスを書き換える（slice.go）

```
func reclassify(planets *[]string) {
    *planets = (*planets)[0:8]
}

func main() {
    planets := []string{
        "Mercury", "Venus", "Earth", "Mars",
        "Jupiter", "Saturn", "Uranus", "Neptune",
        "Pluto",
    }
    reclassify(&planets)
    fmt.Println(planets)
    // [Mercury Venus Earth Mars Jupiter Saturn Uranus Neptune]
}
```

リスト 26–18 のように、渡されたスライスを書き換えるよりも、たぶん reclassify 関数を、新しいスライスを返すように書き直す方が、すっきりしたアプローチだと言えるでしょう。

▷ **クイックチェック 26-11**

受け取るデータを書き換えたい関数やメソッドにポインタが必要となるデータ型は、何と何ですか？

26.5 ポインタとインターフェイス

次のリスト 26–19 では、martian と、martian へのポインタの、どちらを使っても talker インターフェイスの要件が満たされます。

リスト26-19：ポインタとインターフェイス（martian.go）

```
type talker interface {
    talk() string
}

func shout(t talker) {
    louder := strings.ToUpper(t.talk())
    fmt.Println(louder)
}

type martian struct{}

func (m martian) talk() string {
    return "nack nack"
}

func main() {
    shout(martian{})  // NACK NACK
    shout(&martian{})  // NACK NACK
}
```

けれども、リスト26-20のようにメソッドがポインタレシーバを使うときは、話が違います。

リスト26-20：ポインタとインターフェイス（interface.go）

```
type laser int
func (l *laser) talk() string {
    return strings.Repeat("pew ", int(*l))
}

func main() {
    pew := laser(2)
    shout(&pew) // PEW PEW
}
```

このリストで、`&pew`は`*laser`型なので、`shout`が要求する`talker`インターフェイスが満たされます。けれども`shout(pew)`は使えません。この場合、`laser`はインターフェイスの要件を満たさないからです。

▷ クイックチェック 26-12

ポインタがインターフェイスを満足させるのは、どんなときですか？

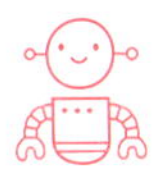

26.6　ポインタを賢く使おう

ポインタは便利かもしれませんが、複雑になります。値を複数の場所から変更できるとしたら、コードを追いかけるのが難しくなるでしょう。

ポインタは、正しい理由があるときには使うべきですが、使いすぎてはいけません。ポインタを表に出さないプログラミング言語は、しばしば舞台裏でポインタを使っています（たとえば複数のオブジェクトからクラスを組み立てるときなど）。Go では、いつポインタを使うか、いつ使わないかを、あなたが決めるのです。

▷ **クイックチェック 26-13**

なぜポインタを使いすぎてはいけないのですか？

26.7　まとめ

- ポインタはメモリアドレスを格納する。
- アドレス演算子（&）は、変数のメモリアドレスを提供する。
- ポインタを（*）でデリファレンスすると、そのポインタが指す値の参照や書き換えが可能になる。
- ポインタは、前に*を置いて宣言される型（たとえば`*int`）。
- ポインタは、関数やメソッドの境界を越えて値を書き換えるのに使う。
- ポインタを最も便利に使えるのが、構造体と配列。
- マップとスライスは、舞台裏ではポインタ。
- 内部ポインタは、構造体のなかのフィールドを（それらをポインタとして宣言することなしに）指し示すことができる。
- ポインタは、正当な理由があるときに使おう。使いすぎは良くない。

理解できたかどうか、確認しましょう。

■ **練習問題（turtle.go）**

上下左右の 4 方向に動くタートルのプログラムを書きましょう。タートルには (x, y) の位置を持たせ、正の値で右と下の方向を表現します。4 方向の移動を表すメソッドを使って、それぞれ x または y 座標をインクリメント／デクリメントさせます。`main` 関数では、それらのメソッドを使ってタートルを動かした後、最終的な位置を表示します。

メソッドのレシーバで、x と y の値を操作するために、ポインタを使う必要があるでしょう。

26.8 クイックチェックの解答

▶ クイックチェック 26-1

1 42と表示されます。値のメモリアドレス（&）をデリファレンス（*）すると、元の値に戻るからです。

2 乗算は、2つの値の中間に置かれる2項演算子ですが、デリファレンスは1個の変数の前に置かれる、前置の単項演算子です。

▶ クイックチェック 26-2

1 `var address *int`

2 型の前に置かれる*は、ポインタ型を意味します。変数名の前に置かれる*は、その変数が指し示す値をデリファレンスするのに使います。

▶ クイックチェック 26-3

1 変更を1箇所で行えます。`administrator`変数は、コピーを格納するのではなく、長官を指し示しているからです。

2 前者は、`major`という新しい`* string`ポインタ変数に、`administrator`と同じメモリアドレスを格納しています。後者の`charles`変数には、`major`が指し示していた値のコピーを含む文字列が格納されます。

▶ クイックチェック 26-4

1 アドレス演算子は、変数名と複合リテラルに対しては有効ですが、文字列や数のリテラルに対しては無効です。

2 機能的には、違いはありません。それはGoが、フィールドのためにポインタを自動的にデリファレンスしてくれるからです。ただし、`timmy.superpower`のほうが読みやすいので、好ましいのです。

▶ クイックチェック 26-5

`superpowers[2:]`と書いても同じことです。これは配列のための自動的なデリファレンスのおかげです。

▶ クイックチェック 26-6

1 `timmy` 変数は、すでにポインタになっています。だから正解は、b の `birthday(timmy)` です。

2 もし `birthday` がポインタを利用しなければ、Rebecca は 14 歳のままでしょう。

▶ クイックチェック 26-7

リスト 26-14 のコードでは、`Add` メソッドがポインタレシーバを使うかどうかは、明らかではありません。なぜなら、レシーバがポインタでも値でも、ドット記法は同じだからです。`time.Time` のメソッドについて、ドキュメントで調べるのが確実です[4]。

▶ クイックチェック 26-8

構造体の中にあるフィールドを指し示すポインタです。このポインタは、たとえば`&player.stats` のように、ある構造体のフィールドに対してアドレス演算子を使うことによって取得できます。

▶ クイックチェック 26-9

チェスボードのように、寸法が固定されているデータには、配列が適しています。配列は、関数やメソッドに渡すとコピーされますが、ポインタを使えばコピーされず、その場で要素を書き換えることが可能になります。

▶ クイックチェック 26-10

はい。構文的にはポインタに似ていなくても、実際にはポインタです。ポインタではないマップを使う手段は、ありません。

▶ クイックチェック 26-11

構造体と配列。

▶ クイックチェック 26-12

型の「非ポインタバージョン」によって満たされるインターフェイスならば、どれも値へのポインタによって満たされます。

▶ クイックチェック 26-13

ポインタを使わないコードのほうが、単純に理解しやすいかもしれません。

[4] `https://golang.org/pkg/time/#Time`

LESSON 27

nilをめぐる騒動

レッスン 27 では以下のことを学びます。

- 「無」の使い方。
- nil をめぐって、どんなトラブルが生じるか。
- Go が nil の扱いを、どう改善したか。

nil というのは、「無」あるいはゼロを意味する名詞です[1]。Go プログラミング言語で、`nil` はゼロ値の一種です。ユニット 2 で学んだように、値なしで宣言された整数は、デフォルトで 0 になります。文字列のゼロ値は、空文字列です。同様に、どこも指し示していないポインタの値は `nil` です。そして `nil` という識別子は、スライス、マップ、インターフェイスのゼロ値でもあります。

多くのプログラミング言語に nil の概念が組み込まれていますが、呼び名は、NULL だったり、null だったり、None だったりします。Go の発表に先立って、2009 年に、言語設計者のトニー・ホーアが、「Null 参照：10 億ドルの間違い」という講演を行いました[2]。

ホーアは、1965 年に Null 参照を発明した責任を痛感し[3]、彼の「どこも指し示さないポインタ」は、決して聡明なアイデアではなかったと認めています。

ホーアは、さらに 1979 年に CSP（Communicating Sequential Processes）を発明しました。彼のアイデアは、ユニット 7 の主題である Go の並行性の基礎となっています。

---

1 **訳注**：ニルと読みます。ナルまたはヌルと読む、英語やドイツ語の null も、同じ意味です。

2 https://www.infoq.com/presentations/Null-References-The-Billion-Dollar-Mistake-Tony-Hoare

3 **訳注**：ホーアは、自分が 1965 年に ALGOL W 言語で Null 参照を導入したのは「ただ実装が簡単だったから」だが、いま考えると「10 億ドルに相当する間違え」だったと述べ、プログラミング言語の設計者は、その言語で書かれたプログラムのエラーに責任がある、という考えを示しました。

Go の nil は、過去の言語の同類と比べて害が少なく、影響が及ぶ範囲も狭いのですが、それでも注意すべき点があり、「予想外の使い方」も存在します。このレッスンは、フランセス・カンポイの、GopherCon 2016 での講演[4]から、インスピレーションを得ています。

Column こう考えてみましょう

星座の表現方法を考えてみましょう。それぞれの星にポインタが含まれ、それが最も近い星を指し示すものとします。計算が終わると、どの星ポインタも、どこかを指し示すことになり、そのポインタをデリファレンスするだけで、最も近い星を見つけることができます。
けれども、計算が終わる前のポインタは、いったいどこを指し示すのでしょうか。nil が便利なのは、このような状況です。最も近い星が判明するまで、代わりに nil を使えるのです。
どこも指し示さないポインタが便利な状況として、他にどんなものがあるでしょうか？

27.1 パニックを招く nil

ポインタが、どこも指し示していないときに、そのポインタをデリファレンスしても、うまくいくわけがありません。その例を、リスト 27-1 に示します。nil ポインタをデリファレンスしようとしたら、プログラムはクラッシュするでしょう。そしてクラッシュするアプリケーションは、原則として嫌われる傾向にあるのです。

> あれは私が犯した 10 億ドルの間違いです。
>
> – Tony Hoare

リスト27-1：nil がパニックを招く（panic.go）

```
var nowhere *int
fmt.Println(nowhere)
// <nil>

fmt.Println(*nowhere)
// panic: runtime error: (...) nil pointer dereference
```

パニックを回避する方法は、単純明快です。次のリスト 27-2 のように、1 個の `if` 文で、nil ポインタのデリファレンスを予防できます。

4 https://www.youtube.com/watch?v=ynoY2xz-F8s

リスト27-2：パニックを予防する（nopanic.go）

```
var nowhere *int

if nowhere != nil {
    fmt.Println(*nowhere)
}
```

正確に言えば、プログラムは nil ポインタのデリファレンスに限らず、数多くの理由でクラッシュします。たとえばゼロによる除算のパニックですが、それらも同じ方法で回避できるでしょう。とはいえ、過去 50 年にわたって書かれたすべてのソフトウェアで、間違って nil ポインタをデリファレンスした事故の数を考えると、ユーザーにとってもプログラマにとっても、きわめてコストが高いと言えるでしょう。nil が存在することにより、より多くの判断が、プログラマに課されます。このコードは nil をチェックすべきでしょうか？　もしそうなら、どこでチェックすべきでしょう？　もし値が nil ならば、コードは何をすべきでしょうか？　なんだか、「nil」が忌まわしい言葉のように思えてきませんか？

「われらの要求に応じないと……、ニルと言うぞ」― ニルと言う騎士たち

けれども、耳を塞いでニルを全面的に防ぐ必要はありません。本当のところ、このレッスンで実例を示していくように、nil は、とても便利に使えるのです。また、Go の nil ポインタは、ある種の言語の null ポインタほど広く存在するわけでもなく、必要に応じて使うのを防ぐ方法も存在します。

▷ **クイックチェック 27-1**

`*string` 型のゼロ値は？

27.2 メソッドをガードする

メソッドは、しばしば構造体へのポインタを受け取ります。ということは、リスト 27–3 が示すように、レシーバが nil になる可能性があります。ポインタを明示的にデリファレンスする場合も（*p）、構造体のフィールドをアクセスすることによって暗黙のうちに行われる場合も（p.age）、nil の値はパニックを起こします。

リスト27–3：nil のレシーバ（method.go）

```
type person struct {
    age int
}

func (p *person) birthday() {
    p.age++
// panic: runtime error: (...) nil pointer dereference
}

func main() {
    var nobody *person
    fmt.Println(nobody) // <nil>
    nobody.birthday()
}
```

p.age++の行が実行されるときにパニックが起こる、ということに注目しましょう。この行を削除すれば、プログラムは実行されます。

これと等価なプログラムを Java で書いた場合、null レシーバは、そのメソッドが呼び出された時点で、即座にプログラムをクラッシュさせます。

Go は、たとえレシーバの値が nil であっても、問題なくメソッドを呼び出します。nil レシーバの振る舞いは、nil パラメータの振る舞いと同様です。したがってメソッドは、リスト 27–4 で行っているように、nil の値に対してガードを固めることができます。

リスト27–4：ガードを固める（guard.go）

```
func (p *person) birthday() {
    if p == nil {
        return
    }
    p.age++
}
```

birthday メソッドを呼び出す前に nil をチェックする代わりに、リスト 27–4 ではメソッドの中で、nil レシーバから身を守っています。

Objective-C は、nil に対してメソッドを呼び出してもクラッシュしません。メソッド呼び出しを行う代わりに、ゼロ値を返します。

Go では、nil の扱い方を、あなたが決めるのです。あなたのメソッドは、ゼロ値を返すことも、エラーを返すことも、クラッシュすることも可能です。

▷ **クイックチェック 27-2**

もし p が nil ならば、p.age によるフィールド参照の結果は、どうなりますか？

27.3　関数の値としての nil

関数型として宣言される変数のデフォルト値は nil になります。次のリストで、fn は関数型ですが、どの関数も代入されていません。

リスト27–5：nil という値の関数型（fn.go）

```
var fn func(a, b int) int
fmt.Println(fn == nil) // true
```

もし上記のリストで fn(1, 2) を呼び出したら、このプログラムは「nil pointer dereference」でパニックを起こすでしょう。fn に関数が代入されていないからです。

関数の値が nil かどうかをチェックして、デフォルトの振る舞いを提供することは可能です。次のリストのソート関数は、文字列のスライスをソートするのに sort.Slice を使うのですが、それにはファーストクラスの関数として less を渡します。もし less 引数として nil が渡されたら、ソート関数は、アルファベット順にソートする関数をデフォルトの less として使います。

リスト27–6：デフォルトの関数（sort.go）

```
package main

import (
    "fmt"
    "sort"
)
```

```
func sortStrings(s []string, less func(i, j int) bool) {
    if less == nil {
        less = func(i, j int) bool { return s[i] < s[j] }
    }
    sort.Slice(s, less)
}

func main() {
    food := []string{"onion", "carrot", "celery"}
    sortStrings(food, nil)
    fmt.Println(food)
    // [carrot celery onion]
}
```

▷ **クイックチェック 27-3**

リスト 27–6 で、`food` 文字列を短い順にソートするコードを、1 行で書いてください。

27.4 nil のスライス

複合リテラルも組み込みの `make` も使わずに宣言されたスライスは、`nil` の値を持ちます。幸い、リスト 27–7 に示すように、`range` キーワードも、組み込みの `len` と `append` も、nil スライスを正しく扱うことができます。

リスト27–7：成長するスライス（slice.go）

```
var soup []string
fmt.Println(soup == nil) // true

for _, ingredient := range soup {
    fmt.Println(ingredient) // 出力なし
}

fmt.Println(len(soup)) // 0

soup = append(soup, "onion", "carrot", "celery")
fmt.Println(soup) // [onion carrot celery]
```

空のスライスと nil スライスは等価ではありませんが、しばしば交換して使えます。リスト 27–8 では、スライスを受け取る関数に `nil` を渡すことで、「空のスライスを作成するステップ」を省略しています。

リスト27-8：nil から作るミルポワ（mirepoix.go）

```
func main() {
    soup := mirepoix(nil)
    fmt.Println(soup)
    // [onion carrot celery]
}

func mirepoix(ingredients []string) []string {
    return append(ingredients, "onion", "carrot", "celery")
}
```

スライスを受け取る関数を書くときは、いつも、nil スライスによって空のスライスと同じ振る舞いが得られるようにすべきです。

▷ **クイックチェック 27-4**

nil スライスに実行しても安全なのは、どのアクションですか？

27.5 nil のマップ

スライスと同じくマップも、複合リテラルまたは組み込みの `make` なしで宣言されると、`nil` の値を持ちます。リスト 27-9 で行っているように、たとえ nil のときでもマップを読むことは可能ですが、nil マップへの書き込みはパニックを起こします。

リスト27-9：マップを読む（map.go）

```
var soup map[string]int
fmt.Println(soup == nil) // true

measurement, ok := soup["onion"]
if ok {
    fmt.Println(measurement)
}

for ingredient, measurement := range soup {
    fmt.Println(ingredient, measurement)
}
```

マップから読むだけの関数に対して、空のマップを作る代わりに `nil` を渡しても問題ありません。

▷ **クイックチェック 27-5**

どのようなアクションが nil マップにパニックを起こすのですか？

27.6 nil のインターフェイス

変数を、代入なしでインターフェイス型として宣言するとき、ゼロ値は nil になります。次のリストでは、インターフェイスの型と値の両方が nil となり、その変数と nil とを比較すると、等しいという結果が出ます。

リスト27-10：インターフェイスが nil になるとき（interface.go）

```
var v interface{}
fmt.Printf("%T %v %v\n", v, v, v == nil)
// <nil> <nil> true
```

インターフェイス型の変数に値を代入すると、インターフェイスの内部ポインタが変数の型と値を指し示す結果として、値が nil なのに nil と比較しても等しくないという、なんとも驚くべき結果が生じます。リスト 27-11 が示すように、変数が nil と等しくなるためには、インターフェイス型と値の両方が nil でなければならないのです。

リスト27-11：なんでこうなるの？（interface.go）

```
var p *int
v = p
fmt.Printf("%T %v %v\n", v, v, v == nil)
// *int <nil> false
```

%#v というフォーマット指定は、型と値の両方を見ます。これによって、リスト 27-12 のように、変数に含まれるのが (*int)(nil) で、単なる<nil>ではないことを確認できます。

リスト27-12：Go による表現を調べる（interface.go）

```
fmt.Printf("%#v\n", v) // (*int)(nil)
```

インターフェイスを nil とを比較するとき、結果を見て驚かないようにするには、nil を含む変数へのポインタを使わず、nil 識別子を明示的に使うのが最良の方法です。

▷ クイックチェック 27-6

var s fmt.Stringer として宣言された s の値は？

27.7 nil に代わるもの

値が何もないときは、いつでも nil を使いたくなるかもしれません。たとえば、整数へのポインタ（*int）は、ゼロと nil の、どちらも表現できます。ただしポインタは指し示すためにあるのですから、ただ nil の値を提供するためだけにポインタを使うのが最良のオプションとは限らないでしょう。

ポインタに代わる手段としては、次のように、小さな構造体と 2 つのメソッドとを宣言するという方法があります。これには少し余分なコードが要りますが、ポインタも nil も必要としません。

リスト27-13：構造体で値の設定／未設定を管理する（valid.go）

```
type number struct {
    value int
    valid bool
}

func newNumber(v int) number {
    return number{value: v, valid: true}
}

func (n number) String() string {
    if !n.valid {
        return "未設定"
    }
    return fmt.Sprintf("%d", n.value)
}

func main() {
    n := newNumber(42)
    fmt.Println(n) // 42

    e := number{}
    fmt.Println(e) // 未設定
}
```

▷ **クイックチェック 27-7**

リスト 27-13 のアプローチには、どんな利点がありますか？

27.8　まとめ

- nil ポインタのデリファレンスは、プログラムをクラッシュさせる。
- メソッドは、nil 値の受け取りについてガードを固めることができる。
- 引数として渡される関数が nil の場合について、デフォルトの振る舞いを提供できる。
- nil スライスは、しばしば空のスライスと交換できる。
- nil マップは、読み出し可能だが、書き込みはできない。
- nil のように見えるインターフェイスは、必ず型と値の両方を nil にする。
- 「何もない」を表現する手段は、nil だけではない。

理解できたかどうか、確認しましょう。

■ 練習問題（knights.go）

騎士が、アーサー王の行く手を遮ります。王は何も持っていません。そのことは、彼の `leftHand *item` の値が `nil` であることによって表現されます。まず `character` という構造体を作り、何かを手に持つ `pickup(i *item)` と、持っているものを誰かに与える `give(to *character)` という2つのメソッドを実装しましょう。それから、このレッスンで学んだ知識を使って、アーサー王が何かアイテムを手に持って、それを騎士に与えるという手順を書き、個々のアクションについて、適切な記述を表示してください。

27.9 クイックチェックの解答

▶ クイックチェック 27-1

ポインタのゼロ値は、`nil` です。

▶ クイックチェック 27-2

コードがフィールドをアクセスする前に nil のチェックをしない限り、パニックしてプログラムをクラッシュさせます。

▶ クイックチェック 27-3

```
sortStrings(food, func(i, j int) bool { return len(food[i]) < len(food[j]) })
```

▶ クイックチェック 27-4

組み込みの `len` と `cap` と `append` は、nil スライスに使っても安全です。`range` キーワードも同様です。空のスライスの場合と同じく、nil スライスの要素を直接アクセスしようとしたら（`soup[0]`）、インデックスが範囲外となってパニックが生じます。

▶ クイックチェック 27-5

nil マップへの書き込み（`soup["onion"] = 1`）は、パニック（nil マップの要素への代入：assignment to entry in nil map）を起こします。

▶ クイックチェック 27-6

値は `nil` です。なぜなら、`fmt.Stringer` はインターフェイスで、インターフェイスのゼロ値は `nil` だからです。

▶ クイックチェック 27-7

ポインタも `nil` の値も持たないので、nil ポインタのデリファレンスという問題を根絶しています。また、`valid`（有効な）というブール値の意図は明らかですが、`nil` の意味は、それほど明白ではありません。

LESSON 28

エラーは人の常

レッスン 28 では以下のことを学びます。

- ファイルを書き、失敗を処理する。
- 上手にエラーを処理する。
- 特定のエラーを作り出し、識別する。
- 落ち着いて仕事を続ける。

サイレンが鳴っています。生徒も先生も、教室から最も近い出口に向かい、校庭に集合します。でも危険らしきものはなく、火事も見えません。いつもの訓練なのです。誰もが緊急事態に備えるべきです。

ファイルが見つかりません。不正なフォーマットです。サーバーに到達できません。このように、何かが正常ではないとき、ソフトウェアは何をするのでしょうか。もしかしたら問題を解決でき、いつものように処理を続行できるかもしれません。あるいは、安全に脱出するのが最良の方策なのかもしれません。きちんとドアを閉めて出られるでしょうか、それとも 4 階の窓から飛び降りるしかないのでしょうか。

プランを立てることが重要です。どんなエラーが起こりえるか、どのように伝えられるか、どんなステップで処理するかを、よく考えることです。Go は、いつもエラー処理を前面に出して、あなたが失敗と対処方法について考えることを推奨します。「またいつもの避難訓練か」というように、エラー処理も、ときには日常的で退屈と思われるかもしれませんが、最終的には、それによって信頼できるソフトウェアが生み出されるのです。

このレッスンでは、エラーを処理する方法を、いくつか探究し、どのようにしてエラーが起きるのかを考察します。最後に、Go のスタイルによるエラー処理を、他のプログラミング言語によるものと比較します。

Column こう考えてみましょう

18世紀のはじめに、英国の詩人アレキサンダー・ポープが、「to err is human」という有名なフレーズを含む詩を書きました。ここでちょっと時間を割いて、このフレーズを吟味し、コンピュータプログラミングと関係がないか、探ってみましょう。

> 間違うのは人の常、許すのは神の業
>
> – "An essay on Criticism" Part 2[1]
> Alexander Pope, 1711

これを私たちは、どう受け止められるでしょうか。誰でも間違いを犯します。システムには不具合が起きます。エラーは日常的に発生するもので、「例外」ではありません。ものごとが悪い方向に行く可能性を予期すべきなのです。そして重要なのは、どのような応答を選ぶかです。エラーを無視せずに、認めること。問題に取り組み、解決し、先に進むことです。

28.1 エラー処理

過去のプログラミング言語は、戻り値が1個に限られるせいで、エラー処理が隠れてしまう傾向にありました。関数の戻り値に、エラー値と成功を示す値の両方を詰め込むか、あるいは別のチャネルでエラーを伝えていました（たとえばグローバルな `errno` 変数を通じて）。さらに良くないのは、エラーを伝える機構に一貫性がなく、関数によって違っていたことです。

レッスン12で述べたように、Goには複数の戻り値があります。その用途はエラー処理に限定されませんが、複数の戻り値によって、呼び出し側の関数にエラーを返すシンプルで一貫した機構が提供されます。関数にエラーを返す可能性があるときは、最後の戻り値をエラーに使うのが慣例です。呼び出し側は、関数を呼び出した直後に、エラーの有無をチェックすべきです。もしエラーが発生していなければ、エラー値は `nil` になります。

エラー処理の例を示すために、リスト28-1では `ReadDir` 関数を呼び出しています。もしエラーが起きたら、`err` 変数が `nil` にならないので、このプログラムは、そのエラーを表示して即座に終了します。`os.Exit` にゼロ以外の値を渡すことによって、エラーの発生がオペレーティングシステムに通知されます。

もし `ReadDir` が成功していたら、ファイル一覧である `files` が `os.FileInfo` のスライスに代入されます。このリストによって、指定されたパスにあるファイルとディレクトリについての情報が提供されます。この場合、パスとして指定する1個のドットは、カレントディレクトリを示すものです。

---

[1] **訳注**：http://www.gutenberg.org/ebooks/7409。『英米文芸論双書3「批評論」』（アレキサンダー・ポープ著、矢本貞幹訳注、研究社出版、1967年）。

リスト28–1：ファイル一覧（files.go）

```
package main

import (
    "fmt"
    "io/ioutil"
    "os"
)

func main() {
    files, err := ioutil.ReadDir(".")
    if err != nil {
        fmt.Println(err)
        os.Exit(1)
    }

    for _, file := range files {
        fmt.Println(file.Name())
    }
}
```

エラーが発生したとき、もう 1 つの戻り値は一般に信用すべきではありません。本来、その型のゼロ値を設定すべきなのですが、関数によっては、部分的なデータや、間違ったデータを返すことがあるかもしれません。

リスト 28–1 を Go Playground で実行すると、ディレクトリのリストが出力されるはずです。

```
dev
etc
tmp
usr
```

別のディレクトリの内容をリストにするには、リスト 28–1 のカレントディレクトリ（./）を、他のディレクトリ名（たとえば「etc」）で置き換えます。そのリストには、ファイルとディレクトリの両方が含まれるかもしれません。その 2 つを判別するには、`file.IsDir()` を使えます。

▷ クイックチェック 28-1

1. 架空のディレクトリ（たとえば「`unicorns`」）を読むようにリスト 28–1 を書き換えたら、どんなエラーメッセージが表示されますか？
2. もし `ReadDir` を、ディレクトリではなく、（たとえば`/etc/hosts` のような）ファイルに使ったら、どんなエラーメッセージが表示されますか？

28.2 エレガントなエラー処理

Go を使うプログラマには、関数が返すエラーについて考慮し、エラーがあれば処理することが推奨されます。エラー処理に費やされるコードの量は、積み重なって、すぐに大きくなりますが、幸い、信頼性を犠牲にしないでエラー処理コードの量を少なく抑える方法が、いくつかあります。

ある種の関数は、方程式やデータ変換などのロジックを、エラーを返す必要なしに実行できます。一方、ファイルやデータベースやサーバーと通信する関数もあり、通信は面倒が多くて失敗しやすいものです。エラー処理コードを少なくする戦略のひとつは、プログラムのなかでエラーを起こさない部分集合を、もともとエラーが起きやすいコードから切り離すという方法です。

けれども、エラーを返すコードは、どう扱えばよいのでしょう。エラーは消すことができませんが、エラー処理を単純化する努力は可能です。それを示すために、まずは下記の「Go の格言」[2]をファイルに書く小さなプログラムを作成し、それから、エレガントなコードになるまでエラー処理を改善していきましょう。

> エラーは値だ。
> エラーは、ただチェックするのではなく、きちんと処理すべきだ。
> パニックは禁物。
> ゼロ値を有効にせよ。
> インターフェイスが大きいほど抽象性が弱まる。
> 空のインターフェイスは、何も言わないのと同じ。
> gofmt のスタイルは誰も好きではないが、gofmt は誰にも好ましいツールだ。
> ドキュメントはユーザーが使うもの。
> ちょっとコピーするほうが、ちょっと依存するより良い。
> 賢いコーディングより、明快なコードが良い。
> 並行性は並列処理ではない。
> メモリ共有で通信するな。通信でメモリを共有せよ。
> チャネルは編成する。ミューテックスは直列化する。
>
> – Rob Pike, ”Go Proverbs”

[2] **訳注**：ロブ・パイクの「Go の格言」(Go Proverbs) は、「碁の格言」(Go Proverbs) を手本にしたようです。本人による解説の動画 (Gopherfest 2015 年 11 月 18 日の講演) が YouTube にあります (`https://www.youtube.com/watch?v=PAAkCSZUG1c`)。格言リストは、この動画を参考にして意訳しています。原文は、リスト 28-6 に入っています。

ファイルを書く

ファイルの書き込みでは、失敗の可能性が無数にあります。もしパスが無効だったり、パーミッションに問題があれば、書き込みを始める前にファイルの作成に失敗するかもしれません。書き込みを開始しても、デバイスのディスク空間が不足したり、電源コードを抜かれたりするかもしれません。さらに、書き込みが終了したファイルはクローズする必要があります。それは、ディスクへのフラッシングを正しく完了させ、リソースのリーク（徐々に減っていくこと）を防ぐためです。

オペレーティングシステムでは、一度にオープンされるファイルごとにリソース（ここでは空きメモリ）が消費されるので、ファイルを 1 つオープンするたびにリソースの消費が高まります。ファイルを意図せずオープンしたまま残しておくことによるリソースの無駄使いは、リークの一例です。

リスト 28–2 に示す main 関数は、proverbs を呼び出してファイルを作成し、エラーがあれば表示して終了することでエラー処理を行います。別の実装では、エラーを別の方法で処理できます（ユーザーが別のパスとファイル名を入力できるようにプロンプトを出すなど）。proverbs 関数自身がエラー時に終了するのも可能ですが、どのようなエラー処理を行うかを呼び出し側で決めてもらうほうが便利です。

リスト28–2：proverbs を呼び出す（proverbs.go）

```
func main() {
    err := proverbs("proverbs.txt")
    if err != nil {
        fmt.Println(err)
        os.Exit(1)
    }
}
```

proverbs 関数は、error を返すかもしれません。これはエラー専用の組み込み型です。リスト 28–3 に示すように、この関数はファイルの作成を試みます。この時点でエラーが起きた場合は、ファイルをクローズする必要がないので即座に終了します。関数の残りの部分は、ファイルに数行のデータを書き、成功しても失敗しても必ずファイルをクローズするようにしています。

リスト28–3：Go Proverbs を書く（proverbs.go）

```
func proverbs(name string) error {
    f, err := os.Create(name)
    if err != nil {
        return err
    }
```

```
    // 「エラーは値だ」
    _, err = fmt.Fprintln(f, "Errors are values.")
    if err != nil {
        f.Close()
        return err
    }

    // 「エラーは、ただチェックするのではなく、きちんと処理すべきだ」
    _, err = fmt.Fprintln(f, "Don't just check errors, handle them gracefully.")
    f.Close()
    return err
}
```

上記のリストには、かなりの量のエラー処理コードが入っています。この調子で「Go の格言」をすべて書いていたら、ひどく冗長なコードになることでしょう。

ただし良いところもあって、エラーを処理するコードに一貫した字下げ（インデント）があります。そのおかげで、エラー処理の繰り返しを、すべて丹念に読む代わりに、コード全体を、ざっと読むことが容易になっています。このようにエラーをインデントするのは、Go コミュニティの共通パターンですが、とにかく、この実装を改造していきましょう。

▷ **クイックチェック 28-2**

なぜ関数は、そこでプログラムを終了せずに、エラーを返すべきなのでしょうか。

defer キーワード

ここでファイルを確実にクローズする、というような目的には、`defer` キーワードを利用できます。遅延したアクションは、それを含む関数からリターンする前に、どれも必ず実行されることが、Go によって保証されます。リスト 28-4 では、`defer` の後にある、どの `return` 文を実行する場合も、必ず `f.Close()` が呼び出されます。

リスト28-4：クリーンアップを遅延する（defer.go）

```
func proverbs(name string) error {
    f, err := os.Create(name)
    if err != nil {
        return err
    }
    defer f.Close()

    _, err = fmt.Fprintln(f, "Errors are values.")
    if err != nil {
        return err
    }

    _, err = fmt.Fprintln(f, "Don' t just check errors, handle them gracefully.")
    return err
}
```

リスト 28–4 の振る舞いは、リスト 28–3 の振る舞いと同じです。このように、全体の振る舞いを変えずにコードを変更することを、「リファクタリング」と呼びます。リファクタリングすることは、より良いコードを書くうえで、ちょうど原稿の文章を推敲する作業のように、重要なスキルです。

どんな関数もメソッドも、遅延することができます。そして、複数の戻り値と同様に、deferもエラー処理専用ではありません。遅延することによって「必ずクリーンアップしなければならない」という負担を免除され、おかげでエラー処理が改善されます。つまりdeferのおかげで、個々のエラーを処理するコードは、自分が担当するエラーだけに注意を集中することができます。

deferキーワードのおかげで、かなり改善されましたが、それでも1行書くたびに、いちいちエラーをチェックするのは苦痛です。もっと創作力を発揮しなければなりません。

▷ **クイックチェック 28-3**

遅延されたアクションは、いつ呼び出されるのですか？

創作的なエラー処理

エラー処理については、ロブ・パイクが「エラーは値にすぎない」という素晴らしい記事を、2015年1月の「Go blog」に書いています[3]。

この記事は、ファイルに書き込む処理を、同じエラー処理コードを1行ごとに繰り返さずに済ますシンプルな方法を説明しています。

このテクニックを応用するには、新しい構造体を宣言する必要があります。その型を、リスト28–5ではsafeWriterと呼びます。そのsafeWriterが、ファイルへの書き込みを行いますが、そのときエラーが発生したら、エラーを返すのではなく、型のフィールドにストアしておきます。その後、writelnで同じファイルへの書き込みを行おうとするとき、もし以前の書き込みでエラーが発生していたら、その書き込みをスキップします。

リスト28–5：エラー値をストアする（writer.go）

```
type safeWriter struct {
    w io.Writer
    err error // ここに最初のエラーをストアする
}
```

[3] **訳注**：https://blog.golang.org/errors-are-valuesByRobPike
主な部分を要約します。「エラーは値だという基本を忘れているGoプログラマが多い。エラーは値なのだから、値を扱うプログラミング技術をエラーにも使える。単純に値がnilかどうかを、いちいち比較する以外に、エラー値を扱う方法は他にある」

```
func (sw *safeWriter) writeln(s string) {
    if sw.err != nil {
        return // すでにエラーが発生していたら書き込みをスキップ
    }
    // 1 行を書き、もしエラーがあればストアする
    _, sw.err = fmt.Fprintln(sw.w, s)
}
```

この safeWriter を使う、次のリスト 28–6 では、エラー処理を繰り返すことなく複数行を書いています。これでもエラーがあればリターンするのです。

リスト28–6：格言への道（writer.go）

```
func proverbs(name string) error {
    f, err := os.Create(name)
    if err != nil {
        return err
    }
    defer f.Close()

    sw := safeWriter{w: f}
    sw.writeln("Errors are values.")
    sw.writeln("Don't just check errors, handle them gracefully.")
    sw.writeln("Don't panic.")
    sw.writeln("Make the zero value useful.")
    sw.writeln("The bigger the interface, the weaker the abstraction.")
    sw.writeln("interface{} says nothing.")
    sw.writeln("Gofmt's style is no one's favorite," +
               " yet gofmt is everyone's favorite.")
    sw.writeln("Documentation is for users.")
    sw.writeln("A little copying is better than a little dependency.")
    sw.writeln("Clear is better than clever.")
    sw.writeln("Concurrency is not parallelism.")
    sw.writeln("Don't communicate by sharing memory," +
               " share memory by communicating.")
    sw.writeln("Channels orchestrate; mutexes serialize.")

    return sw.err // エラーが発生したら、そのエラーを返す
}
```

テキストファイルを書く方法としては、このほうが、よほどすっきりしますが、ここでは、別の問題が重要なのです。これと同じテクニックは、たとえば zip ファイルの作成にも使えますし、まったく別のタスクにも応用できます。そして、パイクの偉大なアイデアは、1 個のテクニックよりも大きいのです。

……エラーは値である。そして Go プログラミング言語のフルパワーを、その処理に使える。

– Rob Pike, "Errors are values"

エレガントなエラー処理は、あなたの手の届くところにあります。

▷ **クイックチェック 28-4**

もしリスト 28–6 で「Clear is better than clever.」をファイルに書き込んでいるときにエラーが起きたら、それに続くイベントシーケンスは、どうなりますか？

28.3 新たなエラー

関数が不正なパラメータを受け取ったとき、あるいは何か別のことがうまくいかないとき、その関数の呼び出し側に問題を伝えるため、新規にエラー値を作成してリターンすることができます。

新たなエラーの例を示すため、リスト 28–7 では、論理パズルの数独の基礎として、9×9 のグリッドを作ります。このグリッドにおける個々のマス目には、1 から 9 までの数が入ります。この実装には固定サイズの配列を使い、ゼロという数で空のマス目を示します。

リスト28–7：数独のグリッド（sudoku1.go）

```
const rows, columns = 9, 9

// Grid は、数独のグリッド
type Grid [rows][columns]int8
```

エラーメッセージ用に文字列を受け取るコンストラクタ関数が、errors パッケージ[4]にあります。これを使うリスト 28–8 の Set メソッドは、「境界外」エラーを作成して返すことがあります。

メソッドの先頭でパラメータの正当性を検証しておけば、メソッドの残りの部分で不正な入力について心配せずに済みます。

リスト28–8：パラメータの正当性を検証する（sudoku1.go）

```
func (g *Grid) Set(row, column int, digit int8) error {
    if !inBounds(row, column) {
        return errors.New("out of bounds")
    }

    g[row][column] = digit
    return nil
}
```

---

4 https://golang.org/pkg/errors/

リスト28-9に示すinBounds関数は、rowとcolumnがグリッドの境界内にあることを確認します。このヘルパー関数によって、Setメソッドは詳細に立ち入るのを免れています。

リスト28-9：ヘルパー関数（sudoku1.go）

```
func inBounds(row, column int) bool {
    if row < 0 || row >= rows {
        return false
    }
    if column < 0 || column >= columns {
        return false
    }
    return true
}
```

最後に、次のリストに示すmain関数は、グリッドを作成し、不正な配置によるエラーが起きたら、そのエラーを表示します。

リスト28-10：グリッドを設定する（sudoku1.go）

```
func main() {
    var g Grid
    err := g.Set(10, 0, 5)
    if err != nil {
        fmt.Printf("An error occurred: %v.\n", err)
        os.Exit(1)
    }
}
```

エラーメッセージで中途半端な（完結しない）文章を使うのは、よくあることです。そういうメッセージは、追加のテキストで補完してから表示するのです。

十分な情報を提供するエラーメッセージを、じっくり考えて書きましょう。エラーメッセージは、エンドユーザーのためにも、他のソフトウェア開発者のためにも、あなたのプログラムのユーザーインターフェイスの一部だと考えるべきです。「境界外」でも悪くはありませんが、「グリッド境界の外側」と書く方が、もっと良いかもしれません。「error 37」というようなメッセージでは、まったく援助になりません。

▷ **クイックチェック 28-5**

不正な入力に対するガードを、関数の冒頭に置くことで、どういうメリットが得られますか？

● どのエラーなのか？

多くの Go パッケージは、その中で返すことのあるエラーを変数で宣言してエクスポートしています。それを数独のグリッドに応用して、次のリスト 28–11 では、パッケージのレベルで 2 つのエラー変数を宣言しています。

リスト28–11：エラー変数を宣言する（sudoku2.go）

```
var (
    ErrBounds = errors.New("out of bounds") // 境界外
    ErrDigit = errors.New("invalid digit")  // 不正な数
)
```

規約により、エラーメッセージを代入する変数の名前は、`Err` で始めます。

`ErrBounds` を宣言しておけば、`Set` メソッドで新たにエラーを作成する代わりに、その変数を返すことができます（リスト 28–12）。

リスト28–12：該当するエラーを返す（sudoku2.go）

```
if !inBounds(row, column) {
    return ErrBounds
}
```

もし `Set` メソッドがエラーを返したら、呼び出し側は、起きる可能性のある複数のエラーを判別し、それぞれのエラーを個別に処理することができます。エラー変数で返されたエラーの値のチェックは、ひとつひとつ`==`を使って比較することも、リスト 28–13 のように、1 個の `switch` 文で行うこともできます。

リスト28–13：どのエラーかを main で判定（sudoku2.go）

```
var g Grid
err := g.Set(0, 0, 15)
if err != nil {

    switch err {
    case ErrBounds, ErrDigit:
        fmt.Println("Les erreurs de paramétres hors limites.")
    default:
        fmt.Println(err)
    }
    os.Exit(1)
}
```

コンストラクタの errors.New は、ポインタを使って実装されています。このため、リスト 28-13 にある switch 文は、エラーメッセージに含まれるテキストではなく、そのメモリアドレスを比較しています。

▷ **クイックチェック 28-6**

数の有効性をチェックする validDigit 関数を書き、それを使って、Set メソッドが 1 から 9 までの数だけを受け取るようにしてください。

Set メソッドには、次のチェックを加える必要があります。

```
if !validDigit(digit) {
    return ErrDigit
}
```

独自のエラー型

errors.New は役に立ちますが、単純なメッセージ以上のものでエラーを表現することが望ましいときもあるでしょう。Go には、それを行うための機構もあります。

error 型は、組み込みインターフェイスです。文字列を返す Error() メソッドを実装する型は、どれも暗黙のうちに、このエラーインターフェイスの要件を満たします。このインターフェイスによって、新しいエラー型を作成することが可能です（リスト 28–14）。

リスト28–14：error インターフェイス

```
type error interface {
    Error() string
}
```

複数のエラー

数独ゲームの特定のマス目に、ある数を置けない理由は、いくつかあるでしょう。これまでの説明でも、2 つのルールが定められています。ひとつは、行と列がグリッドの範囲におさまること。もうひとつは、1 から 9 までの数であることです。そこで、もし呼び出し側が複数の「不正な引数」を渡したら、どうすべきでしょうか。

Set メソッドは、1 度に 1 個のエラーを返す代わりに、複数の判定を行い、すべてのエラーを 1 度に返すこともできるのです。リスト 28–15 に示す SudokuError 型は、error のスライスです。この型は、複数のエラーを 1 個の文字列に連結するメソッドによって、error インターフェイスの要件を満たします。

SudokuError のようなカスタムエラー型には、Error というワードで終わる名前を付けるのが慣例です。url パッケージの url.Error 型のように、ただ Error という名前にすることもあります。

リスト28-15：独自のエラー型（sudoku3.go）

```
type SudokuError []error

// Error は、1 個以上のエラーをカンマで区切って返す
func (se SudokuError) Error() string {
    var s []string
    for _, err := range se {
        s = append(s, err.Error()) // エラー群を文字列に変換する
    }
    return strings.Join(s, ", ")
}
```

SudokuError を使うには、Set メソッドをリスト 28-16 のように変更して、境界と数の両方を判定し、両方のエラーも一度に返せるようにします。

リスト28-16：エラーを追加する（sudoku3.go）

```
// Set は、数独のグリッドに数を 1 つ設定する
// 戻り値は error 型
func (g *Grid) Set(row, column int, digit int8) error {
    var errs SudokuError
    if !inBounds(row, column) {
        errs = append(errs, ErrBounds)
    }
    if !validDigit(digit) {
        errs = append(errs, ErrDigit)
    }
    if len(errs) > 0 {
        return errs
    }

    g[row][column] = digit
    return nil // nil を返す
}
```

もしエラーが起きなければ、Set メソッドは nil を返します。この点はリスト 28-8 と変わりません。しかし、空の errs スライスを返すのではない、という点が重要です。なぜ重要なのか、と思った方は、ひとつ前のレッスンにあった「27.6　nil のインターフェイス」を復習してください。

Set メソッドのシグネチャも、リスト 28-8 から変わっていません。複数のエラーを返すときに

は、SudokuError など具体的な型を返す代わりに、常に error インターフェイス型を使いましょう。

▷ クイックチェック 28-7

もし Set メソッドが、成功時に空の errs を返したら、どうなるでしょうか？

型アサーション

リスト 28-16 の Set メソッドは、リターンする前に SudokuError を error インターフェイス型に変換します。では、個々のエラーをアクセスするには、どうすればいいのでしょうか。それには、「型アサーション」を使います。型アサーションを使うと、インターフェイスを、その基底にある具体的な型に変換することができます。

リスト 28-17 にある型アサーションは、err.(SudokuError) というコードによって、err は SudokuError であるとアサート（断言）します。もし断言が正しければ、ok は true になり、errs は SudokuError になって、この場合ならエラーのスライスをアクセスできるようになります。SudokuError に追加された個々のエラーは、変数の ErrBounds と ErrDigit だったので、必要ならば、これらと比較することも可能です。

リスト28-17：型アサーション（sudoku3.go）

```
var g Grid
err := g.Set(10, 0, 15)
if err != nil {
    if errs, ok := err.(SudokuError); ok {
        fmt.Printf("%d error(s) occurred:\n", len(errs))
        for _, e := range errs {
            fmt.Printf("- %v\n", e)
        }
    }
    os.Exit(1)
}
```

リスト 28-17 からは、次のエラーが出力されます。

```
2 error(s) occurred:
- out of bounds
- invalid digit
```

もし型が複数のインターフェイスを満足させるのなら、片方のインターフェイスから、もう片方のインターフェイスへの変換にも、型アサーションを使えます。

▷ クイックチェック 28-8

err.(SudokuError) という型アサーションは、何をするのですか？

28.4　パニックは禁物

他のいくつかの言語は、エラーの伝達と処理に「例外」を多用します。Goには「例外」がありませんが、panicと呼ばれる似たような機構があります。「パニック」が発生すると、そのプログラムはクラッシュします。これは他の言語で例外を処理しない場合と同様です。

他の言語における例外

例外は、その振る舞いも、実装も、Goのエラー値と大きく異なります。

もし関数が例外を送出して、それを周囲の誰もキャッチしなければ、その例外は一段上の（呼び出し側の）関数に上がります。その関数でも同じことが行われ、例外は泡のように関数呼び出しのスタックを上がって行き、最後に、たとえばmain関数に到達します。

例外処理は、各自が自分の判断で行うかどうかを決める、オプションのようなエラー処理だと考えられるでしょう。例外処理を行わないと決めたら、そのためのコードを書く必要はありませんが、行うと決めたら、例外処理のために、かなり多くの特殊なコードが必要になるでしょう。その理由は、既存の言語機能を使う代わりに、例外に特有のキーワードを使う傾向があるからです（たとえばtry、catch、throw、finally、raise、rescue、exceptなど）。

Goのエラー値は、例外の代替策として、信頼できるソフトウェアの構築に役立つ、シンプルで柔軟性の高い機能を提供します。Goでエラー値を無視するのは、その結果のコードを読む人が誰でも明白に指摘できるような、意図的な判断です。

▷ クイックチェック 28-9

例外と比べて、Goのエラー値には、どんなメリットがありますか。2つ挙げてください。

パニックの作法

前述したように、Goには例外に似た機構としてpanicがあります。数独ゲームで不正な数が使われたくらいでも、他の言語では例外の原因になるかもしれませんが、Goのpanicは、まれにしか使われません。

もし世界が終わるのだとしたら、しかも大切なタオルを地球に置き忘れたとしたら、まあパニックになっても不思議はないでしょう。panicに渡す引数は、型を問われません。次の例では文字列ですが、それに限らないのです。

```
panic("I forgot my towel")
```

一般にはpanicよりもエラー値を使うことが好ましいのですが、os.Exitよりもpanicが良い場合も、しばしばあります。その理由は、panicならば、deferで遅延された関数があっても実行されるのに、os.Exitでは、そうならないからです。

Go自身が、エラー値を提供するのではなくパニックを起こすような状況もあります。たとえばゼロによる除算です。

```
var zero int
_ = 42 / zero // Runtime error: integer divide by zero
```

▷ **クイックチェック 28-10**

あなたのプログラムは、いつパニックを起こすべきでしょうか？

落ち着いて続行せよ

panicによってプログラムがクラッシュするのを防止できるように、Goはrecover関数を提供しています（リスト28-18を参照してください）。

遅延された関数は、関数からリターンする前に実行されます。パニックの場合でも、そうです。もし遅延された関数がrecoverを呼び出せば、そのパニックは停止し、プログラムは実行を続けます。その意味でrecoverの目的は、他の言語にあるcatch、except、rescueと似ています。

リスト28-18：落ち着いて続行せよ（panic.go）

```
defer func() {
    if e := recover(); e != nil { // パニックから復帰する
        fmt.Println(e) // I forgot my towel
    }
}()

panic("I forgot my towel") // パニックを起こす
```

リスト 28–18 では、レッスン 14 で学んだ無名関数を使っています。

▷ **クイックチェック 28-11**

組み込みの recover 関数は、どこで使うことができますか？

28.5　まとめ

- エラーは値であり、複数の戻り値など、Go 言語の他の部分と協力して作用する。
- 創造力を発揮すれば、エラー処理に大きな柔軟性を持たせられる。
- カスタムのエラー型によって、error インターフェイスを満たすことが可能。
- defer キーワードを使えば、関数からリターンする前のクリーンアップが容易になる。
- 型アサーションは、インターフェイスから、具体型や他のインターフェイスへの変換に使える。
- パニックは禁物。代わりにエラーを返そう。

理解できたかどうか、確認しましょう。

■ 練習問題（url.go）

Go の標準ライブラリには、Web アドレスを解析するための関数があります[5]。その url.Parse が、無効な Web アドレス（たとえば空白を含む https://a b.com/）に使われたときに発生するエラーを、表示してください。

エラーを調べるには、Printf のフォーマット指定で%#v を使いましょう。それから型アサートの*url.Error を実行し、基底にある構造体のフィールドをアクセスして表示します。

URL は、インターネットにあるリソース（ページなど）のアドレスです。

[5] https://golang.org/pkg/net/url/#Parse

28.6 クイックチェックの解答

▶ クイックチェック 28-1

1 `open unicorns: No such file or directory`

2 `readdirent: Invalid argument`

▶ クイックチェック 28-2

エラーを返すことによって、呼び出し側に、そのエラーをどう処理するかを決める機会が与えられます。たとえば、プログラムは終了するよりリトライすべきだと決めることができます。

▶ クイックチェック 28-3

遅延された呼び出しは、関数からリターンするときに行われます。

▶ クイックチェック 28-4

1 そのエラーが、`sw` 構造体にストアされる。

2 `writeln` 関数が、さらに 3 回呼び出されるが、すでにエラーがストアされているので、ファイルへの書き込みを行わない。

3 ストアされたエラーがリターンされ、`defer` によって遅延されたファイルのクローズが試みられる。

▶ クイックチェック 28-5

その関数の残りの部分で、不正な入力を考慮する必要がありません（それは、すでにチェックされています）。また、単に失敗するだけでなく（たとえば「runtime error: index out of range」が出るだけ）、もっとフレンドリーなメッセージを返すこともできます。

▶ クイックチェック 28-6

```
func validDigit(digit int8) bool {
    return digit >= 1 && digit <= 9
}
```

▶ クイックチェック 28-7

そうして返される `error` インターフェイスは、`nil` になりません。エラーのスライスは空になりますが、呼び出し側は「エラーがあったのだ」と思うでしょう。

▶ クイックチェック 28-8

これは、`error` インターフェイス型の `err` の値を、具体的な `SudokuError` 型に変換しようと試みます。

▶ クイックチェック 28-9

Goの開発者は、エラーについて考えることを強制されます。その結果として、信頼性の高いソフトウェアが生まれるでしょう。反対に、例外はデフォルトで無視される傾向にあります。エラー値は特殊なキーワードを要求しないので、コードがシンプルになり、しかも柔軟性が高まります。

▶ クイックチェック 28-10

パニックは、めったに起こすべきではありません。

▶ クイックチェック 28-11

`recover`を利用できるのは、遅延された関数だけです。

LESSON 29

チャレンジ：数独のルール

数独は、9×9 のマス目で行われる論理パズルの一種です（ウィキペディアで「数独」を見てください）。それぞれのマスには、1 から 9 までの数を入れます（0 で空のマスを表現します）。

グリッドを、それぞれ 3×3 の大きさを持つ 9 個のブロックに分割します。数を置くときは、次の制限に従う必要があります。その行か、その列か、そのブロックに、すでに同じ数が置かれていたら、その場所に、その数を置くことはできません。

数独のマス目を格納するために、固定サイズ（9×9）の配列を使います。もし関数またはメソッドで配列の要素を書き換えるのなら、配列をポインタで渡す必要がある、ということを思い出しましょう。

ある数を指定の場所に置くためのメソッドを実装しましょう。このメソッドは、その数字を置くことでルールのひとつが破られるとき、エラーを返します。

また、マスから数をクリアするメソッドも実装しましょう。このメソッドは、上記の制限に従う必要がありません。マスがいくつ空（ゼロ）になっても問題ないのです。

数独パズルは、いくつかの数がすでに置かれた状態で始まります。数独パズルを準備するコンストラクタ関数を書き、複合リテラルで初期値を指定します。次に例を示します。

```
s := NewSudoku([rows][columns]int8{
    {5, 3, 0, 0, 7, 0, 0, 0, 0},
    {6, 0, 0, 1, 9, 5, 0, 0, 0},
    {0, 9, 8, 0, 0, 0, 0, 6, 0},
    {8, 0, 0, 0, 6, 0, 0, 0, 3},
    {4, 0, 0, 8, 0, 3, 0, 0, 1},
    {7, 0, 0, 0, 2, 0, 0, 0, 6},
    {0, 6, 0, 0, 0, 0, 2, 8, 0},
    {0, 0, 0, 4, 1, 9, 0, 0, 5},
    {0, 0, 0, 0, 8, 0, 0, 7, 9},
})
```

開始時の数は、その場に固定され、上書きもクリアもできません。どの数が固定され、どの数が「鉛筆で書かれた」かを識別するように、プログラムを更新しましょう。セットまたはクリアを行うマスに、固定の数が置かれているかを判定し、もしそうならエラーを返すようにしましょう。最初にゼロだった数のマスは、上書きも、クリアもできます。

この課題では、数独パズルを解くプログラムまで書く必要はありませんが、すべてのルールが正しく実装されたかどうかは、必ずテストしましょう。

UNIT

7　並行プログラミング

コンピュータには、多くのことを同時に行う優れた能力があります。計算の速度を上げたいときも、数多くの Web ページを同時にダウンロードしたいときも、ロボットのさまざまなパーツを個別に制御したいときもあるでしょう。複数のことを同時に扱う、この能力は「並行性」と呼ばれています。

並行性に対する Go のアプローチは、他の多くのプログラミング言語と異なっています。どんな Go コードも、「ゴルーチン」として起動すれば、「並行的」に動作します。ゴルーチンは、通信と調整のために「チャネル」を使います。これによって、同じ目的のため複数の並行タスクに協力させる機構が、単純化されています。

LESSON 30

ゴルーチンと並行性

レッスン 30 では以下のことを学びます。

- ゴルーチンの起動。
- 通信のためにチャネルを使う。
- チャネルのパイプラインに対する理解。

ここは gopher の工場です。gopher たちが、みな忙しく何かを作っています。いや、全員でもないようで、隅っこで寝ている gopher もいますが、じっと考えているのかもしれません。現場監督らしい gopher もいます。他の gopher たちに指令を出す重要な役割です。gopher たちは走り回って、彼女の指示に従い、他のものたちを指図し、結果がどうなったかを彼女に報告します。ある gopher たちは、工場から製品を出荷します。他の gopher たちは、外から運ばれてきた資材を受け取ります。

いままで書いてきた Go のコードは、この工場の 1 匹の gopher に似ています。自分の仕事に忙しくて、他の gopher には目もくれませんでした。けれども Go プログラムは、工場全体に似ている場合のほうが多いのです。つまり、数多くの独立したタスクが自分の仕事をしながら、なにか共通の目的に向けて通信を行い、情報を交換するのです。そういう「並行」タスクには、たとえば Web サーバーからデータを取り出したり、π を何百万桁も計算したり、ロボットのアームを制御したり、といった仕事も含まれるでしょう。

Go では、独立して実行される個々のタスクを「ゴルーチン」と呼びます。このレッスンでは、必要なだけ多くのゴルーチンを起動し、それらが「チャネル」を通じて互いに通信できるようにする方法を学びます。ゴルーチンは、他の言語にある「コルーチン」、「ファイバー」、「プロセス」、「スレッド」などと似ていますが、これらのどれとも、まったく同じではありません。ゴルーチンは非常に効率よく作成することができます。そして、多くの並行処理を協調させることが、Go では単純明快になっています。

Column

こう考えてみましょう

一連のアクションを実行するプログラムを書くとします。それぞれのアクションは、長い時間がかかるかもしれず、完了までには、何かが起きるのを待つ必要があるかもしれません。このプログラムは、単純な、シーケンシャルな（逐次処理の）コードとして書くことも可能でしょう。けれども、それらのシーケンスを、同時に 2 つ以上実行したいとしたら、どうでしょうか？

たとえば、あなたのプログラムのうち、あるタスクは、電子メールアドレスのリストを辿って、それぞれの宛先に電子メールを送り、別のタスクは、電子メールの受信を待って、それらをデータベースに保存するようにしたいのです。このプログラムを、どうすれば書けるでしょうか。

ある種の言語では、コードをかなり変更する必要が生じるでしょう。けれども Go では、それぞれの独立したタスクで、まったく同種のコードを使えます。ゴルーチンを使うと、アクションをいくつでも同時に実行させることができます。

30.1 ゴルーチンを起動する

ゴルーチンは、関数を 1 つ呼び出すだけで簡単に起動できます。必要なのは、その呼び出しの前に `go` というキーワードを置くことだけです。

リスト 30–1 のゴルーチンは、工場の隅っこで居眠りしている gopher に似ています。ほとんど何もしないようですが、もしかしたら `Sleep` ステートメントのところで、何か重要な思考（計算）が行われるのかもしれません。`main` 関数がリターンするとき、そのプログラムの、すべてのゴルーチンは即座に停止します。このため、居眠り gopher が「... snore ...」という「いびき」メッセージを表示するまで十分に待つ必要があります。ここでは、確実に間に合わせるため、必要な長さよりも少し長く待つようにしています。

リスト30-1：居眠り gopher（sleepygopher.go）

```
package main

import (
    "fmt"
    "time"
)

func main() {
    // ゴルーチンを起動して
    go sleepyGopher()

    // gopher のいびきを待つ
    time.Sleep(4 * time.Second)

} // ここに到達すると、すべてのゴルーチンが停止する

func sleepyGopher() {
    // gopher の居眠り
    time.Sleep(3 * time.Second)

    // gopher のいびき
    fmt.Println("... snore ...")
}
```

▷ クイックチェック 30-1

1 Go で同時に複数の仕事をしたいときは、何を使えば良いでしょうか？

2 独立して実行されるタスクを新たに起動するには、どのキーワードを使いますか？

30.2 2つ以上のゴルーチン

go キーワードを使うたびに、新しいゴルーチンが 1 つ起動されます。すべてのゴルーチンは、同時に実行されるように見えます。ただし厳密に言えば、必ずしも「同時に」実行されるとは限りません。コンピュータの処理ユニットの数には、限りがあるからです。

事実、そういうプロセッサは、普通は「時分割」と呼ばれる技法を使って、あるゴルーチンにいくらかの時間を費やしてから、また別のゴルーチンに進みます。実際にどうなるかの詳細は、Go のランタイムと、あなたが使っているオペレーティングシステムおよびプロセッサだけが知っていることです。いつでも「さまざまなゴルーチンの処理は、どんな順序で実行されるか分からない」と想定するのがベストです。

リスト 30–2 の `main` 関数は、5 つの `sleepyGopher` ゴルーチンを起動します。これらはどれも、5 秒間スリープしてから、同じことを表示します。

リスト30–2：5 匹の居眠り gopher（sleepygophers.go）

```
package main

import (
    "fmt"
    "time"
)

func main() {
    for i := 0; i < 5; i++ {
        go sleepyGopher()
    }
    time.Sleep(4 * time.Second)
}

func sleepyGopher() {
    time.Sleep(3 * time.Second)
    fmt.Println("... snore ...")
}
```

どれが最初に終わるかは、それぞれのゴルーチンに引数を渡せば、わかるでしょう。ゴルーチンに引数を渡すのは、普通の関数に引数を渡すのと同じことです。値がコピーされて、パラメータとして渡されます。

次のリスト 30–3 を実行すると、すべてのゴルーチンを 0 から 4 までの順に起動したのに、それとは違う順序で終了することがわかるでしょう。もしこれを、Go Playground の外で何度も実行したら、毎回違う順序になるはずです。

リスト30-3：gopher を番号で識別（identifiedgophers.go）

```
func main() {
    for i := 0; i < 5; i++ {
        go sleepyGopher(i)
    }
    time.Sleep(4 * time.Second)
}

func sleepyGopher(id int) {
    time.Sleep(3 * time.Second)
    fmt.Println("... ", id, " snore ...")
}
```

このコードには問題があります。実際に待つ必要があるのは3秒とちょっとなのに、4秒も待っています。もっと重要なことに、もしゴルーチンが、ただスリープするより多くの仕事をしていたら、その仕事を終わらせるのにどれだけの時間がかかるのか、わからないでしょう。すべてのゴルーチンが完了したときに、コードでそれを知る方法が必要です。幸いGoは、まさしく必要な機能を提供してくれます。それがチャネルです。

▷ クイックチェック 30-2

それぞれのゴルーチンは、どんな順序で実行されますか？

30.3 チャネル

チャネルは、あるゴルーチンから別のゴルーチンへと、値を安全に送るのに使います。むかしの事務所などで、通信文の配送に「気送管」という仕組みを使っていましたが、チャネルは、それに似ています。送りたいものを管に入れると、別の場所に配送され、誰かがそれを管から取り出すという仕組みです。

Goの他の型と同じく、チャネルも、変数として使ったり、関数に渡したり、構造体に格納するなど、ほとんどあらゆる用途に利用できます。

チャネルの作成に使うのは、マップやスライスの作成に使うのと同じ、組み込み関数の`make`です。チャネルには、作成時に指定する型があります。次のチャネルは、整数値の送受信にしか使えません。

```
c := make(chan int)
```

チャネルがあれば、そこに値を送信することも、送られた値を受信することもできます。チャネルで値を送受信するには、「左向き矢印」演算子（`<-`）を使います。

値を送信するには、矢印の左側にチャネル式を書きます。矢印の右にある値が、そのチャネルに流れて行くように書くわけです。送信処理は、同じチャネルで誰かが（他のゴルーチンで）受信を試みるまで待ちますが、その間、送信側では別の処理を行うことができます。ただし、他のすべてのゴルーチンも、引き続き自由に実行されます（チャネルで受信を待っているゴルーチンは別として）。次の行は、99 という値を送信します。

```
c <- 99
```

チャネルから値を受信するとき、矢印はチャネルから出てきます（チャネルの左側に矢印を置きます）。次のコードは、チャネル c から値を受信し、それを変数 r に代入します。チャネルから受信する側は、同じチャネルに他のゴルーチンが送信するまで、待つことになります。

```
r := <-c
```

チャネル受信処理は、それだけ 1 行で書くことが多いのですが、そうする必要があるわけではありません。他の式を使える場所なら、どこでもチャネル受信処理を使うことができます。

リスト 30–4 のコードはチャネルを 1 つ作成し、そのチャネルを 5 つの「居眠り gopher」ゴルーチンに渡します。その後、起動した個々のゴルーチンが、それぞれ 1 個送信する、合計 5 個のメッセージの受信を待ちます。個々のゴルーチンは、スリープしてから、自己を識別する値を送信します。実行が main 関数の終わりに到達すると、すべての gopher がスリープを終えたことは確実なので、どの gopher のスリープも中断することなく、リターンできます。この動作は、大量の数値計算を行った結果をオンラインストレージに保存するプログラムに似ています。結果は、一度にいくつも保存するかもしれません。その場合、すべての結果が正しく保存されるまでは、プログラムを終了したくないはずです。

リスト30–4：チャネルを持つ居眠り gopher（simplechan.go）

```
func main() {
    c := make(chan int) // 通信チャネルを作成

    for i := 0; i < 5; i++ {
        go sleepyGopher(i, c)
    }

    for i := 0; i < 5; i++ {
        gopherID := <-c // チャネルから値を受信
        fmt.Println("gopher ", gopherID, " はスリープを終えました")
    }
}
```

```
// チャネルを引数として宣言する
func sleepyGopher(id int, c chan int) {
    time.Sleep(3 * time.Second)
    fmt.Println("... ", id, " snore ...")
    c <- id // 値を main に送り返す
}
```

図 30–1 で、四角い箱はゴルーチンを、丸はチャネルを表現しています。ゴルーチンからチャネルに向かうリンクには、そのチャネルを参照する変数の名前が付いています。矢印の向きは、ゴルーチンがチャネルをどう使うかを示します。もし矢印がチャネルからゴルーチンに向かっていたら、そのゴルーチンが、そのチャネルから読み出すという意味になります。

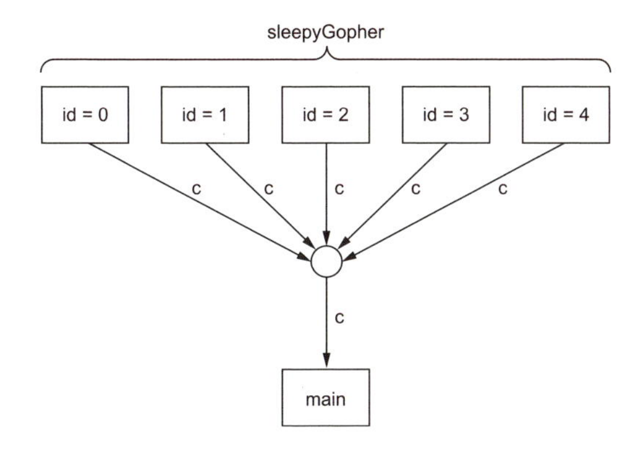

図30–1：gopher たちの全体図

▷ クイックチェック 30-3

1 「hello world」という文字列を、c というチャネルに送信するには、どんなステートメントを使いますか？

2 その値を受信して変数に代入するには？

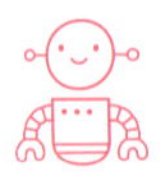

30.4 selectによるチャネルサーフィン[1]

上記の例では、多くのゴルーチンを待つのに1個のチャネルを使いました。すべてのゴルーチンが、同じ型の値を生成する場合は、それで問題ないのですが、必ずそうなるとは限りません。2種類以上の値を待ちたいときも、しばしばあるでしょう。

たとえば1個のチャネルである種の値を待っているとき、あまり長く待ちたくない場合があるでしょう。たとえば居眠りgopherを気長に待てず、ある時間が経過したら忍耐の限度に達するような場合です。あるいは、ネットワーク要求のタイムアウトを、数分ではなく数秒に設定したい場合です。

幸い、Goの標準ライブラリには、そういう時に役立つ`time.After`関数があります。これは、ある時間が経過した後に値を受信できるチャネルを返します（ちなみに、その値を送信するゴルーチンは、Goランタイムの一部です）。

居眠りgopherからの値は、それらが全部スリープを終えるまで、それとも忍耐の限度に達するまで、受信し続けたいので、タイマチャネルと他のチャネルを同時に待つ必要があります。それを可能にするのが、`select`文です。

`select`文は、レッスン3で学んだ`switch`文に似ています。`select`の中にある、それぞれのケース（`case`）に、受信または送信するチャネルを入れます。`select`は、どれかひとつのケースがレディ状態になるのを待って、それを受信し、チャネルに対応する`case`文を実行します。ここでの動作で言えば、`select`は両方のチャネルを同時に監視し、どちらかで何かが発生したら対応するわけです。

リスト30-5は`time.After`を使ってタイムアウトチャネルを作ってから、`select`を使って居眠りgopherおよびタイムアウトチャネルからの受信を待ちます。

リスト30-5：居眠りgopherを、せっかちに待つ（select1.go）

```
timeout := time.After(2 * time.Second)
for i := 0; i < 5; i++ {
    select {
    case gopherID := <-c: // gopherの起床待ち
        fmt.Println("gopher ", gopherID, " はスリープを終えました")

    case <-timeout: // タイムアウト待ち
        fmt.Println("忍耐の限度に達した！ ")
        return // あきらめてリターンする
    }
}
```

[1] **訳注**：チャネルサーフィンは、テレビを見ているときに受信チャネルを頻繁に切り替えることです（ブラウザを使ってのWebサーフィンと似ています）。同じことをザッピングとも言います。

もし select 文にケースが 1 個もなければ、永遠に待つことになります。無期限に実行したいゴルーチンを、いくつも起動した場合は、main 関数からのリターンをやめたほうが良いかもしれません。

すべての gopher が正確に 3 秒間スリープする場合、あまり面白い結果になりません。それでは、どの gopher が起床するより前に、こちらの忍耐が必ずタイムアウトしてしまいます。次のリストの gopher たちは、ランダムな時間だけスリープします。これを実行すると、一部の gopher は時間内に起床するけれど、他の gopher は、まだ寝ていることになるでしょう[2]。

リスト30-6：ランダムにスリープする gopher（select2.go）

```
func sleepyGopher(id int, c chan int) {
    time.Sleep(time.Duration(rand.Intn(4000)) * time.Millisecond)
    c <- id
}
```

このパターンは、何かの処理を行うのに費やす時間を制限したいときに便利です。アクションをゴルーチンの中に入れ、完了したときチャネルに送信することによって、Go では何でもタイムアウトさせることが可能です。

ゴルーチンを待つのをやめても、main 関数からリターンするまで、それらのゴルーチンは消えずにメモリを消費します。もし可能ならば、終了するように伝えるのがベストプラクティスです。

[2] **訳注**：Go Playground では時間を扱うコードの動作に制限があり、コンパイルして単体で実行する場合と挙動が異なります。この件は、The Go Blog の「Inside Go Playground」(https://blog.golang.org/playground) の「Faking time」というセクションに、詳しく書かれています。翻訳の時点（go1.12）の Go Playground では、リスト 30-5 でも 30-6 でも、実行結果は同じでした。

Column nil のチャネルは何もしない

チャネルは make によって明示的に作成する必要があります。もしまだ make されていないチャネルの値を使ったら、どうなるのでしょうか。マップやスライスやポインタと同様に、チャネルも nil の値を持つことがあります。実際それらは、デフォルトであるゼロ値が、nil なのです。

もし nil のチャネルを使おうとしても、パニックにはなりません。代わりに、その演算（送信または受信）は、永遠にブロックされるでしょう。つまり、何も受信しない（あるいは何も送信しない）チャネルと同様になるのです。ただし、このレッスンで後述する close は例外で、もし nil チャネルをクローズしようとしたら、パニックが起こります。

それでは、あまり役に立たないのではないかと思われるかも知れませんが、実は驚くほど便利に使うことができます。select 文を含むループがあるとしましょう。そのループを繰り返すたびに、select で指定されている全部のチャネルを、必ず待ちたいとは限りません。たとえば送信する値の準備が整ったときにだけ、チャネルに送信したいかもしれません。その場合は、チャネル変数を使い、その値を送信したいときにだけ nil 以外の値にすればよいのです。

これまでは、すべて順調でした。main 関数がチャネルで受信すると、そのチャネルに gopher が値を送信したことがわかります。けれども、そこに送信するゴルーチンがひとつも残っていないチャネルを、間違って読もうとしたら、どうなるのでしょうか。あるいは、受信する代わりに送信しようとしたら？

▷ **クイックチェック 30-4**

1. time.After が返す値は何ですか？
2. nil チャネルで送信または受信をしたら、どうなりますか？
3. select 文の各ケースには、何を入れますか？

30.5 ブロックとデッドロック

あるゴルーチンが、チャネルで送信または受信を待っているとき、そのゴルーチンは「ブロック」されている、と表現します。その状態は、何らかのループが何もせず永遠に空まわりしているのと同じように思えるかもしれません。たしかに表面的には、それと同じです。けれども、あなたのノート PC で、プログラムの無限ループを実行させると、だんだんファンの音が大きくなって、コンピュータが熱くなるかもしれません。無駄な仕事を熱心に行っているからです。それとは対照的に、ブロックされたゴルーチンはリソースを消費しません（ゴルーチン自身によって使われる、わずかな量のメモリは別として）。ゴルーチンは、静かに停止して、自分に対するブロックが解除されるのを、いつまでも待っているのです。

1 個以上のゴルーチンが、永遠に発生するはずのないものによってブロックされた状態を、「デッドロック」と呼びます。そのプログラムは、一般にクラッシュまたはハングと呼ばれる状態になるでしょう。デッドロックは、次のように単純なことによって、起こすことが可能です。

```
func main() {
    c := make(chan int)
    <-c
}
```

もっと大きなプログラムのデッドロックは、ゴルーチン間の、一連の込み入った依存性に関わることがあります。

これを予防することは、理論上は困難ですが、実際に、（これから説明する）いくつかの単純なガイドラインに従って「デッドロックしないプログラム」を書くことは、それほど困難ではありません。実際にデッドロックを見つけたときにも、Go は、すべてのゴルーチンの状態を示すことができるので、何が起きているのかを、しばしば簡単に突き止めることができます。

▷ **クイックチェック 30-5**

ブロックされたゴルーチンは、何をしていますか？

30.6 gopher の流れ作業

私たちの gopher たちは、これまで寝てばかりいました。しばらくスリープしては起床して、自分のチャネルに 1 個の値を送るだけです。けれども工場の gopher たち全部が、そんな感じではありません。流れ作業のラインで、勤勉に働いているものたちもいます。つまりラインで 1 つ前にいる gopher から品を受け取り、何か作業をしてから、次の gopher に送り渡すのです。個々の gopher が行う作業は単純ですが、流れ作業によって驚くほど精巧な結果を得ることができます。

このテクニックは、「パイプライン」と呼ばれるもので、大きなデータストリームを、あまり大量のメモリを使うことなく処理するのに便利です。個々のゴルーチンは、一度に 1 個の値しか持たないとしても、パイプラインは時間の経過によって、何百万の値も処理することができます。そしてパイプラインは、ある種の問題を解きやすくする「思考の道具」としても使えるのです。

複数のゴルーチンを 1 個のパイプラインに組み込むためのツールは、すでに揃っています。Go の値は、パイプラインを流れ、あるゴルーチンから次のゴルーチンへと、次々に送られます。パイプラインで作業する人は、「上流」の作業員から値を受け取り、それで何か作業をして、その結果を「下流」の作業員に送り渡すことを、繰り返し行います。

文字列の値を処理する一連の作業員で、流れ作業のラインを作りましょう。ラインの始点にいる gopher を、リスト 30–7 に示します。これがストリームの「ソース」です。この gopher は値を読まずに送るだけです。他のプログラムでは、ファイルやデータベースやネットワークからデータを読むことになるでしょうが、ここでは、いくつか適当な値を送信するだけにします。下流の gopher

に対して、これ以上の値がないことを知らせるために、ソースは「センチネル」と呼ばれる値を送ります。これは空の文字列で、「おしまい」という意味です。

リスト30-7：ソース gopher（pipeline1.go）

```
func sourceGopher(downstream chan string) {
    for _, v := range []string{"hello world", "a bad apple", "goodbye all"} {
        downstream <- v
    }
    downstream <- ""
}
```

リスト 30-8 に示す gopher は、流れ作業のラインに悪いものがあれば、それを取り除く「フィルタ」作業をします。上流のチャネルから品の値を読み、その値が `bad` という文字列を含んでいないときに限り、それを下流のチャネルに送ります。最後に空の文字列を読んだら、このフィルタ gopher は、その空文字列を必ず下流に送ってから終了します。

リスト30-8：フィルタ gopher（pipeline1.go）

```
func filterGopher(upstream, downstream chan string) {
    for {
        item := <-upstream
        if item == "" {
            downstream <- ""
            return
        }
        if !strings.Contains(item, "bad") {
            downstream <- item
        }
    }
}
```

ラインの終端にいる gopher は、リスト 30-9 に示す、出力 gopher です。この gopher には下流がありません。他のプログラムでは、結果をファイルやデータベースに保存したり、あるいは、それまでに見た値のサマリ（たとえば合計といった要約）を出力するかもしれません。ここでの出力 gopher は、自分が見た値をすべて出力します。

リスト30-9：出力 gopher（pipeline1.go）

```
func printGopher(upstream chan string) {
    for {
        v := <-upstream
        if v == "" {
            return
        }
        fmt.Println(v)
    }
}
```

では、これらの gopher 作業員たちを、流れ作業につけましょう。パイプラインには、ソース、フィルタ、出力と、3 つの段階がありますが、チャネルは 2 つだけです。最後の gopher については、新たにゴルーチンを起動する必要がありません。その理由は、その終了を待ってからプログラム全体を終了させたいからです。`printGopher` 関数がリターンすると、他の 2 つのゴルーチンが仕事を終えたことが分かるので、`main` からリターンしてプログラム全体を終えることができます。それを、リスト 30–10 と図 30–2 に示します。

リスト30–10：流れ作業（pipeline1.go）

```
func main() {
    c0 := make(chan string)
    c1 := make(chan string)
    go sourceGopher(c0)
    go filterGopher(c0, c1)
    printGopher(c1)
}
```

図30–2：gopher のパイプライン

リスト 30–10 のパイプラインのコードには、1 つ問題があります。これ以上処理すべき値がないことを示す目的で、空の文字列を使いましたが、空文字列を他の値と同様に処理したい場合は、どうでしょう。文字列の代わりに、構造体の値を送ってみましょうか。その構造体に、文字列と、最後の値かどうかを示すブール値の、2 つのフィールドを持たせれば良さそうですが。

しかし、もっと良い方法があります。Go では、もうこれ以上はチャネルに値を送らないことを示すため、次のようにチャネルを「クローズ」することが可能です。

```
close(c)
```

チャネルをクローズしたら、そのチャネルに値を書くことができなくなります（そうしようとしたらパニックが起きます）。また、クローズしたチャネルからの読み出しは即座にリターンし、その型のゼロ値（この場合は空の文字列）が返されます。

注意！　もしクローズしたチャネルからの読み出しを、クローズをチェックしないループのなかで行ったら、そのループは永遠に空回りして、大量の CPU 時間を空費するでしょう。どのチャネルにもクローズする可能性があることを認識し、それを必ずチェックすべきです。

チャネルがクローズされたかのチェックは、次のように書きます。

```
v, ok := <-c
```

この結果を2つの変数に代入するとき、第2の変数値によって、チャネルからの読み出しに成功したかどうかを知ることができます。もしチャネルがクローズされていたら、その値は`false`です。

これらの新しいツールを使えば、パイプライン全体を容易にクローズして止めることができます。次のリストで示すのは、パイプラインの先頭にあるソースのゴルーチンです。

リスト30-11：流れ作業（pipeline2.go）

```
func sourceGopher(downstream chan string) {
    for _, v := range []string{"hello world", "a bad apple", "goodbye all"} {
        downstream <- v
    }
    close(downstream)
}
```

フィルタのゴルーチンは、次のリストに示すものになります。

リスト30-12：流れ作業（pipeline2.go）

```
func filterGopher(upstream, downstream chan string) {
    for {
        item, ok := <-upstream
        if !ok {
            close(downstream)
            return
        }
        if !strings.Contains(item, "bad") {
            downstream <- item
        }
    }
}
```

このように、クローズされるまでチャネルから読むというパターンは、ごく一般的なので、Goはショートカットを提供しています。`range`文のなかでチャネルを使うと、クローズされるまで、そのチャネルから値を読み出すことになるのです。

そこで、私たちのコードは`range`ループを使うと、もっとシンプルに書き直すことができます。次のリスト30-13は、先ほどのリスト30-12と同じことを達成します。

リスト30-13：流れ作業（pipeline2.go）

```
func filterGopher(upstream, downstream chan string) {
    for item := range upstream {
        if !strings.Contains(item, "bad") {
            downstream <- item
        }
    }
    close(downstream)
}
```

次のリスト30-14に示す、流れ作業の最後のgopherは、すべてのメッセージを読んで、それらを順に出力します。

リスト30-14：流れ作業（pipeline2.go）

```
func printGopher(upstream chan string) {
    for v := range upstream {
        fmt.Println(v)
    }
}
```

▷ **クイックチェック 30-6**

1 クローズしたチャネルから読むと、値はどうなりますか？

2 チャネルがクローズしたかどうか、どうやってチェックしますか？

30.7 まとめ

- go 文は、新たにゴルーチンを起動して並行的に実行する。
- ゴルーチンの間で値を送るにはチャネルを使う。
- チャネルは、make(chan string) で作成できる。
- 矢印（<-）演算子を、チャネル値の前に使うと、チャネルから値を読み出せる。
- 矢印（<-）演算子を、チャネル値と送信したい値の間に置くと、チャネルに送信できる。
- close 関数は、チャネルを閉じる。
- range 文は、チャネルからすべての値を（クローズされるまで）読み出す。

理解できたかどうか、確認しましょう。

■ 練習問題-1（remove-identical.go）

同じ行を何度も繰り返して見るのは退屈です。パイプラインの要素として、以前の値を覚えていて、前にあった値と違う値だけをパイプラインの次の段階に送るようなゴルーチンを書きましょう。話を簡単にするため、最初の値は空文字列にならないという前提にしても、良いでしょう。

練習問題-2（split-words.go）

センテンス（文章）よりもワード（単語）のほうが処理しやすい場合があります。文字列を受け取って、それを単語に分割するような、パイプラインの要素を書いてください（これには strings パッケージの Fields 関数を使えます）。そして、すべての単語を、ひとつずつ、パイプラインの次の段階に送ります。

30.8 クイックチェックの解答

▶ クイックチェック 30-1

1 ゴルーチン

2 go

▶ クイックチェック 30-2

任意の順序です（事前にわかりません）。

▶ クイックチェック 30-3

1 `c <- "hello world"`

2 `2 v = <-c`

▶ クイックチェック 30-4

1 1個のチャネル。

2 永遠にブロックされます。

3 チャネル処理。

▶ クイックチェック 30-5

まったく何もしません。

▶ クイックチェック 30-6

1 そのチャネルの型のゼロ値になります。

2 値2つの代入文を使います。

```
v, ok := <-c
```

LESSON 31

競合状態

レッスン 31 では以下のことを学びます。

- 状態を安全に保つ。
- ミューテックスで、チャネルに応答する。
- それをサービス用のループに使う。

また gopher 工場に戻っています。まだ忙しそうに何かを作っている gopher たちですが、製造ラインの一部では在庫が少なくなって、発注が必要です。

残念ながら非常に古いタイプの工場で、外の世界に通じる通信線は共同電話が 1 つしかありません。ただし、どの製造ラインにも専用の電話機があります。一匹の gopher が発注しようと電話機をとったのですが、話を始めようとしたら、もう一匹の gopher が別の電話機をとって電話をかけはじめ、最初の gopher に干渉します。すると、また別の gopher が同じことをする。皆が混乱してしまい、誰も発注することができません。電話機が同時に 1 台しか使えないという取り決めがあればよかったのですが！

Go のプログラムで値を共有するのは、この共同電話とちょっと似ています。もし 2 つ以上のゴルーチンが同時に同じ値を使おうとしたら、まずいことになりかねません。そりゃあ、うまくいくかもしれませんよ。まったく同時に二匹の gopher が電話機を使うことは、ないかもしれません。けれども物事は、ありとあらゆる理由で、うまくいかなくなるものです。

二匹の gopher が同時に話し始め、電話相手の売り手が混乱して、結局は間違った品を注文する結果になるかもしれません。あるいは品数を間違えるとか、注文のどこかがおかしくなるかもしれない。いったいどうなるか、見当も付きませんが、結局うまくいかないのです。

これが、Go で値を共有することの問題点です。問題となっている種類の値に限って、並列的に使っても支障はないと判明しているのでない限り、支障があるものと想定しなければなりません。このような状況は、「競合状態」と呼ばれます。それはちょうど、複数のゴルーチンが、その値を使おうと競争するようなものだからです。

Go コンパイラには、あなたのコードに含まれている競合状態を見つけようとする機能が含まれています。これは使う価値があり、もし競合状態が報告されたら、必ずコードを修正する価値があります。詳しくは、「Data Race Detector」（`https://golang.org/doc/articles/race_detector.html`）というドキュメントを参照してください[1]。

もし 2 つのゴルーチンが同じものを同時に読んでも問題にはなりませんが、片方が書き込むのと同時に、もう片方が読むか書くかした場合の振る舞いは、未定義となります[2]。

こう考えてみましょう

一群のゴルーチンを使って、Web をクロールし、Web ページをスクレイプしているとしましょう。その場合、すでに訪問した Web ページを追跡管理しておきたいでしょう。たとえば各ページにある Web リンクの数を追跡管理したいと仮定します（Google も、サーチ結果で Web ページのランク付けを行うために、似たようなことを行っています）。

それには、複数のゴルーチンに 1 個のマップを共有させ、その中に各 Web ページのリンク数を保存すれば良さそうに思われます。ゴルーチンが Web ページを処理するとき、マップ内の、そのページのエントリをインクリメントするわけです。

けれども、その方法は間違っています。すべてのゴルーチンが同じマップを同時に更新するので、競合状態が発生するからです。何らかの方法で、競合を回避する必要があります。そこでミューテックスの登場です。

31.1 ミューテックス

gopher 工場に話を戻すと、ある賢い gopher が、気の利いたアイデアを思いつきました。彼女は工場のフロアの中心に、ガラス瓶を置き、そこに 1 個のトークンを入れたのです。gopher が電話機を使いたいときは、そのトークンを瓶から取り出し、電話機を使い終わるまで、それを持っている必要があります。それからトークンを瓶に戻します。gopher が電話をかけたいときに、その瓶にトークンが入っていなければ、トークンが戻るまで待つ必要があります。

gopher がトークンなしに電話を使うのを、物理的に妨げる機構は、ありません。けれども、このままでは、二匹の gopher が互いの通話の邪魔をして、予期しない結果が生じるかもしれません。

---

[1] **訳注**：`-race` というオプションを付けて go コマンドを起動します。

[2] **訳注**：詳しくは「The Go Memory Model」（`https://golang.org/ref/mem`）という記事に書かれています。

また、トークンを持ったgopherが、瓶に返すのを忘れたらどうなるか、考えてみましょう。そのgopherがトークンを返すことを思い出すまで、他のgopherたちは電話機を使えません。

Goのプログラムで、その瓶に相当するのが、「ミューテックス」です[3]。ゴルーチンは、互いが同時に何かを行うのを防ぐために、ミューテックスを使えます。「何か」はプログラマが決めることです。工場の瓶と同じように、ミューテックスが持つ「相互排他性」は、守ろうとしている対象について、必ずそれが使われるという事実だけによって守られるのです。

ミューテックスには、`Lock`と`Unlock`という2つのメソッドがあります。`Lock`の呼び出しは、瓶からトークンを取り出すのに似ています。そして`Unlock`を呼び出すことによって、トークンを瓶に戻すのです。もしミューテックスがロックされた状態で、ゴルーチンのひとつが`Lock`を呼び出したら、そのミューテックスが再びアンロックされるまで待つことになります。

ミューテックスを正しく使うには、必ず次のことを徹底しなければなりません。共有されている値をアクセスするコードは、まず先に、そのミューテックスをロックすること。それから必要な処理を行い、その後でミューテックスをアンロックすることです。もし、このパターンに従わないコードがあったら、結果は競合状態になりかねません。だからミューテックスは、ほとんど常にパッケージの内側に置かれ、公開されません。ミューテックスが何を保護するのかを知っているのは、そのパッケージだけです。`Lock`と`Unlock`の呼び出しは、メソッドや関数の背後に、うまく隠されます。

チャネルと違って、Goのミューテックスは、言語そのものに組み込まれているわけではありません。ミューテックスは、`sync`パッケージの中にあるのです。リスト31-1に、グローバルなミューテックスの値をロック／アンロックするプログラムの全体を示します。ミューテックスは、使う前に初期化する必要がありません。ゼロ値が、アンロックされたミューテックスです。

レッスン28で紹介した`defer`キーワードは、ミューテックスにも役立ちます。たとえ関数に数

3　ミューテックス（mutex）というのは、「相互排他」（mutual exclusion）を略した用語です。

多くの行があったとしても、この Unlock 呼び出しは、Lock 呼び出しよりも後に、必ず発生します。

リスト31-1：ミューテックスのロックとアンロック（mutex.go）

```
package main

import "sync" //sync パッケージをインポートする

var mu sync.Mutex // ミューテックスを宣言する

func main() {
    mu.Lock() // ミューテックスをロックする

    defer mu.Unlock() // リターンする前にミューテックスをアンロック
    // この関数からリターンするまでロックされている
}
```

defer 文は、複数のリターン文があるとき、とくに便利です。もし defer がなければ、すべてのリターン文の直前で Unlock を呼び出す必要が生じます。そのひとつを書き忘れるのは、とても容易なことでしょう。

では、さきほどの Web クローラが、訪問した Web ページのリンク数を追跡管理するのに使える型を実装しましょう。それには、Web ページの URL を保存するマップと、それをガードするミューテックスを使います。リスト 31-2 にある sync.Mutex は、構造体型のメンバで、これは非常に一般的なパターンです。

ミューテックスの定義は、それによって保護する変数の直前に置き、コメントを書いて関連を明白にするのが良い習慣です。

リスト31-2：ページ参照のマップ（scrape.go）

```
// Visited は、これまでに訪問した Web ページを追跡管理する。
// そのメソッドは、複数のゴルーチンから並行して使用できる。
type Visited struct {
    // mu は、visited マップをガードする
    mu      sync.Mutex // ミューテックスを宣言
    visited map[string]int
    // URL（文字列）をキー、整数を値とするマップを宣言
}
```

Go では、このように明示的に文書化されている場合を除いて、どのメソッドも並行して使うのは安全ではないと想定すべきです。

リスト 31–3 のコードは、リンクに遭遇したら呼び出す VisitLink メソッドを定義しています。このメソッドは、それまでに遭遇したリンクの数を返します。

リスト31–3：訪問リンク（scrape.go）

```
// VisitLink は、所与の URL によるページ訪問回数を追跡管理し、更新したリンク数を返す
func (v *Visited) VisitLink(url string) int {
    v.mu.Lock() // ミューテックスをロック
    defer v.mu.Unlock() // 必ずミューテックスをアンロックする
    count := v.visited[url]
    count++
    v.visited[url] = count // マップを更新
    return count
}
```

Go playground は、競合状態の実験に適した場所ではありません。この環境は、状態が決定され、競合が発生しないよう、意図的に作られているからです。けれども、ステートメントの間に time.Sleep の呼び出しを挿入することで実験が可能です。

リスト 31–3 を、レッスン 30 の冒頭で紹介したテクニックを使って、書き換えてみましょう。つまり、いくつかのゴルーチンを起動し、それらがどれも VisitLink を別の値で呼び出すようにします。そして、さまざまな場所に Sleep を挿入して実験するのです。また、Lock および Unlock の呼び出しを削除したらどうなるかも実験してみましょう。

小さくて十分に定義されている状態をガードするのであれば、ミューテックスの使い方は、きわめて単純明快です。複数のゴルーチンから一度に使えるようなメソッドを書くときには、ミューテックスは欠かせないツールです。

▷ クイックチェック 31-1

1. もし 2 つのゴルーチンが、同じ値を同時に変更しようとしたら、何が起こりますか？
2. 自分でミューテックスをアンロックする前に、再びロックしようとしたら、何が起こりますか？
3. ロックしていないミューテックスをアンロックしたら、何が起こりますか？
4. 同じ型に対するメソッドを、別々のゴルーチンから同時に呼び出すのは安全ですか？

ミューテックスの落とし穴

リスト 31-2 ではミューテックスをロックしている間に、マップの更新という、ごく単純な処理しか行いませんでした。ロックしている間に行う処理が多くなければ、それだけ多くの注意が必要になります。ミューテックスをロックした後で、もし何かを待ってブロックしたら、他のゴルーチンを長い間ロックすることになりかねません。もっと悪いことに、もし何らかの方法で同じミューテックスをロックすることに成功したら、デッドロックになります。その `Lock` 呼び出しは永遠にブロックします。なぜなら、ロックを獲得できるまで待っている間、それをあきらめることがないからです！

危険を回避するために、次のガイドラインを守るべきです。

- ミューテックスをロックしている間のコードは、単純にしておく。
- 共有状態ひとつにつき、ミューテックスを 1 個だけにする。

ミューテックスは、単純な共有状態に使うべきものですが、それ以上の処理が望まれるのも、珍しいことではありません。レッスン 30 の gopher 工場では、独立して行動する gopher たちがいて、他の gopher からの要求に応じつつ、自分の仕事を行うかもしれません。流れ作業のラインにいる gopher たちと違って、これらの gopher は、他の gopher からのメッセージに、ひたすら応答するだけではなく、自分で決めた仕事を行うこともできるのです。

▷ クイックチェック 31-2

ミューテックスをロックすることの潜在的な問題を 2 つ挙げてください。

31.2 長生きしたワーカー

火星の地表でローバーを運転するタスクについて考えてみましょう。キュリオシティ・マーズローバーのソフトウェアは、互いにメッセージを渡して交信する、一群の独立モジュールで構成されている[4]という点で、Go のゴルーチンに似ています。

ローバーの各モジュールは、ローバーの振る舞いのさまざまな側面を担当します。そこで、仮想の火星をめぐる（とても単純化された）ローバーを運転する Go のコードを、ちょっと書いてみましょう。運転するといっても、本物のエンジンはないので、ローバーの座標を入れる変数を更新するだけにします。ローバーを地球から制御したいので、外部コマンドに応答できるように作りましょう。

[4] **訳注**：「キュリオシティと、そのソフトウェアについて：2500 万行のコードの振る舞いを管理する」というタイトルの英文ブログ記事（`https://jlouisramblings.blogspot.com/2012/08/getting-25-megalines-of-code-to-behave.html`）を参照。

これから構築するコードの構造は、たとえばWebサイトのポーリングや、ハードウェア機器の制御など、独立して何かを行う寿命の長いタスクなら、どんな種類のものにも使えるものです。

ローバーを運転するために、まずその位置制御を担当するゴルーチンを起動します。そのゴルーチンは、ローバーのソフトウェアの開始とともに起動され、シャットダウンまで残されます。これは常に待機し、独立して稼働するので、このゴルーチンを「ワーカー」と呼ぶことにします。

ワーカーは、しばしばselect文を含むforループとして書かれます。そのループは、ワーカーが生きている限り、ずっと実行され続けます。そしてselectは、何か興味深い事象の発生を待っています。この場合の「何か興味深い事象」は、外部からのコマンドかもしれません。ワーカーは独立して稼働しますが、それでも制御できるようにしておきたいのです。また、事象は、ワーカーに対してローバーを動かすタイミングを知らせるタイマイベントかもしれません。

次に示すのは、とくに何もしないワーカー関数のスケルトンです。

```
func worker() {
    for {
        select {
        // ここでチャネルを待つ
        }
    }
}
```

このようなワーカーは、前のサンプルでゴルーチンを起動したのとまったく同じ方法で起動できます。

```
go worker()
```

イベントループとゴルーチン

他の一部のプログラミング言語では、「イベントループ」が使われます。これはイベントの発生を待ち、発生したイベントについて登録されている関数を呼び出す、プログラムの中心的なループです。Goは、核になるコンセプトとしてゴルーチンを提供することによって、「中心的なイベントループ」の必要性を排除しています。どの「ワーカー」ゴルーチンも、それ自身のイベントループとみなすことができます。

私たちのマーズローバーには、周期的に自分の位置を更新させましょう。そのために、ローバーを運転するワーカーゴルーチンは、更新を行うたびに起床する必要があります。そのために、（レッスン 30 で述べた）`time.After` を使います。これは、指定の間隔で値を受信するチャネルを提供します。

リスト 31-4 のワーカーは、1 秒毎に値を 1 つ出力します。いまのところ、位置を更新する代わりに、ただ数をインクリメントするだけにしてあります。タイマイベントを受け取ったら、再び After を呼び出すので、ループの次の回では、新規のタイマチャネルを待つことになります。

リスト31-4：数を表示するワーカー（printworker.go）

```
func worker() {
    n := 0

    // 最初のタイマチャネルを作る
    next := time.After(time.Second)

    for {
        select {
        case <-next: // タイマイベントの発火を待つ

            n++
            fmt.Println(n) // 数を表示

            // 次のイベントを、別のタイマチャネルで待つ
            next = time.After(time.Second)
        }
    }
}
```

この例では、`select` 文を使う必要がありません。ケースが 1 個しかない `select` は、単独のチャネル演算を使うのと同じことです。それなのに、ここで `select` を使っている理由は、このレッスンでタイマ以外のものも待つように、あとでコードを変更する予定があるからです。そうでなければ、`After` を完全に省いてしまい、`time.Sleep` を使うだけでも良いはずです。

これで自発的に動作できるワーカーが得られたので、もう少しローバーらしく、ただの数ではなく位置を更新するようにしましょう。Go の `image` パッケージ提供する 2 次元の `Point` 型を使えば、ローバーの現在位置と方向を表現できます。1 個の `Point` は、X と Y の座標からなる構造体で、適切なメソッドが割り当てられています。たとえば `Add` メソッドは、ポイントとポイントの加算をします（ベクトル加算）。

X 軸で東西、Y 軸で南北を表すことにしましょう。`Point` を使うには、まず `image` パッケージをインポートする必要があります。

```
import "image"
```

タイマチャネルで値を受信するたびに、現在の方向を表現するポイントを、現在位置のポイントに追加します（次のリストで行っているように）。いまのところ、ローバーは必ず同じ場所（10, 10）からスタートし、東に進みますが、これはすぐ後で直しましょう。

リスト31-5：位置を更新するワーカー（positionworker.go）

```
func worker() {
    // 現在の位置：最初は (10, 10)
    pos := image.Point{X: 10, Y: 10}

    // 現在の方向：最初は (1, 0) で東に向かう
    direction := image.Point{X: 1, Y: 0}

    next := time.After(time.Second)
    for {
        select {
        case <-next:
            pos = pos.Add(direction)

            // 現在の位置を表示する
            fmt.Println("current position is ", pos)

            next = time.After(time.Second)
        }
    }
}
```

マーズローバーが直線的にしか動けないのでは、つまらないですね。さまざまな方角を向けるように、あるいは停止したり加速したりできるように、ローバーを制御したいところです。ワーカーにコマンドを送るには、もうひとつのチャネルが必要になります。ワーカーがコマンドチャネルで値を受け取ると、そのコマンドに応じて動作できるようにします。Go では、このようなチャネルはメソッドの裏に隠してしまうのが一般的です。それは、「コマンドは実装の詳細だ」と考えるからです。

リスト 31–6 にある `RoverDriver` 型には、ワーカーにコマンドを送信するのに使うチャネルを入れます。送信するコマンドは、`command` 型に格納します。

リスト31-6：RoverDriver 型（rover.go）

```
// RoverDriver は、火星の表面でローバーを運転する
type RoverDriver struct {
    commandc chan command
}
```

次のリスト 31–7 に示す `NewRoverDriver` 関数の中に、チャネルを作成してワーカーを起動するロジックを包み込みます。そしてワーカーのロジックを実装するために、`drive` メソッドを定義します。これには、この章で前から使ってきた `worker` 関数と同じ機能を持たせます。ただしメソッ

ドなので、RoverDriver 構造体にある値を、どれでもアクセスできるのです。

リスト31-7：作成（rover.go）

```
func NewRoverDriver() *RoverDriver {
    r := &RoverDriver{
        commandc: make(chan command),
    }
    go r.drive()
    return r
}
```

次は、どんなコマンドをローバーに送信できるようにしたいかを決める必要があります。話を単純にするため、リスト 31-8 のように、「左に 90° 回転」の left と「右に 90° 回転」の right の、2 つのコマンドだけを許すことにしましょう。

リスト31-8：コマンド型（rover.go）

```
type command int
const (
    right = command(0)
    left = command(1)
)
```

チャネルには、Go の任意の型を使えます。また、コマンド型は、いくらでも複雑なコマンドを格納できるように、構造体型にしても良いのです。

RoverDriver 型と、そのインスタンスを作成する関数を定義したので、次は（ローバーを制御するワーカーとして）リスト 31-9 に示す drive メソッドが必要です。これは、先ほど見た位置更新ワーカーと、ほとんど同じものですが、コマンドチャネルも待つという点が違います。もしコマンドを受信したら、何を行うべきかを、そのコマンドの値による switch で決定します。何をしたか記録するため、変更をログに出力します。

リスト31-9：RoverDriver のワーカー（rover.go）

```
// drive は、ローバーの運転を担当する。
// ゴルーチンのなかで起動すること。
func (r *RoverDriver) drive() {
    pos := image.Point{X: 0, Y: 0}
    direction := image.Point{X: 1, Y: 0}
    updateInterval := 250 * time.Millisecond
    nextMove := time.After(updateInterval)
    for {
        select {
```

```
        // コマンドチャネルでコマンドを待つ
        case c := <-r.commandc:
            switch c {
            case right: // 右に回転
                direction = image.Point{
                    X: -direction.Y,
                    Y: direction.X,
                }
            case left: // 左に回転
                direction = image.Point{
                    X: direction.Y,
                    Y: -direction.X,
                }
            }
            log.Printf("new direction %v", direction)
        case <-nextMove:
            pos = pos.Add(direction)
            log.Printf("moved to %v", pos)
            nextMove = time.After(updateInterval)
        }
    }
}
```

このあとは、リスト 31-10 のように、ローバーを制御するメソッドを追加すれば、RoverDriver 型は完成します。ここではコマンドごとに 1 個、合計 2 つのメソッドを宣言します。それぞれのメソッドに対応する、正しいコマンドを commandc チャネルに送信します。たとえば Left メソッドならば、left のコマンド値を送ります。これをワーカーが受信して、自分の進行方向を変えるのです。

これらのメソッドはローバーの方向を制御するのですが、方向を示す値を直接アクセスすることはできません。このため、値の並行的な書き換えで競合状態を起こす危険がありません。したがって、ミューテックスは不要です。要するに、ローバーのゴルーチンとの通信にチャネルを使うから、値を直接変更する必要がないのです。

リスト31-10：RoverDriver メソッド（rover.go）

```
// Left はローバーを左に回転する（反時計方向に 90° ターンする）
func (r *RoverDriver) Left() {
    r.commandc <- left
}

// Right はローバーを右に回転する（時計方向に 90° ターンする）
func (r *RoverDriver) Right() {
    r.commandc <- right
}
```

これで、完全に機能する RoverDriver 型ができました。リスト 31-11 で、ローバーを作成し、いくつかコマンドを送って走らせましょう！

リスト31-11：運転開始！（rover.go）

```
func main() {
    r := NewRoverDriver()
    time.Sleep(3 * time.Second)
    r.Left()
    time.Sleep(3 * time.Second)
    r.Right()
    time.Sleep(3 * time.Second)
}
```

RoverDriver 型の実験として、タイミングを変更したり、別のコマンドを送信したりしてみましょう。

ここでは特定のサンプル 1 つに話を絞りましたが、このワーカーパターンは、長生きして何かを制御しながら、外部から自分への制御にも応答できるゴルーチンが必要な、さまざまな状況に利用できます。

▷ **クイックチェック 31-3**

1. Go で、イベントループの代わりに使われるのは？
2. Go の標準ライブラリで、Point データ型を提供するパッケージは？
3. 長生きするワーカーのゴルーチンを実装するには、どんな Go ステートメントを使いますか？
4. チャネルの使い方に関する内部の詳細を、どうやって隠しますか？
5. Go のチャネルには、どんな値を送信できますか？

31.3 まとめ

- 状態を、2 つ以上のゴルーチンから同時にアクセスしてはならない（そうしても大丈夫だと、はっきり書かれている場合を除く）。
- 同時アクセスを 1 個のゴルーチンだけに限定するには、ミューテックスを使う。
- ミューテックスを使ってガードするのは、1 つの状態に限る。
- ミューテックスを押さえて行う処理は、できるだけ少なくする。
- 長生きするゴルーチンは、select ループを持つワーカーとして書くことができる。
- ワーカーの詳細は、メソッドの裏に隠そう。

理解できたかどうか、確認しましょう。

練習問題-1（positionworker.go）

リスト 31-5 のワーカーのコードを書き換えて、それぞれの移動につき、遅延時間が 0.5 秒ずつ長くなるようにしましょう。

練習問題-2（rover.go）

`RoverDriver` 型を基にして、`Start` と `Stop` のメソッドと対応するコマンドを定義し、ローバーがそれらに従うようにワーカーを更新しましょう。

31.4 クイックチェックの解答

クイックチェック 31-1

1. 未定義です。プログラムがクラッシュするかもしれず、なにが起きるか分かりません。
2. 永遠にブロックするでしょう。
3. panic: unlock of unlocked mutex
4. いいえ。はっきり文書化されていない限り、安全ではありません。

クイックチェック 31-2

同じミューテックスをロックしようとしている他のゴルーチンをブロックするかもしれません。また、デッドロックに陥る可能性もあります。

クイックチェック 31-3

1. ゴルーチン内のループ。
2. `image` パッケージ。
3. `for` と `select`。
4. メソッドコールの裏に隠します。
5. どんな値でもチャネルで送信できます。

LESSON 32

チャレンジ：火星で生きるもの

32.1 ローバーが移動するグリッド

ローバーがあちこち移動できるグリッドを作りましょう。そのために、MarsGrid 型を実装します。複数のゴルーチンが同時に使っても安全にするため、ミューテックスを使う必要があります。だいたい次のようなものを作るのです。

```
// MarsGrid は、火星の地表の一部をグリッドで表現する。
// 複数のゴルーチンが同時に使うことができる。
type MarsGrid struct {
    // To be done.
}

// Occupy は、グリッドで指定の位置にあるセルを独占する。
// その位置が、すでに独占されている場合や、位置がグリッドの外にある場合は、nil を返す。
// そうでなければ、これが返す値を利用して、グリッドのさまざまな場所に移動できる。
func (g *MarsGrid) Occupy(p image.Point) *Occupier

// Occupier は、グリッドで独占しているセルを表現する。
// それぞれ異なるゴルーチンで、並行的に利用できる。
type Occupier struct {
    // To be done.
}

// MoveTo は、Occupier を、グリッドの別のセルへと移動させる。
// 移動が成功したかどうかを報告する。
// グリッドの外や、すでに独占されているセルに移動しようとしたら、失敗する。
// もし失敗したら、Occupier は同じ場所にとどまる。
func (g *Occupier) MoveTo(p image.Point) bool
```

次に、レッスン 31 で見たローバーの例を書き換えて、ただローカルに座標を更新するのではなく、ローバーが MewRoverDriver 関数に渡された MarsGrid オブジェクトを使うようにします。もしグリッドの端または障害物に当たったら、ローバーの向きを変えて、別のランダムな方向に進めます。

いくつかのローバーを NewRoverDriver を呼び出して起動し、それらがグリッド上を動き回るようすを観察しましょう。

32.2 発見を報告する

火星で生命を見つけるために、いくつかのローバーを探索に送り出します。ただし、生命を見つけたときには、ぜひとも知らせて欲しいですね。グリッド上の各セルには、生命が存在する可能性を示す値として、0 から 1000 までのランダムな数を代入します。もしローバーが、生命値が 900 を超えるセルを見つけたら、生命を発見したかもしれないので、無線メッセージを地球に送信しなければなりません。

残念ながら、メッセージを即座に送信することが、常に可能とは限りません。中継用の衛星が、いつも地平線の上にあるとは限らないからです。バッファリングのゴルーチンを実装しましょう。これはローバーから送られたメッセージを受信し、それを地球に送信できるまでスライスにバッファしておきます。

地球は、ときどきしかメッセージを受信しないゴルーチンとして実装します（実際には、毎日数時間となるでしょうが、もっと間隔を短くしても構いません）。それぞれのメッセージは、生命を発見したかもしれないセルの座標と、生命値そのものを含みます。

さらに、それぞれのローバーに名前を付けておいて、どのローバーが発見したのかわかるように、その名前もメッセージに入れるのも良いでしょう。ローバーが出力するログにも名前を入れておけば、それぞれの進捗を追いやすくなります。

ローバーたちを自由に探索させ、何を発見したかを報告させましょう。

LESSON 33

終わりに

33.1　ここから先は、どこへ？

これで本書はおしまいですが、あなたの旅路の終点ではありません。あなたの心には、これから実現したいアイデアが貯まっているのではありませんか？　まだまだ学習し、構築しようという意欲があることを願っています。この本を読んでくださって、ありがとう。

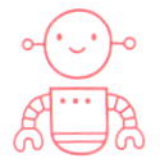

33.2　積み残し

Go は比較的小さな言語なので、その大部分は、もう学習済みです。ただし、本書ではカバーしきれなかった部分が、いくつかあります。

- 手軽な `iota` 識別子を使って、連続する定数を生成する宣言の書き方をカバーしていません。
- ビットシフト（<<と>>）とビット演算子（&と|）に触れていません。
- レッスン 3 でループをカバーしましたが、`continue` と `goto` のキーワードとラベルによるジャンプは、使いませんでした。
- レッスン 5 でスコープを学びましたが、変数のシャドーイング（外側にある同名の宣言を隠蔽すること）に触れませんでした。
- レッスン 6 から 8 で、浮動小数点型、整数型、ビッグナンバーを学びましたが、複素数や虚数までは到達できませんでした。
- レッスン 12 で `return` キーワードを示しましたが、そのオペランドを省略する「空リターン」に触れませんでした。
- レッスン 12 では、空の `interface{}` に触れましたが、詳しく説明していません。

- レッスン 13 でメソッドを紹介しましたが、メソッド値に触れませんでした。
- レッスン 28 で型アサーションに触れましたが、型スイッチに触れていません。
- レッスン 30 で、双方向チャネルに触れていません。
- `init` による初期化を説明していません。これも `main` のように特別な関数です。
- 組み込み関数のすべてを詳しく見ていません。たとえばポインタ用の `new` や、スライス用の `copy` などもあります[1]。
- コードの組織化や共用のために新しいパッケージを書く例を示しませんでした。

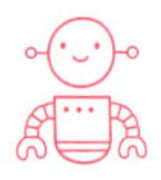

33.3 Playground を超えて

もしあなたがコンピュータプログラミングの初心者ならば、Web ベースの Go Playground が気に入ったかもしれません。ただし、このプレイグラウンドには、いくつか制約事項があります。

Playgound の制約を離れて、次の段階に進むには、あなたのコンピュータに Go をインストールする必要があります（`https://golang.org/dl/`を参照）。ターミナルまたはコマンドプロンプトを起動するのは、ちょっと懐かしい感じがするかもしれません。タイムマシンで 1995 年に戻った気持ちになって、あなたのコンピュータをコマンドで操作するのに慣れてください。

それから、テキストエディタも必要です。本書の著者たちは、Sublime Text と Acme を使っていますが、Go の優れたサポートがあるエディタは、数多く存在します（エクステンションやプラグインなどの詳細は、`https://golang.org/doc/editors.html` にリンクがあります）。遅かれ速かれ、git のようなバージョン管理ツールも欲しくなるでしょう。これもタイムマシンの一種ですが、過去から取り出せるのはコードなどのファイルだけです。

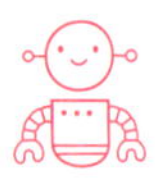

33.4 まだまだ他にも

Go は、プログラミング言語だけではありません。豊富なツールとライブラリのエコシステムが、あなたに発見されるのを待っています。

自動化されたテスト、デバッグ、ベンチマークなど、それこそなんでも必要なものが利用できます。標準ライブラリには、まだまだ多くのパッケージがあります。それらを探索し終えたとしても、gopher たちのコミュニティが忙しく働いて、どんなニーズにも対応できるように、サードパーティパッケージの巨大な集まりを作っています（詳しくは、`https://godoc.org/`を参照）。

あなたの旅を助けるオンラインリソースも数多く存在し（`https://golang.org/wiki`）、読みやすい本も、たくさん出版されています（`https://golang.org/wiki/Books`）。たとえば、以下の

---

[1] ドキュメントは、`https://golang.org/pkg/builtin/`にあります。

ような書籍です。

- Matt Butcher, Matt Farina. *"Go in Practice: Includes 70 Techniques"*, Manning Publications, 2015.
- Sau Sheong Chang. *"Go Web Programming"*, Manning Publications, 2016.
- William Kennedy, Brian Ketelsen, Erik St. Martin. *"Go in Action"*, Manning Publications, 2015.

なお、本書の翻訳にあたっては、幅広く出版されている Go 言語関連書籍のうち、とくに以下の 3 冊を参考にしています。

- Alan A.A.Donovan, Brian W.Kernighan. *"The Go Programming Language"*, Addison-Wesley Professional, 2015.
    - 柴田芳樹訳,『プログラミング言語 Go』丸善出版, 2016 年
- 松尾愛賀著,『スターティング Go 言語』翔泳社, 2016 年
- 古川昇著,『改訂 2 版 基礎からわかる Go 言語』C&R 研究所, 2015 年

いつでも、もっと学ぶことがあるのです。だから、一緒に楽しみましょう。Go コミュニティは、あなたを歓迎します。

練習問題とチャレンジの解答

この付録では、レッスンの最後にある練習問題と、チャレンジプロジェクトについて、私たちの解答を提供します。ただし、どんな問題でも解答は複数あるのだ、ということを覚えていてください。

これらのソリューションは、その他のソースコードとともに、Manning 社の原著 Web サイト（https://www.manning.com/books/get-programming-with-go）からダウンロードできます。また、本書の GitHub（https://github.com/nathany/get-programming-with-go）でも、オンラインで本書のソースコード（最新バージョン）を閲覧できます。
なお、本書のリストでは、文字列テキストの一部も翻訳していますが、この付録にあるコードリストでは、コメントだけを訳しています。

ユニット0

● レッスン1

```
// 練習問題：playground.go

package main

import (
    "fmt"
)

func main() {
    fmt.Println("Hello, Nathan")
    fmt.Println("您好 こんにちは Здравствуйте hola")
}
```

ユニット1

レッスン2

```
// 練習問題：malacandra.go

package main

import "fmt"

func main() {
    const hoursPerDay = 24

    var days = 28
    var distance = 56000000 // km

    fmt.Println(distance/(days*hoursPerDay), "km/h")
}
```

レッスン3

```
// 練習問題：guess.go

package main

import (
    "fmt"
    "math/rand"
)

func main() {
    var number = 42

    for {
        var n = rand.Intn(100) + 1
        if n < number {
            fmt.Printf("%v is too small.\n", n)
        } else if n > number {
            fmt.Printf("%v is too big.\n", n)
        } else {
            fmt.Printf("You got it! %v\n", n)
            break
        }
    }
}
```

レッスン 4

```go
// 練習問題：random-dates.go

package main

import (
    "fmt"
    "math/rand"
)

var era = "AD"

func main() {
    for count := 0; count < 10; count++ {
        year := 2018 + rand.Intn(10)
        leap := year%400 == 0 || (year%4 == 0 && year%100 != 0)
        month := rand.Intn(12) + 1

        daysInMonth := 31
        switch month {
        case 2:
            daysInMonth = 28
            if leap {
                daysInMonth = 29
            }
        case 4, 6, 9, 11:
            daysInMonth = 30
        }

        day := rand.Intn(daysInMonth) + 1
        fmt.Println(era, year, month, day)
    }
}
```

チャレンジ 5

```go
// 練習問題：tickets.go

package main

import (
    "fmt"
    "math/rand"
)

const secondsPerDay = 86400
```

```
func main() {
    distance := 62100000
    company := ""
    trip := ""

    fmt.Println("Spaceline        Days Trip type  Price")
    fmt.Println("======================================")

    for count := 0; count < 10; count++ {
        switch rand.Intn(3) {
        case 0:
            company = "Space Adventures"
        case 1:
            company = "SpaceX"
        case 2:
            company = "Virgin Galactic"
        }

        speed := rand.Intn(15) + 16                  // 16-30 km/s
        duration := distance / speed / secondsPerDay // days
        price := 20.0 + speed                        // millions

        if rand.Intn(2) == 1 {
            trip = "Round-trip"
            price = price * 2
        } else {
            trip = "One-way"
        }

        fmt.Printf("%-16v %4v %-10v $%4v\n", company, duration, trip, price)
    }
}
```

ユニット2

● レッスン6

```
// 練習問題：piggy.go

package main

import (
    "fmt"
    "math/rand"
)

func main() {
    piggyBank := 0.0

    for piggyBank < 20.00 {
```

```
        switch rand.Intn(3) {
        case 0:
            piggyBank += 0.05
        case 1:
            piggyBank += 0.10
        case 2:
            piggyBank += 0.25
        }
        fmt.Printf("$%5.2f\n", piggyBank)
    }
}
```

レッスン7

```
// 練習問題：piggy.go

package main

import (
    "fmt"
    "math/rand"
)

func main() {
    piggyBank := 0

    for piggyBank < 2000 {
        switch rand.Intn(3) {
        case 0:
            piggyBank += 5
        case 1:
            piggyBank += 10
        case 2:
            piggyBank += 25
        }

        dollars := piggyBank / 100
        cents := piggyBank % 100
        fmt.Printf("$%d.%02d\n", dollars, cents)
    }
}
```

レッスン8

```
// 練習問題：canis.go

package main

import (
    "fmt"
```

```
)

func main() {
    const distance = 236000000000000000
    const lightSpeed = 299792
    const secondsPerDay = 86400
    const daysPerYear = 365

    const years = distance / lightSpeed / secondsPerDay / daysPerYear

    fmt.Println("Canis Major Dwarf Galaxy is", years, "light years away.")
}
```

レッスン9

```
// 練習問題-1：caesar.go

package main

import "fmt"

func main() {
    message := "L fdph, L vdz, L frqtxhuhg."

    for i := 0; i < len(message); i++ {
        c := message[i]
        if c >= 'a' && c <= 'z' {
            c -= 3
            if c < 'a' {
                c += 26
            }
        } else if c >= 'A' && c <= 'Z' {
            c -= 3
            if c < 'A' {
                c += 26
            }
        }
        fmt.Printf("%c", c)
    }
}
```

```
// 練習問題-2：international.go

package main

import "fmt"

func main() {
    message := "Hola Estacion Espacial Internacional"

    for _, c := range message {
        if c >= 'a' && c <= 'z' {
            c = c + 13
            if c > 'z' {
                c = c - 26
            }
        } else if c >= 'A' && c <= 'Z' {
            c = c + 13
            if c > 'Z' {
                c = c - 26
            }
        }
        fmt.Printf("%c", c)
    }
}
```

● レッスン 10

```
// 練習問題：input.go

package main

import "fmt"

func main() {
    yesNo := "1"

    var launch bool

    switch yesNo {
    case "true", "yes", "1":
        launch = true
    case "false", "no", "0":
        launch = false
    default:
        fmt.Println(yesNo, "is not valid")
    }

    fmt.Println("Ready for launch:", launch)

}
```

チャレンジ 11

```
// 練習問題-1：decipher.go

package main

import "fmt"

func main() {
    cipherText := "CSOITEUIWUIZNSROCNKFD"
    keyword := "GOLANG"
    message := ""
    keyIndex := 0

    for i := 0; i < len(cipherText); i++ {
        // A=0, B=1, ... Z=25
        c := cipherText[i] - 'A'
        k := keyword[keyIndex] - 'A'

        // 暗号の文字 c - キーの文字 k
        c = (c-k+26)%26 + 'A'
        message += string(c)

        // keyIndex をインクリメント
        keyIndex++
        keyIndex %= len(keyword)
    }

    fmt.Println(message)
}
```

```
// 練習問題-2：cipher.go

package main

import (
    "fmt"
    "strings"
)

func main() {
    message := "your message goes here"
    keyword := "golang"
    keyIndex := 0
    cipherText := ""

    message = strings.ToUpper(strings.Replace(message, " ", "", -1))
    keyword = strings.ToUpper(strings.Replace(keyword, " ", "", -1))
```

```
    for i := 0; i < len(message); i++ {
        c := message[i]
        if c >= 'A' && c <= 'Z' {
            // A=0, B=1, ... Z=25
            c -= 'A'
            k := keyword[keyIndex] - 'A'

            // 暗号の文字 c + キーの文字 k
            c = (c+k)%26 + 'A'

            // keyIndex をインクリメント
            keyIndex++
            keyIndex %= len(keyword)
        }
        cipherText += string(c)
    }
    fmt.Println(cipherText)
}
```

ユニット3

レッスン12

```
// 練習問題：functions.go

package main

import "fmt"

func kelvinToCelsius(k float64) float64 {
    return k - 273.15
}

func celsiusToFahrenheit(c float64) float64 {
    return (c * 9.0 / 5.0) + 32.0
}

func kelvinToFahrenheit(k float64) float64 {
    return celsiusToFahrenheit(kelvinToCelsius(k))
}

func main() {
    fmt.Printf("233°K is %.2f°C\n", kelvinToCelsius(233))
    fmt.Printf("0°K is %.2f°F\n", kelvinToFahrenheit(0))
}
```

レッスン 13

```
// 練習問題：method.go

package main

import "fmt"

type celsius float64

func (c celsius) fahrenheit() fahrenheit {
    return fahrenheit((c * 9.0 / 5.0) + 32.0)
}

func (c celsius) kelvin() kelvin {
    return kelvin(c + 273.15)
}

type fahrenheit float64

func (f fahrenheit) celsius() celsius {
    return celsius((f - 32.0) * 5.0 / 9.0)
}

func (f fahrenheit) kelvin() kelvin {
    return f.celsius().kelvin()
}

type kelvin float64

func (k kelvin) celsius() celsius {
    return celsius(k - 273.15)
}

func (k kelvin) fahrenheit() fahrenheit {
    return k.celsius().fahrenheit()
}

func main() {
    var k kelvin = 294.0
    c := k.celsius()
    fmt.Print(k, "°K is ", c, "°C")
}
```

レッスン 14

```
// 練習問題：calibrate.go

package main

import (
    "fmt"
    "math/rand"
)

type kelvin float64
type sensor func() kelvin

func fakeSensor() kelvin {
    return kelvin(rand.Intn(151) + 150)
}

func calibrate(s sensor, offset kelvin) sensor {
    return func() kelvin {
        return s() + offset
    }
}

func main() {
    var offset kelvin = 5
    sensor := calibrate(fakeSensor, offset)

    for count := 0; count < 10; count++ {
        fmt.Println(sensor())
    }
}
```

チャレンジ 15

```
// 練習問題：tables.go

package main

import (
    "fmt"
)

type celsius float64

func (c celsius) fahrenheit() fahrenheit {
    return fahrenheit((c * 9.0 / 5.0) + 32.0)
}
```

```
type fahrenheit float64

func (f fahrenheit) celsius() celsius {
    return celsius((f - 32.0) * 5.0 / 9.0)
}

const (
    line         = "======================="
    rowFormat    = "| %8s | %8s |\n"
    numberFormat = "%.1f"
)

type getRowFn func(row int) (string, string)

// drawTable は、2 列の表を描く
func drawTable(hdr1, hdr2 string, rows int, getRow getRowFn) {
    fmt.Println(line)
    fmt.Printf(rowFormat, hdr1, hdr2)
    fmt.Println(line)
    for row := 0; row < rows; row++ {
        cell1, cell2 := getRow(row)
        fmt.Printf(rowFormat, cell1, cell2)
    }
    fmt.Println(line)
}

func ctof(row int) (string, string) {
    c := celsius(row*5 - 40)
    f := c.fahrenheit()
    cell1 := fmt.Sprintf(numberFormat, c)
    cell2 := fmt.Sprintf(numberFormat, f)
    return cell1, cell2
}

func ftoc(row int) (string, string) {
    f := fahrenheit(row*5 - 40)
    c := f.celsius()
    cell1 := fmt.Sprintf(numberFormat, f)
    cell2 := fmt.Sprintf(numberFormat, c)
    return cell1, cell2
}

func main() {
    drawTable("°C", "°F", 29, ctof)
    fmt.Println()
    drawTable("°F", "°C", 29, ftoc)
}
```

ユニット4

レッスン16

```
// 練習問題：chess.go

package main

import "fmt"

func display(board [8][8]rune) {
    for _, row := range board {
        for _, column := range row {
            if column == 0 {
                fmt.Print("  ")
            } else {
                fmt.Printf("%c ", column)
            }
        }
        fmt.Println()
    }
}

func main() {
    var board [8][8]rune
    // 黒の駒
    board[0][0] = 'r'
    board[0][1] = 'n'
    board[0][2] = 'b'
    board[0][3] = 'q'
    board[0][4] = 'k'
    board[0][5] = 'b'
    board[0][6] = 'n'
    board[0][7] = 'r'

    // ポーン
    for column := range board[1] {
        board[1][column] = 'p'
        board[6][column] = 'P'
    }

    // 白の駒
    board[7][0] = 'R'
    board[7][1] = 'N'
    board[7][2] = 'B'
    board[7][3] = 'Q'
    board[7][4] = 'K'
    board[7][5] = 'B'
    board[7][6] = 'N'
    board[7][7] = 'R'
```

```
    display(board)
}
```

レッスン17

```
// 練習問題：terraform.go

package main

import "fmt"

// Planetsで[]stringにメソッドをアタッチする
type Planets []string

func (planets Planets) terraform() {
    for i := range planets {
        planets[i] = "New " + planets[i]
    }
}

func main() {
    planets := []string{
        "Mercury", "Venus", "Earth", "Mars",
        "Jupiter", "Saturn", "Uranus", "Neptune",
    }
    Planets(planets[3:4]).terraform()
    Planets(planets[6:]).terraform()
    fmt.Println(planets)
}
```

レッスン18

```
// 練習問題：capacity.go

package main

import "fmt"

func main() {
    s := []string{}
    lastCap := cap(s)

    for i := 0; i < 10000; i++ {
        s = append(s, "An element")
        if cap(s) != lastCap {
            fmt.Println(cap(s))
            lastCap = cap(s)
        }
    }
}
```

レッスン 19

```
// 練習問題：words.go

package main

import (
    "fmt"
    "strings"
)

func countWords(text string) map[string]int {
    words := strings.Fields(strings.ToLower(text))
    frequency := make(map[string]int, len(words))
    for _, word := range words {
        word = strings.Trim(word, `.,"-`)
        frequency[word]++
    }
    return frequency
}

func main() {
    text := `As far as eye could reach he saw nothing but the stems of the
        great plants about him receding in the violet shade, and far overhead
        the multiple transparency of huge leaves filtering the sunshine to the
        solemn splendour of twilight in which he walked. Whenever he felt able
        he ran again; the ground continued soft and springy, covered with the
        same resilient weed which was the first thing his hands had touched in
        Malacandra. Once or twice a small red creature scuttled across his
        path, but otherwise there seemed to be no life stirring in the wood;
        nothing to fear ?- except the fact of wandering unprovisioned and alone
        in a forest of unknown vegetation thousands or millions of miles
        beyond the reach or knowledge of man.`

    frequency := countWords(text)
    for word, count := range frequency {
        if count > 1 {
            fmt.Printf("%d %v\n", count, word)
        }
    }
}
```

● チャレンジ20

```
// 練習問題:life.go

package main

import (
    "fmt"
    "math/rand"
    "time"
)

const (
    width  = 80
    height = 15
)

// Universe はセルの 2 次元フィールド
type Universe [][]bool

// NewUniverse は、空の Universe を返す
func NewUniverse() Universe {
    u := make(Universe, height)
    for i := range u {
        u[i] = make([]bool, width)
    }
    return u
}

// Seed は、生きているセルを Universe にランダム散布する
func (u Universe) Seed() {
    for i := 0; i < (width * height / 4); i++ {
        u.Set(rand.Intn(width), rand.Intn(height), true)
    }
}

// Set は、指定のセルの状態を設定する
func (u Universe) Set(x, y int, b bool) {
    u[y][x] = b
}

// Alive は、指定のセルが生きているかどうかを報告する。
// 座標が universe の外に出たらラップアラウンドする。
func (u Universe) Alive(x, y int) bool {
    x = (x + width) % width
    y = (y + height) % height
    return u[y][x]
}
```

```
// Neighbors は、生きている隣接セルを数える
func (u Universe) Neighbors(x, y int) int {
    n := 0
    for v := -1; v <= 1; v++ {
        for h := -1; h <= 1; h++ {
            if !(v == 0 && h == 0) && u.Alive(x+h, y+v) {
                n++
            }
        }
    }
    return n
}

// Next は、指定されたセルの次のステップにおける状態を返す
func (u Universe) Next(x, y int) bool {
    n := u.Neighbors(x, y)
    return n == 3 || n == 2 && u.Alive(x, y)
}

// String は、Universe を文字列として返す
func (u Universe) String() string {
    var b byte
    buf := make([]byte, 0, (width+1)*height)

    for y := 0; y < height; y++ {
        for x := 0; x < width; x++ {
            b = ' '
            if u[y][x] {
                b = '*'
            }
            buf = append(buf, b)
        }
        buf = append(buf, '\n')
    }
    return string(buf)
}

// Show は、画面をクリアして Universe を表示する
func (u Universe) Show() {
    fmt.Print("\x0c", u.String())
}

// Step は、現在の Universe (a) から、次の Universe (a) の状態を更新する
func Step(a, b Universe) {
    for y := 0; y < height; y++ {
        for x := 0; x < width; x++ {
            b.Set(x, y, a.Next(x, y))
        }
    }
}
```

```
func main() {
    a, b := NewUniverse(), NewUniverse()
    a.Seed()

    for i := 0; i < 300; i++ {
        Step(a, b)
        a.Show()
        time.Sleep(time.Second / 30)
        a, b = b, a // Swap universes
    }
}
```

ユニット5

● レッスン21

```
// 練習問題：landing.go

package main

import (
    "encoding/json"
    "fmt"
    "os"
)

func main() {
    type location struct {
        Name string  `json:"name"`
        Lat  float64 `json:"latitude"`
        Long float64 `json:"longitude"`
    }

    locations := []location{
        {Name: "Bradbury Landing", Lat: -4.5895, Long: 137.4417},
        {Name: "Columbia Memorial Station", Lat: -14.5684, Long: 175.472636},
        {Name: "Challenger Memorial Station", Lat: -1.9462, Long: 354.4734},
    }

    bytes, err := json.MarshalIndent(locations, "", "  ")
    if err != nil {
        fmt.Println(err)
        os.Exit(1)
    }

    fmt.Println(string(bytes))
}
```

レッスン 22

```
// 練習問題-1：landing.go

package main

import "fmt"

// location は、10 進数の緯度 (lat) と経度 (long) による位置
type location struct {
    lat, long float64
}

// coordinate は、北 (N)/南 (S)/東 (E)/西 (W) の半球における度 (d) 分 (m) 秒 (s) 座標
type coordinate struct {
    d, m, s float64
    h       rune
}

// newLocation は、10 進の緯度と経度を dms 座標から作る
func newLocation(lat, long coordinate) location {
    return location{lat.decimal(), long.decimal()}
}

// decimal は、dms 座標を 10 進の度数に変換する
func (c coordinate) decimal() float64 {
    sign := 1.0
    switch c.h {
    case 'S', 'W', 's', 'w':
        sign = -1
    }
    return sign * (c.d + c.m/60 + c.s/3600)
}

func main() {
    spirit := newLocation(coordinate{14, 34, 6.2, 'S'},
                          coordinate{175, 28, 21.5, 'E'})
    opportunity := newLocation(coordinate{1, 56, 46.3, 'S'},
                               coordinate{354, 28, 24.2, 'E'})
    curiosity := newLocation(coordinate{4, 35, 22.2, 'S'},
                             coordinate{137, 26, 30.12, 'E'})
    insight := newLocation(coordinate{4, 30, 0.0, 'N'},
                           coordinate{135, 54, 0, 'E'})

    fmt.Println("Spirit", spirit)
    fmt.Println("Opportunity", opportunity)
    fmt.Println("Curiosity", curiosity)
    fmt.Println("InSight", insight)
}
```

```
// 練習問題-2：distance.go

package main

import (
    "fmt"
    "math"
)

// location は、10 進数の緯度（lat）と経度（long）による位置
type location struct {
    lat, long float64
}

// coordinate は、北（N)/南（S)/東（E)/西（W）の半球における度（d）分（m）秒（s）座標
type coordinate struct {
    d, m, s float64
    h       rune
}

// newLocation は、10 進の緯度と経度を dms 座標から作る
func newLocation(lat, long coordinate) location {
    return location{lat.decimal(), long.decimal()}
}

// decimal は、dms 座標を 10 進の度数に変換する
func (c coordinate) decimal() float64 {
    sign := 1.0
    switch c.h {
    case 'S', 'W', 's', 'w':
        sign = -1
    }
    return sign * (c.d + c.m/60 + c.s/3600)
}

// world は体積平均半径 radius を持つ（キロメートル単位）
type world struct {
    radius float64
}

// distance は、球面三角法の余弦定理を使って距離を計算する
func (w world) distance(p1, p2 location) float64 {
    s1, c1 := math.Sincos(rad(p1.lat))
    s2, c2 := math.Sincos(rad(p2.lat))
    clong := math.Cos(rad(p1.long - p2.long))
    return w.radius * math.Acos(s1*s2+c1*c2*clong)
}
```

```
// rad は、度をラジアンに変換する
func rad(deg float64) float64 {
    return deg * math.Pi / 180
}

var (
    mars  = world{radius: 3389.5}
    earth = world{radius: 6371}
)

func main() {
    spirit := newLocation(coordinate{14, 34, 6.2, 'S'},
                          coordinate{175, 28, 21.5, 'E'})
    opportunity := newLocation(coordinate{1, 56, 46.3, 'S'},
                               coordinate{354, 28, 24.2, 'E'})
    curiosity := newLocation(coordinate{4, 35, 22.2, 'S'},
                             coordinate{137, 26, 30.12, 'E'})
    insight := newLocation(coordinate{4, 30, 0.0, 'N'},
                           coordinate{135, 54, 0, 'E'})

    fmt.Printf("Spirit to Opportunity %.2f km\n",
           mars.distance(spirit, opportunity))
    fmt.Printf("Spirit to Curiosity %.2f km\n",
           mars.distance(spirit, curiosity))
    fmt.Printf("Spirit to InSight %.2f km\n",
           mars.distance(spirit, insight))

    fmt.Printf("Opportunity to Curiosity %.2f km\n",
           mars.distance(opportunity, curiosity))
    fmt.Printf("Opportunity to InSight %.2f km\n",
           mars.distance(opportunity, insight))

    fmt.Printf("Curiosity to InSight %.2f km\n",
           mars.distance(curiosity, insight))

    london := newLocation(coordinate{51, 30, 0, 'N'},
                          coordinate{0, 8, 0, 'W'})
    paris := newLocation(coordinate{48, 51, 0, 'N'},
                         coordinate{2, 21, 0, 'E'})
    fmt.Printf("London to Paris %.2f km\n",
           earth.distance(london, paris))

    edmonton := newLocation(coordinate{53, 32, 0, 'N'},
                            coordinate{113, 30, 0, 'W'})
    ottawa := newLocation(coordinate{45, 25, 0, 'N'},
                          coordinate{75, 41, 0, 'W'})
    fmt.Printf("Hometown to Capital %.2f km\n",
           earth.distance(edmonton, ottawa))
```

```
    mountSharp := newLocation(coordinate{5, 4, 48, 'S'},
                              coordinate{137, 51, 0, 'E'})
    olympusMons := newLocation(coordinate{18, 39, 0, 'N'},
                               coordinate{226, 12, 0, 'E'})
    fmt.Printf("Mount Sharp to Olympus Mons %.2f km\n",
               mars.distance(mountSharp, olympusMons))
}
```

レッスン 23

```
// 練習問題：gps.go

package main

import (
    "fmt"
    "math"
)

type world struct {
    radius float64
}

type location struct {
    name      string
    lat, long float64
}

func (l location) description() string {
    return fmt.Sprintf("%v (%.1f°, %.1f°)", l.name, l.lat, l.long)
}

type gps struct {
    world       world
    current     location
    destination location
}

func (g gps) distance() float64 {
    return g.world.distance(g.current, g.destination)
}

func (g gps) message() string {
    return fmt.Sprintf("%.1f km to %v", g.distance(), g.destination.description())
}

func (w world) distance(p1, p2 location) float64 {
    s1, c1 := math.Sincos(rad(p1.lat))
    s2, c2 := math.Sincos(rad(p2.lat))
    clong := math.Cos(rad(p1.long - p2.long))
```

```
    return w.radius * math.Acos(s1*s2+c1*c2*clong)
}

func rad(deg float64) float64 {
    return deg * math.Pi / 180
}

type rover struct {
    gps
}

func main() {
    mars := world{radius: 3389.5}
    bradbury := location{"Bradbury Landing", -4.5895, 137.4417}
    elysium := location{"Elysium Planitia", 4.5, 135.9}

    gps := gps{
        world:       mars,
        current:     bradbury,
        destination: elysium,
    }

    curiosity := rover{
        gps: gps,
    }

    fmt.Println(curiosity.message())
}
```

レッスン24

```
// 練習問題：marshal.go

package main

import (
    "encoding/json"
    "fmt"
    "os"
)

// coordinateは、北(N)/南(S)/東(E)/西(W)の半球における度(d)分(m)秒(s)座標
type coordinate struct {
    d, m, s float64
    h       rune
}

// Stringはdms座標を整形する
func (c coordinate) String() string {
    return fmt.Sprintf("%v°%v'%.1f" %c", c.d, c.m, c.s, c.h)
}
```

```
// decimal は、dms 座標を 10 進の度数に変換する
func (c coordinate) decimal() float64 {
    sign := 1.0
    switch c.h {
    case 'S', 'W', 's', 'w':
        sign = -1
    }
    return sign * (c.d + c.m/60 + c.s/3600)
}

func (c coordinate) MarshalJSON() ([]byte, error) {
    return json.Marshal(struct {
        DD  float64 `json:"decimal"`
        DMS string  `json:"dms"`
        D   float64 `json:"degrees"`
        M   float64 `json:"minutes"`
        S   float64 `json:"seconds"`
        H   string  `json:"hemisphere"`
    }{
        DD:  c.decimal(),
        DMS: c.String(),
        D:   c.d,
        M:   c.m,
        S:   c.s,
        H:   string(c.h),
    })
}

// location は、10 進数の緯度（lat）と経度（long）による位置
type location struct {
    Name string     `json:"name"`
    Lat  coordinate `json:"latitude"`
    Long coordinate `json:"longitude"`
}

func main() {
    elysium := location{
        Name: "Elysium Planitia",
        Lat:  coordinate{4, 30, 0.0, 'N'},
        Long: coordinate{135, 54, 0, 'E'},
    }

    bytes, err := json.MarshalIndent(elysium, "", "  ")
    if err != nil {
        fmt.Println(err)
        os.Exit(1)
    }

    fmt.Println(string(bytes))
}
```

● チャレンジ25

```
// 練習問題：animals.go

package main

import (
    "fmt"
    "math/rand"
    "time"
)

// ミツバチ
type honeyBee struct {
    name string
}

func (hb honeyBee) String() string {
    return hb.name
}

func (hb honeyBee) move() string {
    switch rand.Intn(2) {
    case 0:
        return "buzzes about"
    default:
        return "flies to infinity and beyond"
    }
}

func (hb honeyBee) eat() string {
    switch rand.Intn(2) {
    case 0:
        return "pollen"
    default:
        return "nectar"
    }
}

// ホリネズミ
type gopher struct {
    name string
}

func (g gopher) String() string {
    return g.name
}
```

```
func (g gopher) move() string {
    switch rand.Intn(2) {
    case 0:
        return "scurries along the ground"
    default:
        return "burrows in the sand"
    }
}

func (g gopher) eat() string {
    switch rand.Intn(5) {
    case 0:
        return "carrot"
    case 1:
        return "lettuce"
    case 2:
        return "radish"
    case 3:
        return "corn"
    default:
        return "root"
    }
}

type animal interface {
    move() string
    eat() string
}

func step(a animal) {
    switch rand.Intn(2) {
    case 0:
        fmt.Printf("%v %v.\n", a, a.move())
    default:
        fmt.Printf("%v eats the %v.\n", a, a.eat())
    }
}

const sunrise, sunset = 8, 18

func main() {
    rand.Seed(time.Now().UnixNano())

    animals := []animal{
        honeyBee{name: "Bzzz Lightyear"},
        gopher{name: "Go gopher"},
    }

    var sol, hour int

    for {
```

```
        fmt.Printf("%2d:00 ", hour)
        if hour < sunrise || hour >= sunset {
            fmt.Println("The animals are sleeping.")
        } else {
            i := rand.Intn(len(animals))
            step(animals[i])
        }

        time.Sleep(500 * time.Millisecond)

        hour++
        if hour >= 24 {
            hour = 0
            sol++
            if sol >= 3 {
                break
            }
        }
    }
}
```

ユニット6

レッスン26

```
// 練習問題：turtle.go

package main

import "fmt"

type turtle struct {
    x, y int
}

func (t *turtle) up() {
    t.y--
}

func (t *turtle) down() {
    t.y++
}

func (t *turtle) left() {
    t.x--
}

func (t *turtle) right() {
    t.x++
}
```

```
func main() {
    var t turtle
    t.up()
    t.up()
    t.left()
    t.left()
    fmt.Println(t) // {-2 -2}
    t.down()
    t.down()
    t.right()
    t.right()
    fmt.Println(t) // {0 0}
}
```

● レッスン27

```
// 練習問題：knights.go

package main

import (
    "fmt"
)

type item struct {
    name string
}

type character struct {
    name     string
    leftHand *item
}

func (c *character) pickup(i *item) {
    if c == nil || i == nil {
        return
    }
    fmt.Printf("%v picks up a %v\n", c.name, i.name)
    c.leftHand = i
}

func (c *character) give(to *character) {
    if c == nil || to == nil {
        return
    }
    if c.leftHand == nil {
        fmt.Printf("%v has nothing to give\n", c.name)
        return
    }
    if to.leftHand != nil {
```

```
        fmt.Printf("%v's hands are full\n", to.name)
        return
    }
    to.leftHand = c.leftHand
    c.leftHand = nil
    fmt.Printf("%v gives %v a %v\n", c.name, to.name, to.leftHand.name)
}

func (c character) String() string {
    if c.leftHand == nil {
        return fmt.Sprintf("%v is carrying nothing", c.name)
    }
    return fmt.Sprintf("%v is carrying a %v", c.name, c.leftHand.name)
}

func main() {
    arthur := &character{name: "Arthur"}

    shrubbery := &item{name: "shrubbery"}
    arthur.pickup(shrubbery) // Arthur picks up a shrubbery

    knight := &character{name: "Knight"}
    arthur.give(knight) // Arthur gives Knight a shrubbery

    fmt.Println(arthur) // Arthur is carrying nothing

    fmt.Println(knight) // Knight is carrying a shrubbery

}
```

● レッスン28

```
// 練習問題：url.go

package main

import (
    "fmt"
    "net/url"
    "os"
)

func main() {
    u, err := url.Parse("https://a b.com/")

    if err != nil {
        fmt.Println(err)
        // parse https://a b.com/: invalid character " " in host name

        fmt.Printf("%#v\n", err)
        // &url.Error{Op:"parse", URL:"https://a b.com/", Err:" "}
```

```
        if e, ok := err.(*url.Error); ok {
            fmt.Println("Op:", e.Op)
            // Op: parse

            fmt.Println("URL:", e.URL)
            // URL: https://a b.com/

            fmt.Println("Err:", e.Err)
            // Err: invalid character " " in host name
        }
        os.Exit(1)
    }
    fmt.Println(u)
}
```

● チャレンジ 29

```
// 練習問題：sudoku.go

package main

import (
    "errors"
    "fmt"
    "os"
)

const (
    rows, columns = 9, 9
    empty         = 0
)

// Cell は、数独のグリッドにおけるマス目
type Cell struct {
    digit int8
    fixed bool
}

// Grid は、数独のグリッド
type Grid [rows][columns]Cell

// 発生するかもしれないエラー
var (
    ErrBounds     = errors.New("out of bounds")
    ErrDigit      = errors.New("invalid digit")
    ErrInRow      = errors.New("digit already present in this row")
    ErrInColumn   = errors.New("digit already present in this column")
    ErrInRegion   = errors.New("digit already present in this region")
    ErrFixedDigit = errors.New("initial digits cannot be overwritten")
)
```

```
// NewSudoku は、新しい数独グリッドを作る
func NewSudoku(digits [rows][columns]int8) *Grid {
    var grid Grid
    for r := 0; r < rows; r++ {
        for c := 0; c < columns; c++ {
            d := digits[r][c]
            if d != empty {
                grid[r][c].digit = d
                grid[r][c].fixed = true
            }
        }
    }
    return &grid
}

// Set は、数独グリッドに数を設定する
func (g *Grid) Set(row, column int, digit int8) error {
    switch {
    case !inBounds(row, column):
        return ErrBounds
    case !validDigit(digit):
        return ErrDigit
    case g.isFixed(row, column):
        return ErrFixedDigit
    case g.inRow(row, digit):
        return ErrInRow
    case g.inColumn(column, digit):
        return ErrInColumn
    case g.inRegion(row, column, digit):
        return ErrInRegion
    }

    g[row][column].digit = digit
    return nil
}

// Clear は、数独グリッドのセルを 1 つクリアする
func (g *Grid) Clear(row, column int) error {
    switch {
    case !inBounds(row, column):
        return ErrBounds
    case g.isFixed(row, column):
        return ErrFixedDigit
    }

    g[row][column].digit = empty
    return nil
}
```

```
func inBounds(row, column int) bool {
    if row < 0 || row >= rows || column < 0 || column >= columns {
        return false
    }
    return true
}

func validDigit(digit int8) bool {
    return digit >= 1 && digit <= 9
}

func (g *Grid) inRow(row int, digit int8) bool {
    for c := 0; c < columns; c++ {
        if g[row][c].digit == digit {
            return true
        }
    }
    return false
}

func (g *Grid) inColumn(column int, digit int8) bool {
    for r := 0; r < rows; r++ {
        if g[r][column].digit == digit {
            return true
        }
    }
    return false
}

func (g *Grid) inRegion(row, column int, digit int8) bool {
    startRow, startColumn := row/3*3, column/3*3
    for r := startRow; r < startRow+3; r++ {
        for c := startColumn; c < startColumn+3; c++ {
            if g[r][c].digit == digit {
                return true
            }
        }
    }
    return false
}

func (g *Grid) isFixed(row, column int) bool {
    return g[row][column].fixed
}

func main() {
    s := NewSudoku([rows][columns]int8{
        {5, 3, 0, 0, 7, 0, 0, 0, 0},
        {6, 0, 0, 1, 9, 5, 0, 0, 0},
        {0, 9, 8, 0, 0, 0, 0, 6, 0},
        {8, 0, 0, 0, 6, 0, 0, 0, 3},
```

```
        {4, 0, 0, 8, 0, 3, 0, 0, 1},
        {7, 0, 0, 0, 2, 0, 0, 0, 6},
        {0, 6, 0, 0, 0, 0, 2, 8, 0},
        {0, 0, 0, 4, 1, 9, 0, 0, 5},
        {0, 0, 0, 0, 8, 0, 0, 7, 9},
    })

    err := s.Set(1, 1, 4)
    if err != nil {
        fmt.Println(err)
        os.Exit(1)
    }

    for _, row := range s {
        fmt.Println(row)
    }
}
```

ユニット7

レッスン30

```
// 練習問題-1：remove-identical.go

package main

import (
    "fmt"
)

func main() {
    c0 := make(chan string)
    c1 := make(chan string)
    go sourceGopher(c0)
    go removeDuplicates(c0, c1)
    printGopher(c1)
}

func sourceGopher(downstream chan string) {
    for _, v := range []string{"a", "b", "b", "c", "d", "d", "d", "e"} {
        downstream <- v
    }
    close(downstream)
}
```

```
func removeDuplicates(upstream, downstream chan string) {
    prev := ""
    for v := range upstream {
        if v != prev {
            downstream <- v
            prev = v
        }
    }
    close(downstream)
}

func printGopher(upstream chan string) {
    for v := range upstream {
        fmt.Println(v)
    }
}
```

```
// 練習問題-2：split-words.go

package main

import (
    "fmt"
    "strings"
)

func main() {
    c0 := make(chan string)
    c1 := make(chan string)
    go sourceGopher(c0)
    go splitWords(c0, c1)
    printGopher(c1)
}

func sourceGopher(downstream chan string) {
    for _, v := range []string{"hello world", "a bad apple", "goodbye all"} {
        downstream <- v
    }
    close(downstream)
}

func splitWords(upstream, downstream chan string) {
    for v := range upstream {
        for _, word := range strings.Fields(v) {
            downstream <- word
        }
    }
    close(downstream)
```

```
}

func printGopher(upstream chan string) {
    for v := range upstream {
        fmt.Println(v)
    }
}
```

レッスン 31

```
// 練習問題-1：positionworker.go

package main

import (
    "fmt"
    "image"
    "time"
)

func main() {
    go worker()
    time.Sleep(5 * time.Second)
}

func worker() {
    pos := image.Point{X: 10, Y: 10}
    direction := image.Point{X: 1, Y: 0}
    delay := time.Second
    next := time.After(delay)
    for {
        select {
        case <-next:
            pos = pos.Add(direction)
            fmt.Println("current position is ", pos)
            delay += time.Second / 2
            next = time.After(delay)
        }
    }
}
```

```
// 練習問題-2：rover.go

package main

import (
    "image"
    "log"
    "time"
)

func main() {
    r := NewRoverDriver()
    time.Sleep(3 * time.Second)
    r.Left()
    time.Sleep(3 * time.Second)
    r.Right()
    time.Sleep(3 * time.Second)
    r.Stop()
    time.Sleep(3 * time.Second)
    r.Start()
    time.Sleep(3 * time.Second)
}

// RoverDriver は、火星の地表でローバーを運転する
type RoverDriver struct {
    commandc chan command
}

// NewRoverDriver は、新しい RoverDriver を起動し、それを返す
func NewRoverDriver() *RoverDriver {
    r := &RoverDriver{
        commandc: make(chan command),
    }
    go r.drive()
    return r
}

type command int

const (
    right = command(0)
    left  = command(1)
    start = command(2)
    stop  = command(3)
)

// drive は、ローバーを運転する。
// ゴルーチンのなかで起動すること。
func (r *RoverDriver) drive() {
    pos := image.Point{X: 0, Y: 0}
    direction := image.Point{X: 1, Y: 0}
```

```
    updateInterval := 250 * time.Millisecond
    nextMove := time.After(updateInterval)
    speed := 1
    for {
        select {
        case c := <-r.commandc:
            switch c {
            case right:
                direction = image.Point{
                    X: -direction.Y,
                    Y: direction.X,
                }
            case left:
                direction = image.Point{
                    X: direction.Y,
                    Y: -direction.X,
                }
            case stop:
                speed = 0
            case start:
                speed = 1
            }
            log.Printf("new direction %v; speed %d", direction, speed)
        case <-nextMove:
            pos = pos.Add(direction.Mul(speed))
            log.Printf("moved to %v", pos)
            nextMove = time.After(updateInterval)
        }
    }
}

// Left はローバーを左に回転する（反時計方向に 90° ターンする）
func (r *RoverDriver) Left() {
    r.commandc <- left
}

// Right はローバーを右に回転する（時計方向に 90° ターンする）
func (r *RoverDriver) Right() {
    r.commandc <- right
}

// Stop は、ローバーを停止する
func (r *RoverDriver) Stop() {
    r.commandc <- stop
}

// Start は、ローバーを動かす
func (r *RoverDriver) Start() {
    r.commandc <- start
}
```

チャレンジ32

```
// 練習問題：lifeonmars.go

package main

import (
    "fmt"
    "image"
    "log"
    "math/rand"
    "sync"
    "time"
)

func main() {
    marsToEarth := make(chan []Message)
    go earthReceiver(marsToEarth)

    gridSize := image.Point{X: 20, Y: 10}
    grid := NewMarsGrid(gridSize)
    rover := make([]*RoverDriver, 5)
    for i := range rover {
        rover[i] = startDriver(fmt.Sprint("rover", i), grid, marsToEarth)
    }
    time.Sleep(60 * time.Second)
}

// Message は、火星から地球へ送るメッセージ
type Message struct {
    Pos       image.Point
    LifeSigns int
    Rover     string
}

const (
    // 火星の 1 日の長さ
    dayLength = 24 * time.Second
    // 1 日のうちで、ローバーから地球に向けてメッセージを送信できる時間の長さ
    receiveTimePerDay = 2 * time.Second
)

// earthReceiver は、火星から送られたメッセージを受信する。
// 接続に制限があるので、メッセージを受信できるのは 1 火星日ごとに、限られた時間だけ
func earthReceiver(msgc chan []Message) {
    for {
        time.Sleep(dayLength - receiveTimePerDay)
        receiveMarsMessages(msgc)
    }
}
```

```
// receiveMarsMessages は、規定時間だけ、火星から送られたメッセージを受信する
func receiveMarsMessages(msgc chan []Message) {
    finished := time.After(receiveTimePerDay)
    for {
        select {
        case <-finished:
            return
        case ms := <-msgc:
            for _, m := range ms {
                log.Printf(
                "earth received report of life sign level %d from %s at %v",
                m.LifeSigns, m.Rover, m.Pos)
            }
        }
    }
}

func startDriver(name string, grid *MarsGrid,
                 marsToEarth chan []Message) *RoverDriver {
    var o *Occupier
    // ランダムな地点を試す。占拠されていない地点を見つけるまで繰り返す
    for o == nil {
        startPoint := image.Point{X: rand.Intn(grid.Size().X),
                                  Y: rand.Intn(grid.Size().Y)}
        o = grid.Occupy(startPoint)
    }
    return NewRoverDriver(name, o, marsToEarth)
}

// Radio は、メッセージを地球に送信できる無線送信機
type Radio struct {
    fromRover chan Message
}

// SendToEarth は、メッセージを地球に送信する。
// いつも即座に成功するが、実際のメッセージはバッファされて、あとで送信されるかもしれない
func (r *Radio) SendToEarth(m Message) {
    r.fromRover <- m
}

// NewRadio は、メッセージを toEarth チャネルに送る、新たな Radio インスタンスを返す
func NewRadio(toEarth chan []Message) *Radio {
    r := &Radio{
        fromRover: make(chan Message),
    }
    go r.run(toEarth)
    return r
}
```

```
// run は、ローバーから送られたメッセージを、地球への送信が可能になるまでバッファする
func (r *Radio) run(toEarth chan []Message) {
    var buffered []Message
    for {
        toEarth1 := toEarth
        if len(buffered) == 0 {
            toEarth1 = nil
        }
        select {
        case m := <-r.fromRover:
            buffered = append(buffered, m)
        case toEarth1 <- buffered:
            buffered = nil
        }
    }
}

// RoverDriver は、火星の地表でローバーを運転する
type RoverDriver struct {
    commandc chan command
    occupier *Occupier
    name     string
    radio    *Radio
}

// NewRoverDriver は、新しい RoverDriver を起動し、それを返す
func NewRoverDriver(
    name string,
    occupier *Occupier,
    marsToEarth chan []Message,
) *RoverDriver {
    r := &RoverDriver{
        commandc: make(chan command),
        occupier: occupier,
        name:     name,
        radio:    NewRadio(marsToEarth),
    }
    go r.drive()
    return r
}

type command int

const (
    right command = 0
    left  command = 1
)
```

```
// drive は、ローバーを運転する。
// ゴルーチンのなかで起動すること
func (r *RoverDriver) drive() {
    log.Printf("%s initial position %v", r.name, r.occupier.Pos())
    direction := image.Point{X: 1, Y: 0}
    updateInterval := 250 * time.Millisecond
    nextMove := time.After(updateInterval)
    for {
        select {
        case c := <-r.commandc:
            switch c {
            case right:
                direction = image.Point{
                    X: -direction.Y,
                    Y: direction.X,
                }
            case left:
                direction = image.Point{
                    X: direction.Y,
                    Y: -direction.X,
                }
            }
            log.Printf("%s new direction %v", r.name, direction)
        case <-nextMove:
            nextMove = time.After(updateInterval)
            newPos := r.occupier.Pos().Add(direction)
            if r.occupier.MoveTo(newPos) {
                log.Printf("%s moved to %v", r.name, newPos)
                r.checkForLife()
                break
            }
            log.Printf("%s blocked trying to move from %v to %v",
                r.name, r.occupier.Pos(), newPos)
            // 他の方向から 1 つをランダムに選ぶ。次回は新しい方向に移動するはず
            dir := rand.Intn(3) + 1
            for i := 0; i < dir; i++ {
                direction = image.Point{
                    X: -direction.Y,
                    Y: direction.X,
                }
            }
            log.Printf("%s new random direction %v", r.name, direction)
        }
    }
}
```

```
func (r *RoverDriver) checkForLife() {
    // 新しい地点に移動できた
    sensorData := r.occupier.Sense()
    if sensorData.LifeSigns < 900 {
        return
    }
    r.radio.SendToEarth(Message{
        Pos:       r.occupier.Pos(),
        LifeSigns: sensorData.LifeSigns,
        Rover:     r.name,
    })
}

// Left はローバーを左に回転する（半時計方向に 90° ターンする）
func (r *RoverDriver) Left() {
    r.commandc <- left
}

// Right はローバーを右に回転する（時計方向に 90° ターンする）
func (r *RoverDriver) Right() {
    r.commandc <- right
}

// MarsGrid は、火星の地表の一部をグリッドで表現する。
// 複数のゴルーチンが同時に使うことができる。
type MarsGrid struct {
    bounds image.Rectangle
    mu     sync.Mutex
    cells  [][]cell
}

// SensorData は、グリッド上の地点に関する情報
type SensorData struct {
    LifeSigns int
}

type cell struct {
    groundData SensorData
    occupier   *Occupier
}

// NewMarsGrid は、指定サイズの新しい MarsGrid を返す
func NewMarsGrid(size image.Point) *MarsGrid {
    grid := &MarsGrid{
        bounds: image.Rectangle{
            Max: size,
        },
        cells: make([][]cell, size.Y),
    }
    for y := range grid.cells {
        grid.cells[y] = make([]cell, size.X)
```

```
        for x := range grid.cells[y] {
            cell := &grid.cells[y][x]
            cell.groundData.LifeSigns = rand.Intn(1000)
        }
    }
    return grid
}

// Size は、グリッドのサイズを表現する地点（Point）を返す
func (g *MarsGrid) Size() image.Point {
    return g.bounds.Max
}

// Occupy は、グリッドで指定の位置にあるセルを占拠する。
// その位置が、すでに占拠されている場合や、位置がグリッドの外にある場合は、nil を返す。
// そうでなければ、これが返す値を利用して、グリッドのさまざまな場所に移動できる。
func (g *MarsGrid) Occupy(p image.Point) *Occupier {
    g.mu.Lock()
    defer g.mu.Unlock()
    cell := g.cell(p)
    if cell == nil || cell.occupier != nil {
        return nil
    }
    cell.occupier = &Occupier{
        grid: g,
        pos:  p,
    }
    return cell.occupier
}

func (g *MarsGrid) cell(p image.Point) *cell {
    if !p.In(g.bounds) {
        return nil
    }
    return &g.cells[p.Y][p.X]
}

// Occupier は、グリッドで占拠しているセルを表現する
type Occupier struct {
    grid *MarsGrid
    pos  image.Point
}
```

```
// MoveTo は、Occupier を、グリッドの別のセルへと移動させる。
// 移動が成功したかどうかを報告する。
// グリッドの外や、すでに独占されているセルに移動しようとしたら、失敗する。
// もし失敗したら、Occupier は同じ場所にとどまる。
func (o *Occupier) MoveTo(p image.Point) bool {
    o.grid.mu.Lock()
    defer o.grid.mu.Unlock()
    newCell := o.grid.cell(p)
    if newCell == nil || newCell.occupier != nil {
        return false
    }
    o.grid.cell(o.pos).occupier = nil
    newCell.occupier = o
    o.pos = p
    return true
}

// Sense は、現在のセルからの観測データを返す
func (o *Occupier) Sense() SensorData {
    o.grid.mu.Lock()
    defer o.grid.mu.Unlock()
    return o.grid.cell(o.pos).groundData
}

// Pos は、Occupier の現在のグリッド位置を返す
func (o *Occupier) Pos() image.Point {
    return o.pos
}
```

索　引

■記号・数字

■A

■B

■C

■D

■E

■F

■G

■さ

■た

■な

■は

■ま

■や

■ら

■わ

装丁　会津勝久

入門Goプログラミング

2019年05月13日　初版第1刷発行

著　者　Nathan Youngman（ねいさん・やんぐまん）
著　者　Roger Peppé（ろじゃー・ぺっぺ）
監　訳　吉川邦夫
発行人　佐々木幹夫
発行所　株式会社翔泳社（https://www.shoeisha.co.jp/）
印刷・製本　株式会社加藤文明社印刷所

本書へのお問い合わせについては、ii ページに記載の内容をお読みください。

落丁・乱丁はお取り替えいたします。03-5362-3705 までご連絡ください。

ISBN978-4-7981-5865-5　Printed in Japan